ELEMENTARY NUMBER THEORY

吉井洋二［著］
YOJI YOSHII

解いてわかる

初等整数論

合同式で楽しむ数学の世界

森北出版

はじめに

合同式は整数の性質を調べる際，非常に便利で有用な道具となる．小学校のときから習ってきた，倍数や約数をより深く考察するのに欠かせないものが合同式である．さらに，合同式の重要性は整数の研究に限らない．数式を扱うさまざまな数学を行ううえで基本となるのが合同式である．にもかかわらず，あまりに基本的ということで，大学などでもしっかり学習する機会が少ない．

大学の数学科などでは常識のように扱われ，習ってないのに先生が使ってくる．どうも「数学科に入るなら，そのくらい高校のときに自分で学習しておくこと」が暗黙の了解になっているようである．実際，習ってないはずなのに，合同式についてよく知っている学生は多い．

数学科以外の理工系の学生となると，微分積分や微分方程式，線形代数学で忙しすぎて，とても合同式まで勉強する時間はないようである．一般教養の授業で，理工学部や農学部の学生に合同式を講義したあと，「一生習わないだろうと思われる，フェルマーの定理やオイラーの定理が学べてとてもためになった」というような嬉しい反応が多くあった．

ということで，教養科目として何度か講義した内容を本にしようと思ったわけである．したがって，前半は高校の知識だけを仮定した説明になっている．後半は大学の数学科でしか習わない内容や，数学科でも習わない内容が入ってしまっているが，できるだけ高校生が読んでもわかるよう努めた．興味をもった高校生，大学生，社会人の方々に，楽しみながら読んでもらいたい．また，初等整数論のやさしいテキストとしても，活用していただけると思う．初等整数論は図 1 で示したように数学の一分野であり，整数論の基礎でもある．その中で「合同式」は，整数を学ぶうえでの「ことば」のようなものである．合同式に関するいろいろな問題を解くことで整数論に興味をもっていただけたら幸いである．

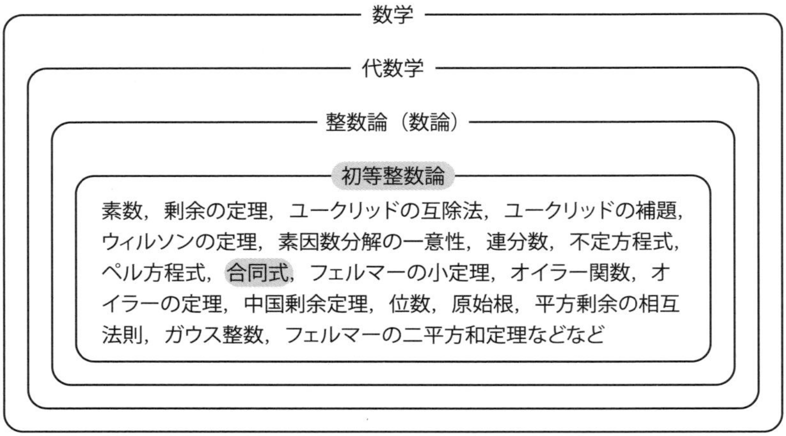

図 1　初等整数論

序盤は，是非，じっくり読んで問題を解くことに集中してほしい．本来は例題として本文におくべき内容も，まずは自分で考えてほしいと思い，問題という形で提示したものが多い．解答を見る前にまずは自力で解く努力をしてほしい．最終講に全解答を載せる予定であったが，紙数制限の関係で，以下の森北出版の Web サイトに載せることにする．解答には，本文の補足説明も入れてあるので，こちらもしっかり確認していただきたい．

https://www.morikita.co.jp/books/mid/008431

序盤（第 1 講〜第 10 講）の内容について特に強調しておきたい事項は，

「オイラーの定理」「特殊解発見ルール」「インバースの求め方」
「中国剰余定理の解の公式」

である．まずはこれらを使って具体的な合同式の問題を解いてほしい．定理の証明などを気にしていると，せっかくのおもしろさが激減することが多い．数学の証明に慣れていない人は，証明部分を飛ばして，とにかく問題を解くことで合同式の有用性を実感してほしい．数学の証明は，問題が解けるようになってから，知りたくなったときに読めばいいのである．

合同式において「インバース」という概念がとても重要であることをここで強調しておく．たとえば，「中国剰余定理の解の公式」を作るのに役立つ．また，比較的新しく発見された数に平方カプレカ数というものがあり（第 10 講），これらをすべて見つけるときにもインバースが役立つ．ほかにもインバースは，後半まで何度も使うことになる．

中盤（第 11 講～第 19 講）は「平方剰余の定理」や「$x^2 \equiv a \mod m$ の解法」などの考察である．「平方剰余の相互法則」は「整数論の基本定理」ともよばれる重要な定理である．ここでも，証明よりまずは使えることに重点をおき，具体的な問題の解法，特に $x^2 \equiv a \mod m$ や高次合同式の解き方などを示した．

次に，「位数」という概念から自然に現れる「原始根」について，その重要性を解説した．「循環小数」なども，「原始根」を知ることにより，より深い考察が可能となる．循環小数は，小学校以来馴染みあるものであるが，どんなとき循環するのかなどはあまり考える時間がなかった人も多いと思う．これについても合同式を使って説明すると，そのカラクリがよりはっきりしてくる．特に，「分母を法とした 10 の位数」が本質的であることを理解すれば，小学校以来のモヤモヤが晴れること間違いなしである．また，循環小数に関する不思議な性質「ミディの定理」の解説も加えた．

第 16 講では，星形多角形の代数的視点を述べた．星形多角形は中学校数学の題材としてもよいが，「加法的位数」という概念を使うことでより深い理解が得られる．また，原始根から星形多角形と類似の図形を考えることができる．本書ではこれを「ジグザグ多角形」とよび，この図形についても考察した．

そこで余談ながら「群」について少し書いたのが始まりで，そのあとの講でも「巡回群」や「群の作用」などの言葉をときどき使ってしまった．最初は群論（といっても群の初歩の初歩）を習った人用の余談のつもりだったが，その後，やはり定義や簡単な性質は証明しておいたほうがよいと思い，後半の講が増えていった次第である．

第 18，19 講の 2 元 1 次合同方程式や 2 元連立 1 次合同方程式の理論はあまりほかで見ない．後者は中学校からずっと使ってきた連立方程式の合同式版なので，考察するのは自然だと考える．ただ，解法をまとめようとすると，たとえ未知数が高々二つの話であっても，ある程度の線形代数学の知識が必要となる．まだ行列などに不慣れな人は読み飛ばしてかまわない．また，第 19 講で考察する「解の個数と行列式との関係」においては，「単因子論」の重要性を再認識させられる．

終盤（第 20 講～第 26 講）に入って，群論の基礎的概念を解説する．特に「群が図形に作用する」ということを実感してほしい．そのあと第 21 講では，「原始根」を群論的立場で拡張した，いわゆる単数群 $\mathbb{Z}_m^\times$ の構造を決定する．

第 22 講では，初等整数論を学ぼうという読者に必須の概念や定理を解説した．特に「ガウス整数」については，整数と同じような性質をたくさんもっていること，ガウス整数の世界でもユークリッドの互除法や合同式が導入できることなど，他の本が飛ばしている内容も丁寧に解説した．

第 23 講以降は，合同式とは少し離れる内容となっている．第 23 講では，ピタゴラス数を決定したあと，これと類似の三つ組を考察した．そのあと，あまり知られていない「ジェスノマビッチ予想」について述べた．第 24 講では，ピタゴラス数に類似のアイゼンシュタイン三角数について考察した．第 25 講はカプレカ数についてである．これは中学生も興味をもつわかりやすい題材である．最後の第 26 講では，現代の難問，abc 予想を紹介し，どのような問題なのか，少しだけ考察を加えた．

最後に，本書を書くにあたって多くの助言や誤りを指摘してくださった，筑波大学の森田純先生，岩手大学の川田浩一先生，盛岡大学の冨江雅也先生，岩手県立大学の村木尚文先生に深く感謝いたします．また，執筆にあたって，多くの助言およびたくさんの誤りを指摘してくださった，森北出版の上村紗帆様にも深く感謝いたします．

2025 年 1 月

著　　者

目 次

第 1 講

自然数，足し算，掛け算，素数

* * *

自然数の足し算，掛け算，そして素数について考えてみよう．

1.1 フィボナッチ数列と黄金比

自然数（natural number, God number）

$$\mathbb{N} = \{1, 2, 3, \ldots\}$$

はいつから存在したか？

誰も知らない．人類が知恵をもつ前から存在していただろう．

たとえば，木が 2 本あるところと，10 本あるところを比較すると，自然数の存在を感じるだろう．ヒトの指 5 本を見ているだけでも，自然数の存在を感じる．そう考えると，足し算なども，人間が考える以前から存在していたような気がする．

フィボナッチ数列

$$1, 1, 2, 3, 5, 8, 13, 21, 34, 55, 89, 144, \ldots$$

（前の二つを足してできる数を並べた列）は自然界によく現れる数列である．例として「花弁の枚数が 3 枚，5 枚，8 枚，13 枚の花が多い」や「ひまわりの花にできる種は螺旋状に 21 個，34 個，55 個，89 個，…と並ぶ」が有名だが，ほかにも多くある．

この数列の隣接する 2 項の比がなす数列

$$\frac{1}{1}, \frac{2}{1}, \frac{3}{2}, \frac{5}{3}, \frac{8}{5}, \frac{13}{8}, \frac{21}{13}, \cdots$$

は $(1+\sqrt{5})/2 = 1.618\cdots$ に収束する．この値は**黄金比**とよばれる．黄金比は美しい比率であるとされ，ギリシャのパルテノン神殿の縦横比，ミロのヴィーナスのへそから上と下の比率や，名刺の縦横比にも使われている．

黄金比は次のように求められる．古代エジプト，ギリシャ系数学者であるユーク

リッドの『原論』（紀元前3世紀ごろ）にある問題をわかりやすくアレンジして書くと，

「1より大きい長さxの線分を，$1:(x-1)$に内分するとき，この比が$x:1$になるxを求めよ」

となる（図1.1）．

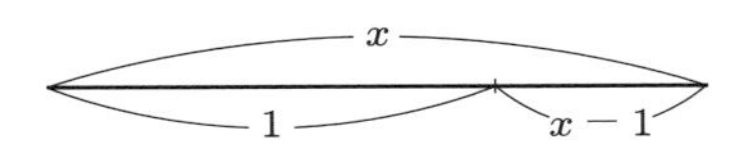

図 1.1　黄金比を求める問題

このxは，$1:(x-1)=x:1$から$x^2-x-1=0$の解となる．黄金比はこの2次方程式の正の解である．

縦横比が黄金比である長方形は，もっとも美しい長方形であるといわれている．この長方形から短いほうの辺を1辺とする正方形を切り取ると，残った長方形もまた縦横比が黄金比をもつ（縦横の長さを1とxにして概略図を描いてみよう！）．

正5角形の辺と対角線の比も黄金比である．図1.2のような相似な2等辺3角形から，$x:1=1:(x-1)$を得る．ゆえにxは黄金比となる．

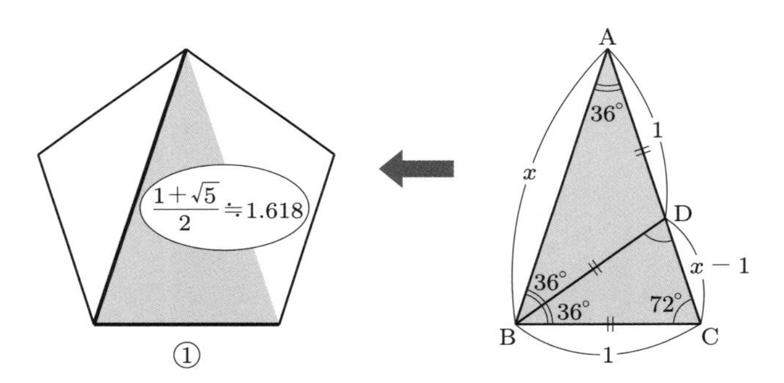

図 1.2　正5角形の対角線

掛け算はどうだろう？ 人間が作ったルールなのだろうか？

1.2 素　数

掛け算の観点から，もう分解できない自然数を**素数**とよぶ．

たとえば10は，$10=2\cdot5$と分解できるから，素数ではない．ところが，2や5はもう分解できないので素数である．1も分解できないが，1は掛け算において特別な数なので，素数とはよばないことにした（昔の人が決めた）．素数は，自然数の世界における，**原子のような存在**である．

もし人間が掛け算を作ったなら，素数がどのような規則で現れるか，わかってもよさそうである．

「素数は無数に存在する」ことは，紀元前にすでにユークリッドが証明している．しかし，素数については，21 世紀になってもまだまだわからないことだらけである．

エラトステネスの篩（ふるい）とは，指定された自然数以下のすべての素数を発見するアルゴリズムである（紀元前のギリシャの科学者，エラトステネスによって考案された）．

簡単に説明すると，まず 2 以外の 2 の倍数をすべて除外，次に 3 以外の 3 の倍数を除外，次に 5 以外の 5 の倍数を除外していくという単純な操作である．この操作の本質を抜き出した便利な方法を 1.4 節で説明する．いわゆる $\sqrt{n}$ **判定**である．

1.3　素数は無数に存在する

前節で述べたように，ユークリッドの時代から，「素数は無数に存在する」ことが認識されていた．以下は，ユークリッドの『原論』にある証明である．

[証明]　素数が有限個であると仮定して矛盾を導く．まず，素数が $p_1, p_2, p_3, \ldots, p_n$ の n 個しかないと仮定する．このとき，$N = p_1p_2\cdots p_n + 1$ とすれば，N はすべての素数で割り切れないことになる．よって N は素数となるが，N はどの p_i より大きいので，素数が n 個しかないことに矛盾である．ゆえに，素数は無数に存在する．　□

ユークリッド以来，「素数が無数に存在する」ことの証明はいろいろ考えられ，現代でも証明の数は増え続けている．2006 年，フィリップ・サイダックが非常に簡潔な証明を発表したので，それを紹介する．

[サイダックの証明]　n を 2 以上の自然数とする．このとき，n と $n+1$ は互いに素である．よって $N_1 = n(n+1)$ は，少なくとも二つの素因子をもつ．同様に，N_1 と N_1+1 も互いに素だから，$N_2 = N_1(N_1+1)$ は，少なくとも三つの素因子をもつ．この操作を続ければ，いくらでも多くの素因子が存在することになる．すなわち，素数は無数に存在する．　□

ユークリッドの証明も，サイダックの証明もとても簡潔だから，わざわざフェルマー数を用いた証明を理解する必要はないが，有名なので，それを問題の形で紹介する．ただし，フェルマー数とは，$2^{2^n}+1$（n は 0 以上の整数）と表せる自然数のことである．

問題 1.1　$F_n = 2^{2^n}+1$（n は 0 以上の整数）とする．
(1) $F_{n+1} = F_0F_1\cdots F_n + 2$ を示せ．
(2) 任意の $i \neq j$ に対して F_i と F_j は互いに素であることを示せ．
(3) (2) を用いて，素数が無数に存在することを示せ．

1.4 素数の判定法

131 が素数かどうかを調べるには，11 までの素数で割り切れるかどうかを調べるだけでよい（13 以降の素数で割り切れるかどうか調べる必要はない！）．なぜだろう？

$131 = ab$ とする．もし $a > \sqrt{131}$ かつ $b > \sqrt{131}$ ならば，$ab > 131$ となってしまって矛盾である．よって，$a \leq \sqrt{131}$ または $b \leq \sqrt{131}$ が成り立つ．そして，$\sqrt{131} = 11.44\cdots < 13$ だから，$a \leq 12$ または $b \leq 12$ が成り立つ．

同様に考えると，$n = ab$ ならば $a \leq \sqrt{n}$ または $b \leq \sqrt{n}$ が成り立つことがわかる．したがって，次の素数判定法を得る．

$\sqrt{n}$ 判定

自然数 n が，$\sqrt{n}$ までの素数で割り切れなければ，n は素数である．

問題 1.2　323, 329, 331 を素因数分解せよ．

これで素数の判定が簡単にできる，と思ったら大間違いである！ $\sqrt{n}$ が大きければ，結局そこまでの素数を調べる必要があるからである．ただ，$n = 2000$ までくらいなら，手計算でも十分確認できる．

ということで，「2020 から 2030 までで，素数はいくつあるか」調べてみよう！

ついでに，「2020 から 2030 までの数を素因数分解」してみよう！

（ヒント）まず，$50^2 = 2500$ だから，50 までの素数で割り切れるかどうか調べれば十分だとわかる．だから手計算でもできる．より正確に，$\sqrt{n}$ 判定を使えば，$\sqrt{2020} = 44.94\cdots$ および $\sqrt{2030} = 45.05\cdots$ より，43 までの素数で割り切れるかどうかを調べればよい．

結果は図 1.3 を参照してほしい．これより，2020 から 2030 までにある素数は 2 個

2020=
$2^2\times5\times101$
2020は2つの平方数の和として2通り表せます:
$2020=16^2+42^2=24^2+38^2$
2021=
43×47
2022=
$2\times3\times337$
2023=
7×17^2
2024=
$2^3\times11\times23$
2025=
$3^4\times5^2$
$2025=45^2$は完全平方です.
2025は2つの平方数の和として1通り表せます:
$2025=27^2+36^2$
2026=
2×1013
2026は2つの平方数の和として1通り表せます:
$2026=1^2+45^2$
2027=
2027は素数です.
2027は307番目の素数です.
2027と2029で双子素数のペアです.
2028=
$2^2\times3\times13^2$
2029=
2029は素数です.
2029は308番目の素数です.
2029は2つの平方数の和として1通り表せます:
$2029=2^2+45^2$
2027と2029で双子素数のペアです.
2029は1組の原始ピタゴラス数の斜辺です:
$2029^2=180^2+2021^2$
2030=
$2\times5\times7\times29$

図 1.3　2020〜2030 の素因数分解（Wolfram 計算サイトより）
（「双子素数」や「ピタゴラス数」については，第 2 講以降を参照）

である．

問題 1.3　$f(x)=x^2+x+41$ に対して，$f(0), f(1), f(2), \ldots, f(39)$ はすべて素数であることを示せ．また，$f(40)$ は素数ではないことを示せ．

▶ **注意 1.1**　x^2+x+41 は**オイラーの素数生成多項式**とよばれる．また，$g(x)=x^2-x+41$ とすれば，$g(1)$ から $g(40)$ までは素数である．

第2講

有名な予想や定理

＊　＊　＊

この講では，初等整数論の魅力としてよく語られる有名な概念を，簡単に説明しておく．

2.1 双子素数

1.4 節での考察より，2020 から 2030 までで，素数は 2027 と 2029 の二つだけだった．これらは，11 と 13 のように，一つ飛びの素数である．このような組は，**双子素数**（twin prime）とよばれている．

双子素数は無数に存在するかという問題，いわゆる「双子素数の予想」や「双子素数の問題」は，未解決問題である．無数に存在するだろうと，多くの数論学者は予想している．

最初の 20 組の双子素数は，以下のとおりである．

$$(3,5),(5,7),(11,13),(17,19),(29,31),(41,43),(59,61),(71,73),(101,103),$$
$$(107,109),(137,139),(149,151),(179,181),(191,193),(197,199),(227,229),$$
$$(239,241),(269,271),(281,283),(311,313),\ \ldots$$

2.2 フェルマー数

0 以上の整数 n に対して，$F_n = 2^{2^n}+1$ となる自然数を**フェルマー数**（Fermat number）とよぶ．

フェルマーは，F_n は常に素数と予測したが，1732 年にオイラーが，F_5 は素数でないことを示した．

$F_0 = 2^1+1 = 3$, $F_1 = 2^2+1 = 5$, $F_2 = 2^4+1 = 17$, $F_3 = 2^8+1 = 257$, $F_4 = 2^{16}+1 = 65537$ までは素数である．$F_5 = 2^{32}+1 = 4294967297$ および

$F_6 = 2^{64} + 1 = 18446744073709551617$ は素数ではない．

素数であるフェルマー数を**フェルマー素数**という．フェルマー数についていくつか知られていることを述べておく．

- フェルマー数はべき乗数，完全数（後述），友愛数（後述），二項係数にならない．
- 現在，F_5 以降のフェルマー素数の存在はわかっていない．また，素数でないフェルマー数が無数にあるかどうかも知られていない．
- フェルマー数は平方因子をもたないと予想されているが，いまだに解決されていない．

次の事実は，とても有名である．

ガウスの定理

正 n 角形が作図可能になる必要十分条件は，

「n が 2 のべきであるか，異なるフェルマー素数の積と 2 のべきの積である」

ことである．

たとえば，正 3 角形，正 5 角形，正 17 角形，正 257 角形，正 65537 角形は作図可能であるが，正 7 角形，正 9 角形，正 11 角形などは（コンパスと定規だけでは）作図不可能なのである（ちなみに，ガウスは高校生のときに正 17 角形を作図したといわれている）．

問題 2.1 自然数 n に対して，$2^n + 1$ が素数なら，$2^n + 1$ はフェルマー数であることを示せ．より一般に，a も n も 2 以上の自然数で，$a^n + 1$ が素数なら，a は偶数で，n は 2 のべきであることを示せ．

2.3 完全数，メルセンヌ数

自分自身が自分自身を除く正の約数の和に等しい自然数を**完全数**（perfect number）という．完全数の最初の四つは

$6 = 1 + 2 + 3$

$28 = 1 + 2 + 4 + 7 + 14$

$496 = 1 + 2 + 4 + 8 + 16 + 31 + 62 + 124 + 248$

$8128 = 1 + 2 + 4 + 8 + 16 + 32 + 64 + 127 + 254 + 508 + 1016 + 2032 + 4064$

である．

「完全数」は，「万物は数なり」と考えた古代ギリシャの数学者，ピタゴラスが名付けた数の一つである．古代ギリシャの数学者は，すでに上記四つの完全数を知っていた．また，紀元前3世紀，ユークリッドは『原論』で，「2^n-1 が素数ならば，$2^{n-1}(2^n-1)$ は完全数である」を証明した．

現代では，2^n-1（n は自然数）で表される数を**メルセンヌ数**といい，それが素数である場合を**メルセンヌ素数**という．

▶ **注意 2.1**　高校で習った等比級数和の公式を思い出せば，$1+2+2^2+\cdots+2^{n-1}=2^n-1$ である．よって，メルセンヌ数とは，$1+2+2^2+\cdots+2^{n-1}$ で表される数のことである．

上記のユークリッドによる主張で生成されるのは偶数の完全数のみである．一方，偶数の完全数がすべて $2^{n-1}(2^n-1)$ の形（ただし，2^n-1 が素数の場合）で書けるかどうかは18世紀までは未解決であったが，オイラーは「偶数の完全数がこの形に限る」ことを証明した．

現在知られている最大のメルセンヌ素数は4102万4320桁らしい．また，2025年1月現在発見されている完全数は，メルセンヌ素数と同じく52個である．

完全数は，紀元前より考察されている対象であるにもかかわらず，「偶数の完全数は無数に存在するか？」，「奇数の完全数は存在するか？」という単純な問題すら未解決である．

ちなみに，阪神タイガースの伝説的投手・江夏豊の背番号は28であり，日本プロ野球で初めて完全試合が達成されたのは月・日とも完全数の1950年6月28日だった．

問題 2.2　2^n-1 が素数ならば n もまた素数であることを示せ．

2.4　友愛数，ゴールドバッハ予想，フェルマーの二平方和定理

二つの自然数 a と b があり，a の a 以外の正の約数の和が b に等しく，b の b 以外の正の約数の和が a に等しいとき，a と b は**友愛数**（amicable numbers）とよばれている．最小の友愛数の組は，以下のとおり $(220, 284)$ である．

- 220の自分自身を除いた約数は 1, 2, 4, 5, 10, 11, 20, 22, 44, 55, 110 で，和は 284 となる．

• 284 の自分自身を除いた約数は 1, 2, 4, 71, 142 で，和は 220 である．

次に大きい組は，$(1184, 1210)$，$(2620, 2924)$，$(5020, 5564)$，$(6232, 6368)$，$(10744, 10856)$，... と続く．現在まで知られる友愛数の組は，すべて偶数どうしまたは奇数どうしの組である．「友愛数の組は無数に存在するか？」および「偶数と奇数からなる友愛数の組は存在するか？」は未解決問題である．

次の予想も有名である．

> 2 よりも大きな偶数は二つの素数の和として表せる（二つの素数は同じであってもよい）．

これは**ゴールドバッハ予想**（Goldbach's conjecture）とよばれている．10^{18} 以下の偶数まで成立することが確認されているが，いまだ証明に至っていない．

● **例 2.1**　$4 = 2+2$, $6 = 3+3$, $8 = 3+5$, $10 = 3+7$, $12 = 5+7$, $14 = 3+11 = 7+7$, etc. ●

次の定理も有名である．

> p が 4 で割って 1 余る素数ならば，p は二つの平方数の和で書ける．

これは**フェルマーの二平方和定理**とよばれている．これについては第 22 講で詳しく述べる．

● **例 2.2**　$5 = 1^2 + 2^2$, $13 = 2^2 + 3^2$, $17 = 1^2 + 4^2$, $29 = 2^2 + 5^2$, etc. ●

2.5　組み合わせ，二項定理

まずは組み合わせについて確認しよう．

○ **例題 2.1**　n 個から r 個とる組み合わせは何通りか？ n と r の式で表せ． ○

［解］　$${}_n\mathrm{C}_r = \frac{n(n-1)\cdots(n-r+1)}{r!} = \frac{n!}{(n-r)!\,r!}$$

C は combination の C である．${}_n\mathrm{C}_r$ は $\binom{n}{r}$ とも書き，**二項係数**とよばれる．

高校で学習する二項定理を思い出しておこう！

$$
\begin{aligned}
(a+b)^n &= a^n + {}_n\mathrm{C}_1\, a^{n-1}b + {}_n\mathrm{C}_2\, a^{n-2}b^2 + \cdots + {}_n\mathrm{C}_1\, ab^{n-1} + b^n \\
&= \sum_{k=0}^{n} {}_n\mathrm{C}_k\, a^{n-k}b^k
\end{aligned}
$$

たとえば，

$$
\begin{aligned}
(x+1)^2 &= x^2 + 2x + 1 \\
(x+1)^3 &= x^3 + 3x^2 + 3x + 1 \\
(x+1)^4 &= x^4 + 4x^3 + 6x^2 + 4x + 1 \\
(x+1)^5 &= x^5 + 5x^4 + 10x^3 + 10x^2 + 5x + 1 \\
&\vdots
\end{aligned}
$$

となる．

二項係数には，

$$
{}_n\mathrm{C}_r = {}_{n-1}\mathrm{C}_r + {}_{n-1}\mathrm{C}_{r-1}
$$

なる関係がある（証明してみよう．${}_n\mathrm{C}_r$ の定義式を使ってもよいが，「n 人のうち 1 人を固定し，その人を含む組み合わせと含まない組み合わせを足せばよい」ということからもわかる）．

この関係から，**パスカルの３角形**とよばれる，自然数を並べた３角形が作られる（図 2.1）．${}_n\mathrm{C}_r = {}_n\mathrm{C}_{n-r}$（証明せよ！）より，パスカルの３角形は左右対称である．

パスカルの３角形を見ていると，ほかにもいろいろなことに気づく．ここでは，一つだけ注意しておきたい．上から見て最初の 1 を 0 段目，次の 1　1 を 1 段目，次の 1　2　1 を 2 段目と数えて，素数段目の数にはどんな性質があるか？ 別の聞き方をすれば，p が素数のとき，$(x+1)^p$ の展開式の係数にどんな性質があるか？

答えは，両側の 1 以外はすべて p の倍数である！ 記号で書けば，$p \mid {}_p\mathrm{C}_r$，ただし，$r \neq 0, p$ である．この縦棒記号 $\mid$ は今後頻繁に使うので，ここで覚えておこう．

1
1　1
1　2　1
1　3　3　1
1　4　6　4　1
1　5　10　10　5　1
1　6　15　20　15　6　1
1　7　21　35　35　21　7　1
1　8　28　56　70　56　28　8　1
1　9　36　84　126　126　84　36　9　1

図 2.1　パスカルの 3 角形

a が b の約数のとき（b が a の倍数のとき），$a \mid b$ と書く（「a は b を割る」と読む）．たとえば，$3 \mid 12, 4 \mid 12, 5 \mid 30$ etc.

また，$\mid$ の否定は $\nmid$ を使う．たとえば，$5 \nmid 12$，$4 \nmid 18$ etc.

このあと上記の性質を使うので，補題として証明しておこう．

補題 2.1　p が素数で，$r \neq 0, p$ ならば，$p \mid {}_p\mathrm{C}_r$ が成り立つ．

[証明]　まず，${}_p\mathrm{C}_r = p(p-1)\cdots(p-r+1)/r!$ は自然数であり，p の約数は p と 1 だけであることに注意しよう．したがって，$0 < r < p$ より，$(p-1)\cdots(p-r+1)$ は $r!$ で割り切れていなければならない．その商を m とすれば，${}_p\mathrm{C}_r = pm$ と書けるから，${}_p\mathrm{C}_r$ は p の倍数となる．　□

第3講

フェルマーの小定理と合同式の導入

＊＊＊

フェルマーの小定理を紹介し，合同式を導入する．合同式は，整数を深く考察するのに恰好の道具となる．

3.1 フェルマーの小定理

2^3 を 3 で割った余りは 2 である．2^5 を 5 で割った余りは 2 である．
3^5 を 5 で割った余りは 3 である．4^5 を 5 で割った余りは 4 である．
2^7 を 7 で割った余りは 2 である．3^7 を 7 で割った余りは 3 である．
4^7 を 7 で割った余りは 4 である．5^7 を 7 で割った余りは 5 である．
6^7 を 7 で割った余りは 6 である．

17 世紀，フランスの裁判官でもあった数学者，ピエール・ド・フェルマー（Pierre de Fermat, 1607–1665）は，上のようないろいろな自然数のべきと余りの関係を調べ，次のおもしろい性質を見つけた．

> p が素数のとき，a^p を p で割った余りと，a を p で割った余りは等しい．

この性質は，いまでは**フェルマーの小定理**とよばれている．証明できるだろうか？
まず準備として，a を b で割った余りを r とすれば，

$$a = bq + r \quad (q \text{ は商})$$

と書ける．$a^m = (bq + r)^m$ を展開すると，二項定理より，r^m 以外の項はすべて b の倍数である．よって，**a^m を b で割った余りと，r^m を b で割った余りは等しい．**

▶ **注意 3.1** (a の倍数) + (a の倍数) + x を a で割った余りは，x を a で割った余りに等しい！ さらに，$a+b$ **を** m **で割った余りは，**(a **を** m **で割った余り**) + (b **を** m **で割った余り**) **を** m **で割った余りに等しい！** この性質は今後頻繁に使うので，ここでしっかり納得しておこう．

さて，フェルマーの小定理の証明を始めよう．

a を p で割った余りを r とすれば，上の準備より，a^p を p で割った余りは r^p を p で割った余りに等しい．ここで，余り r は $0, 1, \ldots, p-1$ のどれかだから，これらの数 r に対して，p 乗した数を p で割った余りが r に等しいことをいえばよいことになる．

まず，$r=0$ ならば，$r^p = 0^p = 0$ だから，$r=0$ のときは正しい．

$r=1$ ならば，$r^p = 1^p = 1$ だから，$r=1$ のときも正しい．

$r=2$ の場合を調べる前に，注意 3.1 と補題 2.1 から，次の補題がいえる．

補題 3.1 p が素数のとき，$(a+b)^p$ を p で割った余りは，$a^p + b^p$ を p で割った余りに等しい．

さて，$r=2$ ならば $r^p = 2^p = (1+1)^p$ となるが，p **が素数だから，展開式の二項係数は，最初と最後以外は** p **の倍数である．** よって，これを p で割った余りは，$1^p + 1^p = 2$ に等しい．したがって，$r=2$ のときも正しい．

$r=3$ ならば $r^p = 3^p = (2+1)^p$ となるが，p が素数だから，展開式の二項係数は，最初と最後以外は p の倍数である．よって，これを p で割った余りは，$2^p + 1^p$ を p で割った余りに等しいが，2^p を p で割った余りは 2 であることを上ですでに示したので，$2^p + 1^p$ を p で割った余りは $2+1=3$ になる．したがって，$r=3$ のときも正しい．

$r=4$ の場合も，同様にして，$r=4=3+1$ から，$r=3$ の場合を使って正しいことがわかる．

これを繰り返すことで，どの r に対しても正しいことがわかる．

これで証明は終わりだが，このような場合，数学的帰納法を使って証明したほうがよりすっきりする．念のため，r に関する数学的帰納法でもう一度証明してみよう．

[フェルマーの小定理の証明] a を p で割った余りを r とする．まず，$r=0$ のとき，$r^p = 0^p = 0$ だから，$r=0$ のときは正しい．次に，$0 < k \leq p-1$ なる自然数

k に対して，$r = k-1$ のとき正しいと仮定する．すなわち，$(k-1)^p$ を p で割った余りは $k-1$ である．

このとき，$k^p = (k-1+1)^p$ を考える．p が素数より，これを p で割った余りは，二項係数の性質から，$(k-1)^p + 1^p$ を p で割った余りに等しい．さらに帰納法の仮定から，これを p で割った余りは $k-1+1 = k$ になる．よって，$r = k$ のときも正しい．

したがって帰納法により，すべての r $(0 \leq r \leq p-1)$ に対して正しいことが証明された．　□

▶ **注意 3.2**　上で何度か使った「a を m で割った余りと b を m で割った余りは等しい」などの文を記号で書くと，証明もより短く書ける．このような動機から，次の合同式の理論が生まれた．

3.2 合同式の導入

現代の数学では，「a を m で割った余りと b を m で割った余りは等しい」を

$$a \equiv b \mod m$$

と書く．このような式を**合同式**という．そして，「a と b は m を法として (modulo) 合同 (congruence) である」と読む．

特に，a を m で割った余りが r のときは，$a \equiv r \mod m$ である．

▶ **注意 3.3**　注意 3.1 では和についての余りの注意をしたが，同様のことが積についても成り立つ．すなわち，**$a \times b$ を m で割った余りは，(a を m で割った余り) $\times$ (b を m で割った余り) を m で割った余りに等しい！** この性質も今後頻繁に使うので，ここでしっかり納得しておこう．

さらに，和・積について，上記の性質は「余り」について述べているが，実は「余り」に限らない，より一般的な記述ができる．それを合同式で書けば，

「$a \equiv a' \mod m$ および $b \equiv b' \mod m$ ならば，
$a + b \equiv a' + b' \mod m$ および $ab \equiv a'b' \mod m$」

が成り立つ．特に，a を m で割った余りが r，b を m で割った余りが s ならば，

「$a + b \equiv r + s \mod m$ および $ab \equiv rs \mod m$」

となる．

3.3 フェルマーの小定理とカーマイケル数

合同式を使ってフェルマーの小定理を述べてみよう．

フェルマーの小定理

p が素数ならば，任意の自然数 a に対して $a^p \equiv a \mod p$ が成り立つ．

フェルマーの小定理は素数判定にも使える．すなわち，ある自然数 n に対して，$a^n \not\equiv a \mod n$ となる a が存在すれば，n は素数ではない．

たとえば，119 は素数か？ 119 は 7 で割り切れるから素数でないことはすぐにわかるが，フェルマーの小定理を使ってもわかる．たとえば，2^{119} を 119 で割った余りが 2 でないことをいえばよい（もし 119 が素数なら，フェルマーの小定理より余りは 2 でなければならない！）．

そのため，まずは高校で習った「指数法則」を確認する．

$$(1)\quad a^{m+n} = a^m \cdot a^n \qquad\qquad (2)\quad (a^m)^n = a^{mn}$$

さて，2^{119} は大きすぎて扱いにくい（電卓でもエラーが出る）ので，(1) を使って $2^{119} = 2^{m+n+\cdots} = 2^m \cdot 2^n \cdot \cdots$ とすることを考えよう．

そこで，$2^6 = 64$ を考えると，$119 = 2^6 + 55$，$2^5 = 32$ だから，$119 = 2^6 + 2^5 + 23$，$2^4 = 16$ を考えると，$119 = 2^6 + 2^5 + 2^4 + 7 = 64 + 32 + 16 + 7$ となる．よって，$2^7, 2^{16}, 2^{32}, 2^{64}$ それぞれの mod 119 を調べて，それらを掛けてまた mod 119 を調べればよい．

$$2^7 = 128 \equiv 9 \mod 119, \quad 2^{16} = 2^7 \cdot 2^7 \cdot 2^2 \equiv 9 \cdot 9 \cdot 4 = 324 \equiv 86 \mod 119,$$
$$2^{32} \equiv 86 \cdot 86 = 7396 \equiv 18 \mod 119, \quad 2^{64} \equiv 18 \cdot 18 = 324 \equiv 86 \mod 119$$

だから，

$$2^{119} = 2^7 \cdot 2^{16} \cdot 2^{32} \cdot 2^{64} \equiv 9 \cdot 86 \cdot 18 \cdot 86 \equiv 9 \cdot 86 = 774 \equiv 60 \mod 119$$

となる．すなわち，2^{119} を 119 で割った余りは 60 であり，2 ではない！ よって，119 は素数ではない．

カーマイケル数

数学好きなら，フェルマーの小定理の逆が成り立つかどうか，気になるところである．すなわち，自然数 n について，すべての自然数 a に対して，$a^n \equiv a \mod n$ が成り立てば n は素数か？

答えは No である．たとえば，$n = 561$ がその反例となる．

$561 = 3 \cdot 11 \cdot 17$ は素数ではないが，任意の自然数 a に対して $a^{561} \equiv a \mod 561$ が成り立つ．このような性質をもつ自然数を**カーマイケル数**（アメリカの数学者，Robert Daniel Carmichael, 1879–1967 にちなむ）という．カーマイケル数は，**擬素数**とよばれるものの一例である．

10000 までのカーマイケル数は，561, 1105, 1729, 2465, 2821, 6601, 8911 の 7 個である．カーマイケル数が無数に存在することは，カーマイケルが予想してから 80 年以上経った 1992 年にアルフォード，グランヴィル，ポマランスによって証明された．一番小さいカーマイケル数が 561 であり，次は $1105 = 5 \cdot 13 \cdot 17$，次は $1729 = 7 \cdot 13 \cdot 19$ と続く．

ちなみにこの 1729 は，二つの正の立方数の和として，次のように 2 通りに表せるということでも有名である．

$$1729 = 1^3 + 12^3 = 9^3 + 10^3$$

二つの立方数の和として n 通りに表される最小の自然数は，**タクシー数**とよばれ，$n = 2$ の場合のタクシー数が 1729 である．「タクシー数」という名前は，インドの天才数学者シュリニヴァーサ・ラマヌジャンが，タクシーのナンバープレートの番号 1729 を聞いて指摘したことによる．

ここでせめて，561 がカーマイケル数であることを示しておきたいが，$2^{561} - 2$ が 561 で割り切れる，$3^{561} - 3$ が 561 で割り切れる，などを確認していくのは大変である．ところが，このあと述べる「フェルマーの小定理の別形」を使うと楽に示せるので，そのあとに説明する．

3.4 フェルマーの小定理の別形

フェルマーの小定理「p が素数ならば，任意の自然数 a に対して $a^p \equiv a \mod p$ が成り立つ」は，次のように書くこともできる．

「p が素数で，**自然数 a が p の倍数でなければ，**$a^{p-1} \equiv 1 \mod p$ が成り立つ」

▶**注意 3.4**　a が p の倍数なら，$a^{p-1} \equiv 0^{p-1} = 0 \mod p$ だから，$a^{p-1} \equiv 1 \mod p$ は成り立たない．

[証明]　フェルマーの小定理「$a^p \equiv a \mod p$」より，$a^p - a$ は p で割り切れる．すなわち，$a(a^{p-1} - 1)$ は p で割り切れる．そこで，もし a が p の倍数でなければ，p は $a^{p-1} - 1$ を割り切らなければならない．よって，「$a^{p-1} \equiv 1 \mod p$」が成り立つ． □

▶**注意 3.5**　上の証明では，「素数 p が rs を割り切るならば，p は r を割り切るか，または s を割り切る」という一般的な性質を使った．厳密に考えると，この性質もきちんと証明しておかないといけないことがわかるが，これについてはまたあとで述べる．

上記の形のフェルマーの小定理のほうがよく使われるので，もう一度この形を書いておく．

フェルマーの小定理

p が素数で，自然数 a が p の倍数でなければ，

$$a^{p-1} \equiv 1 \mod p$$

が成り立つ．

▶**注意 3.6**　p が素数のとき，「a が p の倍数でない」と「a と p は互いに素」は同じであることも注意しよう！

さて，前節で述べた，561 がカーマイケル数であること，すなわち，任意の自然数 a に対して

$$b = a^{561} - a$$

が 561 で割り切れることを示す．

[証明]　$561 = 3 \cdot 11 \cdot 17$ より，b が 3 でも 11 でも 17 でも割り切れることを示せばよい．そこでまず，$3 \mid b$ を示す．

もし a が 3 の倍数なら，b も 3 の倍数だからよい．もし a が 3 の倍数でないなら，フェルマーの小定理より，$a^2 \equiv 1 \mod 3$ となる．ここで，$561 = 1+560 = 1+2{\cdot}280$ より，$a^{561} = a^{1+2\cdot 280} = a \cdot (a^2)^{280} \equiv a \cdot 1^{280} = a \mod 3$ となる．すなわち，

$b = a^{561} - a$ は3で割り切れる．

同様に考えると，$11 \mid b$ は，もし a が11の倍数なら，b も11の倍数だからよい．もし a が11の倍数でないなら，フェルマーの小定理より，$a^{10} \equiv 1 \mod 11$ となる．ここで，$561 = 1+560 = 1+10\cdot 56$ より，$a^{561} = a^{1+10\cdot 56} = a\cdot(a^{10})^{56} \equiv a\cdot 1^{56} = a \mod 11$ となる．すなわち，$b = a^{561} - a$ は11で割り切れる．

同様に，$17 \mid b$ は，もし a が17の倍数なら，b も17の倍数だからよい．もし a が17の倍数でないなら，フェルマーの小定理より，$a^{16} \equiv 1 \mod 17$ となる．ここで，$561 = 1 + 560 = 1 + 10 \cdot 56$ より，$a^{561} = a^{1+16\cdot 35} = a \cdot (a^{16})^{35} \equiv a \cdot 1^{35} = a \mod 17$ となる．すなわち，$b = a^{561} - a$ は17で割り切れる．

したがって，b は3でも11でも17でも割り切れることがわかった．3, 11, 17はどれも素数だから，b は $3 \cdot 11 \cdot 17 = 561$ で割り切れる．よって，$b = a^{561} - a \equiv 0 \mod 561$，すなわち，任意の自然数 a について $a^{561} \equiv a \mod 561$ が示された．したがって（561は素数ではないので），561はカーマイケル数である． □

3.5 フェルマーの大定理

ピエール・ド・フェルマーはフェルマーの二平方和定理，フェルマーの小定理，そしてフェルマーの大定理（フェルマーの最終定理）で知られ，「数論の父」ともよばれる．

フェルマーの没後，1670年，彼の本の欄外余白に，「立方数を二つの立方数の和に分けることはできない．4乗数を二つの4乗数の和に分けることはできない．一般に，べきが2より大きいとき，そのべき乗数を二つのべき乗数の和に分けることはできない．この定理に関して，私は真に驚くべき証明を見つけたが，この余白はそれを書くには狭すぎる」と書かれた手記が発見された．

その後長い間，誰もこれを証明することも，反例をあげることもできなかった．そのためこれは「フェルマーの最終定理」とよばれるようになった．式で書けば，「3以上の自然数 n について，$x^n + y^n = z^n$ となる自然数の組 (x, y, z) は存在しない」という主張である．ちなみに，$n = 2$ の場合は $x^2 + y^2 = z^2$ であるが，この式を満たす自然数の組 (x, y, z) は無数に存在し，**ピタゴラス数**とよばれている（23.1節で解説）．

フェルマーの主張自体は，中学生程度の知識があれば理解できるものであったため，この証明に挑んだ人は数学者に限らなかった．しかし多くの偉大な数学者をもってしても，長い間証明には至らなかった．そして1995年，ついにイギリスの数学者アンドリュー・ワイルズ（Andrew Wiles）がこれを証明し，約300年にわたる歴史に決着を付けた．

3.6 暦の問題

ここまでは自然数における合同式を扱ってきたが，第4講より整数における合同式を定義し，合同式の基本性質を学ぶ．その前に，この節と次の節で，自然数の範囲で使える簡単な応用例を考察する．

ある年の5月5日は水曜日だった．5月の水曜日はほかに何日があるだろう？

7を足していけばよいから，答えは5月12日，5月19日，5月26日である．

知っておくと便利

7を足しても同じ曜日．7で割って余りが同じ日は同じ曜日．

問題 3.1 ある年の12月1日は金曜日だった．その年の3月1日は何曜日か？

問題 3.2 令和4年の元日は土曜日だった．では翌年令和5年の元日は何曜日か？ また，次に元日が土曜日になるのは，令和何年か？

問題 3.3 今年の元日の曜日を調べ，問題3.2と同じ考察をせよ．

3.7 倍数の判定法

$10^n \equiv 1^n \equiv 1 \mod 9$ を使うと，ある数を9で割った余りが簡単にわかる．たとえば，$a = 2924597$ を9で割った余りは，

$$
\begin{aligned}
a &= 2 \cdot 10^6 + 9 \cdot 10^5 + 2 \cdot 10^4 + 4 \cdot 10^3 + 5 \cdot 10^2 + 9 \cdot 10 + 7 \\
&\equiv 2 + 9 + 2 + 4 + 5 + 9 + 7 \equiv 2 + 2 + 4 + 5 - 2 \equiv 2 \mod 9
\end{aligned}
$$

より2となる．

一般に，自然数 a に対して，$(a_n a_{n-1} \cdots a_2 a_1)_{10}$ を a の十進表示とすると，

$$
a = 10^{n-1} a_n + 10^{n-2} a_{n-1} + \cdots + 10 a_2 + a_1
$$

となるので，$a \equiv a_n + a_{n-1} + \cdots + a_2 + a_1 \mod 9$ となる．したがって，「ある自

然数を 9 で割った余りは，その自然数の各桁の総和を 9 で割った余りに等しい」ことがわかる．

▶**注意 3.7**　等号 $=$ と $\equiv$ が混在した式をよく用いるので，ここで確認しておく．$a = b \Rightarrow a \equiv b \mod m$ は正しいが，逆は正しくない．たとえば，$5^3 = 125 \equiv 4 \mod 121$ を $5^3 \equiv 125 \equiv 4 \mod 121$ と書いてもよいが，前者のほうが好ましい．

問題 3.4　ある自然数を 3 で割った余りは，その自然数の各桁の総和を 3 で割った余りに等しいことを証明せよ．

■ 九去方

昔から計算結果を調べたりするのに，9 で割った余りを使う方法が用いられてきた．次の例は九去方（きゅうきょほう）とよばれる検算である．

○**例題 3.1**　(1) $7 \cdot 11 \cdot 13 = 1011$ は正しいか？

(2) 紙が破れて，$237 \times 386 = 91\square 82$ のように，右辺の真ん中の数字が見えなくなった．この数字は何だったか？　○

[解]　(1) $7 \cdot 11 \cdot 13 = 1011$ の両辺の mod 9 を考えて，(左辺) $\equiv 7 \cdot 2 \cdot 4 = 56 \equiv 2 \mod 9$ だが，(右辺) $\equiv 1 + 1 + 1 = 3 \mod 9$ より，上の計算は正しくない．

(2) $237 \times 386 = 91\square 82$ の両辺の mod 9 を考えて，(左辺) $\equiv (2+3+7) \cdot (3+8+6) \equiv 3 \cdot 8 = 24 \equiv 6 \mod 9$，(右辺) $\equiv 1 + \square + 1 \mod 9$ より，$\square = 6 - 2 = 4$ である．

■ その他の判定法

さて，小学校以来頻繁に使ってきた，「下 1 桁の偶奇がもとの数の偶奇に一致する」も証明しておこう．自然数 a に対して，$a = (a_n a_{n-1} \cdots a_2 a_1)_{10}$ を a の十進表示とすると，

$$a = 10^{n-1} a_n + 10^{n-2} a_{n-1} + \cdots + 10 a_2 + a_1$$

となるので，$10 \equiv 0 \mod 2$ より，$a \equiv a_1 \mod 2$ となる．よって，a と a_1 の偶奇は一致する．

問題 3.5　(1) ある数を次の数で割った余りを求める方法を述べ，それを証明せよ．

①5　②4　③8　④11

(2) $10^3 \equiv -1 \mod 7$ を使って，ある数を 7 で割った余りを求める方法を述べ，それを証明せよ．

(3) たとえば，7 の倍数 357 に対して，100 の位と 10 の位の数 35 から 1 の位の数 7 の 2 倍である 14 を引くと 21 で，これも 7 の倍数である．これは偶然か？ これをヒントに，新たな 7 の倍数の判定法を作れ．

問題 3.6 221 に対して，100 の位と 10 の位の数 22 と 1 の位の数 1 の 4 倍を足すと 26 で，これは 13 の倍数である．これをヒントに，13 の倍数の判定法を作れ．

問題 3.7 の準備として，次の例題を解いておこう．

○ **例題 3.2** 2 桁の数の数字を入れ替えて，もとの数から引くと，9 の倍数になることを示せ． ○

[解] 2 桁の数の十進表示を使うことにより，$(a_2a_1)_{10} - (a_1a_2)_{10} = 10a_2 + a_1 - (10a_1 + a_2) = 9a_2 - 9a_1 = 9(a_2 - a_1)$ は 9 の倍数である．

問題 3.7 $(a_na_{n-1}\cdots a_2a_1)_{10} - (a_1a_2\cdots a_{n-1}a_n)_{10}$ は 9 の倍数になることを証明せよ．

第4講
整数における割り算

＊ ＊ ＊

小学校で学んだ割り算は，自然数だけでなく，整数においても（マイナスが入っても）同じように定義できる．よって，合同式は整数においても定義できる．この講では，整数における合同式の基礎を学習する．

4.1 割り算

整数

$$\mathbb{Z} = \{0, \pm 1, \pm 2, \ldots\}$$

において，加法（足し算），減法（引き算），乗法（掛け算）ができる．では除法（割り算）は？

ある集合での四則演算可能といえば，加減乗除が可能ということを意味する．また，除法が可能とは，乗法が可能でさらに，ゼロでない任意の数 b に対して，$b \cdot x = 1$ となる数 x がもとの集合に入っていることを意味する．この x を $1/b$ と書き，b の逆数とよぶ．このとき，

$$a \div b = a \cdot \frac{1}{b} = \frac{a}{b}$$

となり，除法が可能というのである．

たとえば，$2 \cdot x = 1$ となる x はもちろん $1/2$ だが，$1/2$ は $\mathbb{Z}$ に含まれていない．したがって，整数 $\mathbb{Z}$ では除法ができないのである．除法を可能にするには，分数を含んだ集合

$$\mathbb{Q} = \left\{ \frac{n}{m} \;\middle|\; m, n \in \mathbb{Z},\ m \neq 0 \right\} \quad \text{（有理数）}$$

まで考える必要がある．有理数 $\mathbb{Q}$ において初めて四則演算が可能になるのである．

一般に，四則演算が可能な集合を**体**（field），加減乗が可能な集合を**環**（ring）と

よぶ[†]．たとえば，$\mathbb{Q}$ は体である．また，$\mathbb{Z}$ も $\mathbb{Q}$ も環だが，$\mathbb{Z}$ は体ではない．

問題 4.1 (1) $A = \{m/2 \mid m \in \mathbb{Z}\}$ は環か？
(2) $B = \{m/2^i \mid m \in \mathbb{Z},\ i = 1, 2, 3, \ldots\}$ は環か？ (3) (2) の B は体か？

自然数のときのように，整数にも上で考えた除法とは別の意味の除法，すなわち，**(余りを求める) 割り算**が可能である．

たとえば，$9 \div 2 = 4 \cdots 1$（4 余り 1）や $37 \div 11 = 3 \cdots 4$（3 余り 4）などである．これらの意味を等式で表すと，最初のものは $9 = 2 \cdot 4 + 1$ であり，次のものは $37 = 11 \cdot 3 + 4$ となる．

小学校では，自然数 $\mathbb{N} = \{1, 2, 3, \ldots\}$ の世界だけで割り算を行ったわけだが，これは整数 $\mathbb{Z}$ の世界でも可能である．たとえば，$1 \div 2 = 0 \cdots 1$（0 余り 1）や $(-18) \div 5 = -4 \cdots 2$（$-4$ 余り 2）などである．これらの意味を等式で表すと，最初のものは $1 = 2 \cdot 0 + 1$ であり，次のものは $-18 = 5 \cdot (-4) + 2$ となる（**余りは正にするのが普通である**）．

ここで，整数 $\mathbb{Z}$ での割り算を正確に述べておく．$a, b \in \mathbb{Z}$ に対して，$b \neq 0$ なら，

$$a = bq + r \quad \text{かつ} \quad 0 \leq r < |b|$$

となる $q, r \in \mathbb{Z}$ が存在する（**q と r は，a, b に対して一意的に定まる！**）．このとき，

$$a \div b = q \cdots r$$

と書き，q を**商**（quotient），r を**余り**（remainder）とよぶ．

問題 4.2 次の割り算を行え．
(1) $(-23) \div 5$ (2) $23 \div (-5)$ (3) $123 \div 15$
(4) $(-123) \div 15$ (5) $123 \div (-15)$ (6) $(-123) \div (-15)$

4.2 割り算の原理の証明

整数 a と b が具体的に与えられれば，簡単に $a \div b$ の商 q と余り r を見つけることができる．ここでは，どんなときも必ず q と r が存在して，それらは一意的であることを証明しよう！

---

† 加減が可能な集合は**加法群**（additive group）とよばれる．

定理 4.1（割り算の原理）　$a, b \in \mathbb{Z}$ に対して，$b \neq 0$ なら，

$$a = bq + r \quad \text{かつ} \quad 0 \leq r < |b|$$

となる $q, r \in \mathbb{Z}$ が存在する．これらの q と r は，a, b に対して一意的に定まる．

[証明]　まず，$a, b \in \mathbb{Z}$（$b \neq 0$）に対して，$a = bq + r$ かつ $0 \leq r < |b|$ となる $q, r \in \mathbb{Z}$ が存在することを，数直線上に整数が距離 1 で等間隔に位置していることを使って示す．そこで，a の正負に関係なく $b > 0$ と $b < 0$ の場合に分けて示す．

$b > 0$ の場合，図 4.1 (a) のように，$q \leq a/b < q + 1$ となる $q \in \mathbb{Z}$ が存在する．そこで，$r = a - bq$ とおけば，$a/b - q \geq 0$ であり，$b > 0$ より，$r \geq 0$ である．さらに，$a/b - q < 1$ より，$r = a - bq = b(a/b - q) < b$ となる．

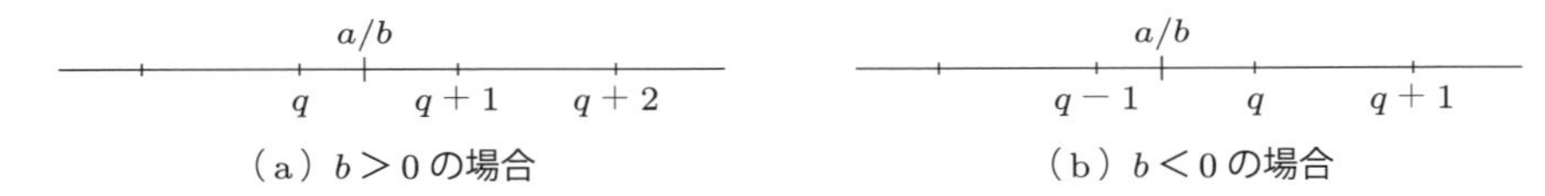

（a）$b>0$ の場合　　（b）$b<0$ の場合

図 4.1　a/b の位置

$b < 0$ の場合，図 4.1 (b) のように，$q - 1 < a/b \leq q$ となる $q \in \mathbb{Z}$ が存在する．そこで，$r = a - bq$ とおけば，$a/b - q \leq 0$ であり，$b < 0$ より，$r \geq 0$ である．さらに，$|a/b - q| < 1$ より，$r = |r| = |a - bq| = |b(a/b - q)| = |b||a/b - q| < |b|$ となる．

次に，q と r は，a, b に対して一意的であることを示す．そこで，$a, b \in \mathbb{Z}$ $(b \neq 0)$ に対して，$a = bq + r$ かつ $0 \leq r < |b|$ であり，$a = bq' + r'$ かつ $0 \leq r' < |b|$ であるとする．このとき，二つの等式を引くことで，$b(q - q') = r' - r$ となる．したがって，$|r' - r|$ は $|b|$ の倍数であり，r と r' の差は $|b|$ を超えないので，

$$0 \leq |r' - r| < |b|$$

を満たす．よって，$|r' - r| = 0$ であり，これより $r = r'$ を得る．ここで $b \neq 0$ および $b(q - q') = 0$ より，$q = q'$ を得る．ゆえに，商と余りである q と r は，a, b に対して一意的である．□

4.3 合同式再び

すでに自然数の範囲で合同式を導入したわけだが，整数の世界でも同様に扱えることを丁寧に見ていく．

3 も 8 も 13 も，-2 も -7 も，5 で割ると余りは 3 である．

$$-2 \div 5 = -1 \cdots 3, \quad -7 \div 5 = -2 \cdots 3$$

整数 a も b も，**自然数** m で割った余りが同じなら，a と b は m **を法として** (modulo) **合同** (congruence) であるといい，$a \equiv b \mod m$ で表す．たとえば，$3 \equiv 8 \equiv 13 \equiv -2 \equiv -7 \mod 5$ である．

5 を法として，3 と合同な整数はほかにどれだけあるか？ 答えは + 方向：3, 8, 13, 18, 23, 28, ...， − 方向：$-2, -7, -12, -17, -22, -27, \ldots$ のように，とにかく無数にある．+ 方向は初項が 3，公差が 5 の等差数列，− 方向は初項が -2，公差が -5 の等差数列，といってもよい．式で書くと，$5k+3$ となる．ただし，k はどんな整数でもよい．

4.4 合同式の性質

5 を法として，3 と合同な整数 a と b を勝手にとると，$a-b$ は常に 5 の倍数である．たとえば，$13-28=-15$, $-17-(-27)=10$ etc.

[証明]　$a=5k+3$, $b=5\ell+3$ $(k, \ell \in \mathbb{Z})$ とすれば，$a-b=(5k+3)-(5\ell+3)=5k-5\ell=5(k-\ell)$ より，$a-b$ は 5 の倍数である．　□

問題 4.3　(1) 5 を法として，1 と合同な整数はどれだけあるか？ また，5 を法として，1 と合同な $a, b \in \mathbb{Z}$ に対して，$a-b$ は 5 の倍数であることを証明せよ．

(2) 5 を法として，8 と合同な整数はどれだけあるか？ また，5 を法として，8 と合同な $a, b \in \mathbb{Z}$ に対して，$a-b$ は 5 の倍数であることを証明せよ．

一般に，次が成り立つ．

命題 4.1　m を法として，r と合同な $a, b \in \mathbb{Z}$ に対して，$a-b$ は m の倍数である．

［証明］ $a = mk+r, b = m\ell+r\,(k, \ell \in \mathbb{Z})$ とすれば, $a-b = (mk+r)-(m\ell+r) = mk - m\ell = m(k-\ell)$ より，$a-b$ は m の倍数である. □

実はこの逆も成り立つ.

> **命題 4.2**　$a-b$ が m の倍数となる $a, b \in \mathbb{Z}$ は，m を法として合同である.

［証明］ a を m で割った商を q，余りを r とする．また，b を m で割った商を q'，余りを r' とする．よって $a = mq+r, b = mq'+r'$ と書け，$0 \leq r, r' < m$ を満たす．そこで，$a-b = (mq+r)-(mq'+r') = m(q-q')+r-r'$ が m の倍数だから，$r-r'$ も m の倍数となる．ところが，$0 \leq |r-r'| < m$ だから，$r = r'$ となる．ゆえに，$a \equiv b \mod m$ である. □

命題 4.1 と命題 4.2 より，

$$a \equiv b \mod m \quad \Leftrightarrow \quad m \mid a-b$$

が成り立つ．ただし，記号 | は，自然数のときと同様，割り切れるという記号であり，「m は $a-b$ を割る」あるいは「$a-b$ は m の倍数」，あるいは「m は $a-b$ の約数」などと読む．たとえば，$7 \mid -14$, $-3 \mid 12$, $-1 \mid -5$ などと書いてよい.

> **命題 4.3**（合同式の基本性質 1）　$a \equiv b \mod m$ かつ $c \equiv d \mod m$ ならば，$a+c \equiv b+d \mod m$ および $a-c \equiv b-d \mod m$ が成り立つ（特に，$a \equiv b \mod m$ ならば，$a+c \equiv b+c \mod m$ および $a-c \equiv b-c \mod m$ が成り立つ）.

［証明］ 仮定より，$a-b$ も $c-d$ も m の倍数だから，$(a+c)-(b+d) = (a-b)+(c-d)$ も m の倍数である．よって，$a+c \equiv b+d \mod m$ となる.

同様に，$(a-c)-(b-d) = (a-b)-(c-d)$ も m の倍数だから，$a-c \equiv b-d \mod m$ となる. □

この性質から，合同方程式（合同式を使った方程式）における移項が可能となる．たとえば，$2x+1 \equiv x-2 \mod 5$ の両辺に $-x$ を足して，$x+1 \equiv -2 \mod 5$ となる．さらに両辺に -1 を足して，$x \equiv -3 \mod 5$ となる．したがって，x の 1 次合同方程式 $2x+1 \equiv x-2 \mod 5$ の解は，$x \equiv -3 \mod 5$ となる．ここでやめても問題ないが，最初のうちは，解は5で割った余りにしておくとよい．すなわち，$x \equiv 2 \mod 5$ である．

○**例題 4.1**　$3x + 2 \equiv 2x - 7 \mod 6$ を解け．○

［解］ 移項して，$x \equiv -9 \equiv 3 \mod 6$ となる．

命題 4.4（合同式の基本性質 2）　$a \equiv b \mod m$ かつ $c \equiv d \mod m$ ならば，$ac \equiv bd \mod m$ が成り立つ（特に，$a \equiv b \mod m$ ならば，$ac \equiv bc \mod m$ が成り立つ）．

この証明を自分で考えることはとても意義がある．よって，証明は問題とする．

問題 4.4　命題 4.4 を証明せよ．

○**例題 4.2**　3^{10} を 6 で割った余りを求めよ．○

［解］ $3^2 = 9 \equiv 3 \mod 6$ より，

$$3^3 = 3 \cdot 3^2 \equiv 3^2 \equiv 3, \quad 3^4 = 3 \cdot 3^3 \equiv 3^2 \equiv 3, \quad 3^5 = 3 \cdot 3^4 \equiv 3^2 \equiv 3 \mod 6$$

のように，3を何乗しても mod 6 では3になることがわかる．ゆえに余りは3である（**任意の自然数 n に対して，$3^n \equiv 3 \mod 6$ なのである**）．

▶**注意 4.1**　上の例題では，「合同式の基本性質 2」を断りなく使っていることを確認せよ．たとえば，$3^2 \equiv 3 \mod 6$ より，$3 \cdot 3^2 \equiv 3 \cdot 3 \mod 6$ としてよいところなどにも使っている．

問題 4.5　$3x + 2 \equiv -2x - 7 \mod 6$ を解け．

4.5 不定方程式への応用

整数問題を扱っていると，ある方程式に整数解があるかどうかを調べる必要が出てくる．そんなとき，合同式が有効になることが多い．次の例題はその典型例である．

○**例題 4.3**　$x^2 - 3y = 17$ を満たす $x, y \in \mathbb{Z}$ は存在するか？○

[解] $x^2-3y=17$ の両辺の mod 3 をとると，$3y \equiv 0 \mod 3$ だから $x^2 \equiv 2 \mod 3$ となる．ところが，$x \equiv 0,1,2 \mod 3$（3で割った余りは，0か1か2だから）より，$x^2 \equiv 0,1,4 \mod 3$ となるが，$4 \equiv 1 \mod 3$ より，$x^2 \equiv 2 \mod 3$ となることはない．ゆえに，与式を満たす $x \in \mathbb{Z}$ は存在しない．したがって，答えは「そのような $x,y \in \mathbb{Z}$ は存在しない」となる．

▶**注意 4.2**　上の解法からわかるように，「3の倍数でない整数を2乗して3で割ると余りは1になる（2にならない！）」が成り立つ（これはフェルマーの小定理の簡単な例でもある）．この性質は今後，常識のように使うことがあるので，覚えておくとよい．

問題 4.6　(1) 2^{20} を5で割った余りを求めよ．　(2) $4x \equiv 4 \mod 10$ を解け．
(3) $2x+2 \equiv -2x-7 \mod 5$ を解け．
(4) $15x^2-7y^2=9$ は整数解をもたないことを示せ．

4.6 べき乗深掘り

まずは次の例題を解いてみよう．

○**例題 4.4**　次を求めよ．
(1) 2^{10} を6で割った余り　(2) 2^{10} を13で割った余り
(3) 2^{100} を6で割った余り　(4) 2^{12} を13で割った余り
(5) 2^{100} を13で割った余り ○

[解] (1) $2^{10}=32\cdot 32 \equiv 2\cdot 2=4 \mod 6$ より，余りは4である．

(2) $2^{10}=32\cdot 32 \equiv 6\cdot 6=36 \equiv 10 \mod 13$ より，余りは10である．

(3) $2^{100}=(2^{10})^{10} \equiv 4^{10}=2^{20}=(2^{10})^2 \equiv 4^2 \equiv 4 \mod 6$ より，余りは4である．

(4) (2) の $2^{10} \equiv 10 \mod 13$ を使って，$2^{12}=2^{10}\cdot 2^2 \equiv 10\cdot 4=40 \equiv 1 \mod 13$ より，余りは1である．ただ，フェルマーの小定理，すなわち

$$\text{「}p\text{ が素数で，}a\text{ が }p\text{ と互いに素なら }a^{p-1} \equiv 1 \mod p\text{」}$$

を思い出せば，即座に $2^{12} \equiv 1 \mod 13$ を得る．

(5) $100 \div 12 = 8 \cdots 4$ だから，$2^{100}=2^{12\cdot 8+4}=(2^{12})^8\cdot 2^4 \equiv 1^8\cdot 16 \equiv 3 \mod 13$ より，余りは3である．

問題 4.7 n が偶数なら $2^n \equiv 4 \mod 6$，奇数なら $2^n \equiv 2 \mod 6$ を示せ．
（特に，2^n は mod 6 で決して 1 にならない！）

▶**注意 4.3** (1) 一般に，$a^2 \equiv a \mod m$ **ならば，任意の** $n \in \mathbb{N}$ **に対して** $a^n \equiv a \mod m$ **である**（2 回掛けて変わらないから，何回掛けても変わらない．したがって，証明するまでもないが，形式的には n に関する帰納法を使って証明するのがよい）．

(2) 合同式ではなく，通常の等式では，$a^2 = a$ を満たす数は（整数に制限しなくても），0 と 1 しかない！

さて，

$(*)$ 「a と m が**互いに素**でなければ，
$a^n \equiv 1 \mod m$ となる $n \in \mathbb{N}$ は存在しない」

ことを示そう．

[証明] a と m の公約数を $d > 1$ とする．もし $(*)$ のような n が存在するとしたら，$a^n = mk + 1$ と書ける（$k \in \mathbb{Z}$）が，$a^n - mk = 1$ から，左辺は d の倍数なのに，右辺はそうでないから矛盾である．ゆえに，そのような n は存在しない． □

ところで，$(*)$ の対偶はどんな命題か？

対偶は，「$a^n \equiv 1 \mod m$ となる $n \in \mathbb{N}$ が存在すれば，a と m が互いに素」である．もちろん，$(*)$ が正しいのだから，その対偶も正しい．ではこの逆は正しいか？

逆は，「a と m が互いに素ならば，$a^n \equiv 1 \mod m$ となる $n \in \mathbb{N}$ が存在する」である．実はこれも正しい！ これが次に述べる「オイラーの定理」である．

第5講

オイラーの定理

＊　＊　＊

この講では，フェルマーの小定理の拡張であるオイラーの定理を考察する．また，合同式における逆数（インバース）の概念を導入する．

5.1 オイラー関数とオイラーの定理

$m \in \mathbb{N}$ に対して，

$$\varphi(m) = \#\{1 \text{ から } m \text{ までの自然数で } m \text{ と互いに素なもの}\}$$

と定義する．この $\varphi(m)$ は**オイラー関数**とよばれている．ただし，記号 $\#$ は，集合の元の個数を表すものとする．たとえば，$\varphi(7) = \#\{1,2,3,4,5,6\} = 6$, $\varphi(8) = \#\{1,3,5,7\} = 4$ である．

▶**注意 5.1**　$\#$ の代わりに，絶対値記号も今後よく使う．たとえば，$A = \{a,b,c\}$ に対して，$\#A = |A| = 3$ である．

オイラーの定理

a と m が互いに素ならば，$a^{\varphi(m)} \equiv 1 \mod m$ が成り立つ．特に，m が素数の場合は，$\varphi(m) = m-1$ だから，これはフェルマーの小定理にほかならない．

この定理は 5.3 節で証明する．

たとえば，3 と 7 は互いに素で，$\varphi(7) = 6$ から，オイラーの定理より $3^6 \equiv 1 \mod 7$ が成り立つ（もちろん 7 は素数だから，「フェルマーの小定理より」といってもよい）．また，5 と 8 は互いに素で，$\varphi(8) = 4$ から，オイラーの定理より $5^4 \equiv 1 \mod 8$ が成り立つ．

［オイラーについて］ レオンハルト・オイラー（Leonhard Euler, 1707–1783）はスイスの数学者で，整数論に限らず，代数学，幾何学，解析学，数理物理学など，多くの有名な定理や公式を発見した．オイラーの定理とよばれている定理も一つではない．たとえば，

$$e^{\pi i} = -1$$

$$\frac{1}{1^2} + \frac{1}{2^2} + \frac{1}{3^2} + \cdots + \frac{1}{n^2} + \cdots = \frac{\pi^2}{6}$$

などもオイラーの定理である．オイラーは，人類史上もっとも多くの論文を書いた数学者といわれている．

問題 5.1 $m = 1$ から 20 までの $\varphi(m)$ をすべて求めよ．

ところで，$\varphi(m)$ を簡単に計算する方法はないか？

(1) p が素数なら $\varphi(p) =$ □，　　$\varphi(p^k) =$ □ （$k \in \mathbb{N}$）

(2) m と n が**互いに素ならば** $\varphi(mn) =$ □

これらのボックスが埋められれば，$\varphi(m)$ の計算がとても楽になる．答えは以下のようになる．

(1) p が素数なら $\varphi(p^k) = p^k - p^{k-1}$ が成り立つ．特に，$\varphi(p) = p - 1$ である．

理由は以下のとおりである．1 から p^k までの自然数で，p^k と互いに素**でない**ものは，p の倍数であり，それらは $p^k/p = p^{k-1}$ 個ある（1 から 100 までで，3 の倍数の個数は $100/3 = 33.3\cdots$ だから 33 個って小学校でよくやりましたね）．よって，互いに素なものは，$(p^k - p^{k-1})$ 個となる．

(2) m と n が**互いに素ならば** $\varphi(mn) = \varphi(m)\varphi(n)$ が成り立つ．

この証明は少し難しいので，後回しにして（5.4 節），とりあえずこの公式を使っていこう！

○**例題 5.1** 次を求めよ．

(1) $\varphi(21)$　　(2) 5^{13} を 21 で割った余り ○

［解］ (1) $\varphi(21) = \varphi(3)\varphi(7) = 2 \cdot 6 = 12$ となる．

(2) 5 と 21 は互いに素だから，オイラーの定理より $5^{\varphi(21)} = 5^{12} \equiv 1 \mod 21$ となる．ゆえに，$5^{13} = 5^{12} \cdot 5 \equiv 5 \mod 21$ となる．

▶**注意 5.2**　オイラーの定理は，「5 を 12 乗すると初めて 1 mod 21 になる」とまではいっていない．実際，$5^6 = 25^3 \equiv 4^3 = 64 \equiv 1 \mod 21$ となる．

問題 5.2　次を求めよ．

(1) 3^{123} の下 2 桁の数字　(2) 2^{10000} を 105 で割った余り

(3) 2^{10000} の下 2 桁の数字　(4) 3^{10000} を 21 で割った余り

(5) 3^{10000} を 450 で割った余り

問題 5.3　(1) $k \in \mathbb{N}$，p を 3 以上の素数とし，$N = 2^k p$ とおく．次の条件を満たす k と p を求めよ．

- N の正の約数の個数が 16 個である．
- N 以下の自然数で，N と互いに素であるものの個数が 1408 個である．

(2) $n \in \mathbb{N}$ について次の問いに答えよ．

① n^2 の 1 の位がとりうる数をすべて求めよ．

② $n^5 - n$ は 10 の倍数であることを示せ．

③ n^{20} の 1 の位がとりうる数をすべて求めよ．

(3) オイラー関数 $\varphi(n)$ について，次の問いに答えよ．

① $\varphi(n) = 6$ となる n をすべて求めよ．

② $\varphi(n) = n/2$ となる n はどんな自然数か？

③ $n \geq 2$ とし，1 から n までの自然数で n と互いに素なものを $a_1, a_2, \ldots, a_{\varphi(n)}$ とするとき，$a_1 + a_2 + \cdots + a_{\varphi(n)} = n\varphi(n)/2$ となることを示せ．

5.2　集合の合同

今後，a と b の**最大公約数**（greatest common divisor）を $\gcd(a, b)$ で表すことにする．特に，$\gcd(a, b) = 1$ と「a と b が互いに素」は同じことである．また，最大公約数のことを gcd と表すこともある．

さて，$n \in \mathbb{N}$ に対して，$\{a_1, \ldots, a_{\varphi(n)}\}$ を n と互いに素で，n 以下の自然数とする．

次の補題がオイラーの定理の証明に役立つ．

補題 5.1　$\gcd(a, n) = 1$ ならば，

$$\{a_1, \ldots, a_{\varphi(n)}\} \equiv \{aa_1, \ldots, aa_{\varphi(n)}\} \mod n$$

が成り立つ．

ただし，**集合が合同** $\equiv$ とは，合同なものは等しいと考えたときの集合が等しいということである．次の具体例を見れば，意味がはっきりするだろう．

$$\{17, 19, 36\} \equiv \{1, 2, 4\} \mod 5$$

[証明] a と n に共通因数がなく，a_i と n にも共通因数がないのだから，$\gcd(aa_i, n) = 1$ である．したがって，aa_i を n で割った余りも n と互いに素である．実際，aa_i を n で割った余りを r とし，もし $\gcd(n, r) = d > 1$ ならば，$aa_i = nq + r$ より，aa_i も d で割り切れることになり，$\gcd(aa_i, n) = 1$ に矛盾するからである．

よって，aa_i は，mod n で左辺 $\{a_1, \ldots, a_{\varphi(n)}\}$ のある元に合同である．したがって，合同の世界で，(左辺) $\supset$ (右辺) なる包含関係がある．そこで，$\#$(左辺) $=$ $\varphi(n)$ だから，$\#$(右辺) $= \varphi(n)$ をいえば，(左辺) $\equiv$ (右辺) となる．そのためには，(右辺) の元がすべて異なることをいえばよい．もし $aa_i \equiv aa_j \mod n$ ならば，$n \mid aa_i - aa_j = a(a_i - a_j)$ となるが，$\gcd(a, n) = 1$ より，$n \mid a_i - a_j$ となる．すなわち，$a_i \equiv a_j \mod n$ となる．よって，$a_i \not\equiv a_j \mod n$ ならば $aa_i \not\equiv aa_j \mod n$ である．ゆえに，(左辺) $\equiv$ (右辺) となり，補題が証明された． □

5.3 オイラーの定理の証明

それでは，オイラーの定理を証明する．

[証明] 補題 5.1 より，合同の世界で二つの集合は等しいから，それぞれの集合のすべての元の積も合同である．よって，次が成り立つ．

$$\begin{aligned} a_1 \cdots a_{\varphi(n)} &\equiv aa_1 \cdots aa_{\varphi(n)} \\ &= a^{\varphi(n)} a_1 \cdots a_{\varphi(n)} \mod n \end{aligned}$$

したがって，$(a^{\varphi(n)} - 1)a_1 \cdots a_{\varphi(n)}$ が n で割り切れるが，$\gcd(a_1 \cdots a_{\varphi(n)}, n) = 1$ より，$a^{\varphi(n)} - 1$ が n で割り切れる．ゆえに，$a^{\varphi(n)} \equiv 1 \mod n$ が成り立つ． □

問題 5.4 $n \in \mathbb{N}$ と n の約数 m に対して，整数の集合 $\{a_1, a_2, \ldots, a_k\}$ $(k = 1, \ldots, n-1)$ を，$\gcd(a_k, n) = m$ を満たすもの全体とする．このとき，$\gcd(a, n) = 1$ ならば，

$$\{a_1, \ldots, a_k\} \equiv \{aa_1, \ldots, aa_k\} \mod n$$

が成り立つことを示せ．

▶**注意 5.3** 補題 5.1 での集合 $\{a_1, \ldots, a_{\varphi(n)}\}$ や問題 5.4 での集合 $\{a_1, a_2, \ldots, a_k\}$ に 0 を加えても，同じ式が成り立つ．実際，$\gcd(a,n)=1$ のとき，$aa_i \equiv 0 \mod n$ なら $a_i \equiv 0 \mod n$ が成り立つからである．

ここで記述の簡略化のため，次の記号を用いる．$M = \{a_1, a_2, \ldots, a_k\}$ に対して，

$$a + M := \{a + a_1, a + a_2, \ldots, a + a_k\}, \quad aM := \{aa_1, aa_2, \ldots, aa_k\}$$

とする．

補題 5.1 と類似の次の性質がのちに役立つ．

補題 5.2 $n \in \mathbb{N}$ と n の約数 m に対して，整数の集合 $M = \{a_1, a_2, \ldots, a_k\}$（$k = 1, \ldots, n-1$）を，$m$ の倍数全体とする．このとき，$k = n/m$ であり，$\gcd(a,n) = 1$ ならば，$M \equiv aM \mod n$ が成り立つ．特に，任意の $b \in \mathbb{Z}$ に対して，$ab + aM \equiv ab + M \mod n$ が成り立つ．

[証明] まず，$M = \{tm \mid t = 0, 1, \ldots, n/m-1\}$ となり，したがって，$k = n/m$ である．

さて，aa_i を n で割った余りも m の倍数である．実際，$aa_i = nq + r$（q は商，r は余り）とすれば，$r = aa_i - nq$ は m の倍数である．よって，aa_i は，mod n で左辺 M の元に合同である．あとの議論は，補題 5.1 の証明と同じである． □

5.4 $\varphi(mn) = \varphi(m)\varphi(n)$ の証明

5.1 節で述べた「$\gcd(m,n) = 1$ ならば $\varphi(mn) = \varphi(m)\varphi(n)$」を証明しておこう！

[証明] まず，次のように，U を 1 から mn までの自然数の集合とする．

$$U = \{1, 2, \ldots, mn-1, mn\}$$

次に，U の元を以下の部分集合で分割する．

$$U_0 = \{m, 2m, \ldots, nm\} \quad (m \text{ の倍数の集合})$$

$$U_1 = \{1, m+1, 2m+1, \ldots, (n-1)m+1\} \quad (「m \text{ の倍数} + 1」\text{の集合})$$

$U_2 = \{2, m+1, 2m+2, \ldots, (n-1)m+2\}$ （「m の倍数 $+2$」の集合）

$\vdots$

$U_{m-1} = \{m-1, m+m-1, 2m+m-1, \ldots, (n-1)m+m-1\}$
（「m の倍数 $+(m-1)$」の集合）

このようにおけば，$U_i \cap U_j = \emptyset$ であり，$U = U_0 \cup U_1 \cup \cdots \cup U_{m-1}$ である．また，$\#U_0 = \#U_1 = \cdots = \#U_{m-1} = n$ である．目標は，U の中に mn と互いに素なものが $\varphi(m)\varphi(n)$ 個あることを示すことである．

まず，上に定義した U_r（$r = 0, \ldots, m-1$）において，もし m と r が互いに素でなければ，U_r の元はすべて m と互いに素でない．よってこのような U_r は除外してよいので，m と互いに素な r に対してだけ U_r を考えればよく，このような U_r は $\varphi(m)$ 個ある．各

$$U_r = \{r, m+r, 2m+r, \ldots, (n-1)m+r\}, \quad \gcd(m, r) = 1$$

に対して，n 個の部分集合

$U_{r0} = \{x \in U_r \mid x \equiv 0 \mod n\}$, $U_{r1} = \{x \in U_r \mid x \equiv 1 \mod n\}$, $\ldots$,
$U_{rk} = \{x \in U_r \mid x \equiv k \mod n\}$, $\ldots$,
$U_{r,n-1} = \{x \in U_r \mid x \equiv n-1 \mod n\}$

を考える．ここで，もし $\#U_{rk} \geq 2$ ならば，$im + r \neq jm + r$ かつ $im + r \equiv jm + r \equiv k \mod n$ となる i, j（$0 \leq i, j < n$）が存在することになる．これは，$n \mid (i-j)m$ を意味し，$\gcd(m, n) = 1$ から，$n \mid i - j$ となる．ところが，$0 \leq i, j < n$ だから，これは $i - j = 0$ を意味する．これは，$im + r \neq jm + r$ に矛盾する．ゆえに，任意の k に対して $\#U_{rk} \leq 1$ である．

ところで，$U_r = U_{r0} \cup U_{r1} \cup \cdots \cup U_{r,n-1}$ であり，$\#U_r = n$ だから，$\#U_{r0} = \#U_{r1} = \cdots = \#U_{r,n-1} = 1$ でなければならない．また，各 U_{rk} の元はすでに m と互いに素なわけだが，そのうち n と互いに素となるのは，n と k が互いに素の場合に限る（どんな $t \in \mathbb{Z}$ に対しても，$\gcd(k, n) = 1 \Leftrightarrow \gcd(nt + k, n) = 1$ が成り立つから）．このような U_{rk} は $\varphi(n)$ 個あり，$\#U_{rk} = 1$ だから，mn と互いに素な U の元の個数は，$\gcd(m, r) = 1$ となる U_r に対して $\varphi(n)$ 個となる．ゆえに結局，mn と互いに素な U の元の個数は，$\varphi(m)\varphi(n)$ となる． □

5.5 インバース

合同式において，整数の世界での逆数に相当する「インバース」を導入する．

定義 5.1　整数 a に対して，$ax \equiv 1 \mod m$ となる**整数** x を $a^{-1} \mod m$ と書き，**mod m における a のインバース**または**逆元**（inverse）という．

まずは，mod m においてインバースは一つに定まることを示しておこう．

命題 5.1　mod m における a^{-1} は，存在すれば，mod m において一意的である．

［証明］　もし $ax \equiv 1 \mod m$ かつ $ay \equiv 1 \mod m$ ならば，最初の式を y 倍して，$yax \equiv y \mod m$ となる．ここで，$ya \equiv ay \equiv 1 \mod m$ だから，$x \equiv y \mod m$ を得る．すなわち，a^{-1} は mod m においてただ一つである．　□

果たして $a^{-1} \mod m$ はいつでも存在するだろうか？

問題 5.5　もし a と m が互いに素でなければ，$a^{-1} \mod m$ は存在しないことを示せ．

▶ **注意 5.4**　問題 5.5 を解けば，その対偶「$a^{-1} \mod m$ が存在すれば，a と m は互いに素」も正しいわけである．では，a と m が互いに素ならば，$a^{-1} \mod m$ は常に存在するのだろうか？ 答えは Yes である．たとえばオイラーの定理を使えばわかる．実際，a と m が互いに素であることを仮定しているので，オイラーの定理が使えて，$a^{\varphi(m)} \equiv 1 \mod m$ となる．よって，$a^{\varphi(m)-1}$ が a^{-1} となる．

インバースを使うと合同方程式が解きやすくなる．例として，インバースを使って $5x \equiv 3 \mod 21$ を解いてみよう．オイラーの定理より，$5^{12} \equiv 1 \mod 21$ だから，$5^{-1} \equiv 5^{11} \mod 21$ である．よって，$x \equiv 5^{11} \cdot 3 \mod 21$ となる．もちろん解は 0 から 20 までの整数で書けるので，ここでやめないほうがよい．実は，$5^6 \equiv 1 \mod 21$ であり，$5^{11} = 5^6 \cdot 5^5 \equiv 5^5 = (5^2)^2 \cdot 5 \equiv 4^2 \cdot 5 \equiv (-5) \cdot 5 = -25 \equiv -4 \equiv 17 \mod 21$ となる．よって，$x \equiv 5^{11} \cdot 3 \equiv (-4) \cdot 3 = -12 \equiv 9 \mod 21$ となる．

ここで，$5^{11}, 5^5, -4$ などは，どれも mod 21 における 5^{-1} であることがわかる．すなわち，

$$5^{-1} \equiv 5^{11} \equiv 5^5 \equiv -4 \mod 21$$

である．よって，上の問題で，最初から $5\cdot(-4)\equiv -20\equiv 1 \mod 21$ に気づけば，両辺に -4 を掛けることで，すぐに解 $x\equiv(-4)\cdot 3=-12\equiv 9 \mod 21$ を得るわけである．

定義 5.2　$a\in\mathbb{Z}$ に対して，$(a^{-1})^n=\underbrace{a^{-1}\cdot\cdots\cdot a^{-1}}_{n\text{ 個}}$ を a^{-n} と書くこととする．

▶**注意 5.5**　(1) 定義から，$a^n a^{-n}\equiv 1 \mod m$ が成り立つ．したがって，$(a^n)^{-1}\equiv a^{-n} \mod m$ である．

(2) 任意の**整数** s, r に対して，① $a^s a^r\equiv a^{s+r}$，② $(a^s)^r\equiv a^{sr}$，③ $(ab)^s\equiv a^s b^s \mod m$ が成り立つ（s や r が負のときは，インバースが存在することを仮定した場合の式である）．

問題 5.6　$6^{83}+8^{83}$ を 49 で割った余りを求めよ．
（1983 年 AIME の問題．AIME は American Invitational Mathematics Examination の略で，優秀な高校生が受ける試験である．数学オリンピックのアメリカ代表を決める際にも用いられる．）

問題 5.7　任意の $n\in\mathbb{N}$ に対して，$a_n=19^n+(-1)^{n-1}2^{4n-3}$ を割り切る素数を求めよ．

○**例題 5.2**　$41x\equiv 3 \mod 43$ を解け．　○

[解]　$41\equiv -2 \mod 43$ に気づくと，与式は $-2x\equiv 3 \mod 43$ となる．ここで，$-2\cdot 21=-42\equiv 1 \mod 43$ に気づけば，$(-2)^{-1}\equiv 21 \mod 43$ となる．よって，$x\equiv 3\cdot 21=63\equiv 20 \mod 43$ となる．

[別解]　$43x+41y=1$ の解 (x,y) を見つければ，$41y\equiv 1 \mod 43$ より，y が 41^{-1} である．これは，$2x+41(x+y)=1$ と変形すると，$x=-20, x+y=1$ となる解がすぐに見つかる．ゆえに，$y=1-x=1+20=21$ から $(x,y)=(-20,21)$ となる．よって $41^{-1}\equiv 21 \mod 43$ となり，$x\equiv 3\cdot 21=63\equiv 20 \mod 43$ となる．

▶**注意 5.6**　最初の解法のように，$41\equiv -2 \mod 43$ を使えば，見つけたいのは $(-2)^{-1}$ だから，$43x-2y=1$ の解 $(x,y)=(1,21)$ から $(-2)^{-1}\equiv 21 \mod 43$ がわかる．

さて，オイラーの定理は，a が m と互いに素のとき a^{-1} が存在することを保証してくれたが，具体的に a^{-1} を求めたいときは（a も m も大きい数の場合），例題 5.2

の別解で使った方法が有用である．

たとえば上で述べたように，$5^{-1} \bmod 21$ なら暗算ですぐに -4 とわかるし，$41^{-1} \bmod 43$ も，$41 \equiv -2 \bmod 43$ より $41^{-1} \equiv (-2)^{-1} \bmod 43$ だから，暗算で 21 だとわかる．では，

$$527^{-1} \bmod 703$$

ならどうだろう？ 暗算では難しい！

そこで，$703x + 527y = 1$ の解を一つでも見つければ，両辺の mod 703 をとって $527y \equiv 1 \bmod 703$ となるから，y が $527^{-1} \bmod 703$ となる．

一般に，$a^{-1} \bmod m$ を求めたければ，$mx + ay = 1$ となる $x, y \in \mathbb{Z}$ が見つかれば，両辺の mod m をとって，$ay \equiv 1 \bmod m$ を得る．すなわち，$y \equiv a^{-1} \bmod m$ である．したがって，次の定理を証明しておくことが大切となる．

定理 5.1（ユークリッドの補題 1）　a と b が互いに素ならば，$ax + by = 1$ となる $x, y \in \mathbb{Z}$ が存在する．

等式 $ax + by = 1$ は**ベズーの等式**とよばれることが多い．ただ，定理 5.1 自体についてはユークリッドの『原論』に載っていることから，代数幾何学や数学教育で有名な飯高茂先生は，**ユークリッドの補題**とよぶことを推奨している．

実はより一般に，次が成り立つ．

定理 5.2（ユークリッドの補題 2）　任意の $a, b \in \mathbb{Z}$（ただし，両方 0 の場合は除外する）に対して，

$$ax + by = \gcd(a, b)$$

となる $x, y \in \mathbb{Z}$ が存在する．

このあと，まずは**ユークリッドの互除法**を使った (x, y) の求め方を解説する（これにより，解の存在も明らかとなる）．

第 6 講

ユークリッドの互除法と不定方程式

＊ ＊ ＊

この講では，ユークリッドの互除法を用いて $ax+by=1$ の解を求める方法を学ぶ．

6.1 ユークリッドの互除法

$a, b \in \mathbb{Z}, b \neq 0$ のとき，a を b で割り，その余りで b を割り，…と割り算を繰り返してみよう．

$$\begin{cases} a = bq_1 + r_1, \quad 0 \leq r_1 < |b| \\ b = r_1 q_2 + r_2, \quad 0 \leq r_2 < r_1 \\ r_1 = r_2 q_3 + r_3, \quad 0 \leq r_3 < r_2 \\ \vdots \\ r_{i-2} = r_{i-1} q_i + r_i, \quad 0 \leq r_i < r_{i-1} \\ r_{i-1} = r_i q \qquad \text{（余りは必ずどこかで 0 になる！）} \end{cases} \Rightarrow \quad \gcd(a,b) = r_i \quad (6.1)$$

上のように，割り算を繰り返すと，必ずどこかで割り切れる．そして，

「割り切れる一歩手前の式に現れた余り r_i が $\gcd(a,b)$ になる」

ことを，ユークリッドは 2300 年前にすでに発見していた．この方法は**ユークリッドの互除法**（Euclidean algorithm）とよばれている．まずは，具体的な計算によって gcd を求めてみよう！

○例題 6.1　次の二つの整数の最大公約数を求めよ．

(1) 1591 と 1517　　(2) 26 と 57　　(3) 210197 と 157573　○

［解］ (1) $1591 = 1517 \cdot 1 + 74$, $1517 = 74 \cdot 20 + 37$, $74 = 37 \cdot 2$

$\therefore \ \gcd(1591, 1517) = 37$

(2) $57 = 26 \cdot 2 + 5,\ 26 = 5 \cdot 5 + 1,\ 5 = 1 \cdot 5 \quad \therefore\ \gcd(57, 26) = 1$

(3) $210197 = 157573 \cdot 1 + 52624,\ 157573 = 52624 \cdot 2 + 52325,\ 52624 = 52325 \cdot 1 + 299,\ 52325 = 299 \cdot 175 \quad \therefore\ \gcd(210197, 157573) = 299$

6.2 特殊解発見ルール

ユークリッドの互除法がわかったところで，不定方程式 $ax + by = \gcd(a, b)$ の特殊解（1 組の整数解 (x, y) のこと．定義 7.1 参照）を求める便利な方法を解説する．

まず，$a, b \in \mathbb{N}$ に対して，ユークリッドの互除法で現れた商 q_1，q_2，$\ldots$，q_i を使って，

$$[q_1, q_2, \ldots, q_i] := q_1 + \cfrac{1}{q_2 + \cfrac{1}{q_3 + \cdots + \cfrac{1}{q_{i-1} + \cfrac{1}{q_i}}}}$$

のように定義する．これを普通の分数 n/m の形に変形したとき，次が成り立つ．

特殊解発見ルール

$$\begin{cases} i \text{ が偶数なら } (x, y) = (-m, n) \\ i \text{ が奇数なら } (x, y) = (m, -n) \end{cases} \quad \text{が } ax + by = \gcd(a, b) \text{ の解となる．}$$

まずは具体例で計算してみよう．

○**例題 6.2** $1591x + 1517y = 37$ の解を一つ求めよ． ○

[解] $1591 = 1517 \cdot 1 + 74,\ 1517 = 74 \cdot 20 + 37,\ 74 = 37 \cdot 2$ より，$i = 2$ で，$[1, 20] = 1 + 1/20 = 21/20$ となる．よって，i が偶数なので，$(x, y) = (-20, 21)$ は解である．

▶**注意 6.1** $1591x + 1517y = 37$ の両辺を 37 で割ると $43x + 41y = 1$ となるが，$(x, y) = (-20, 21)$ はこの方程式の解でもある．念のため，43 と 41 に対してユークリッドの互除法を行うと，$43 = 41 \cdot 1 + 2,\ 41 = 2 \cdot 20 + 1,\ 2 = 1 \cdot 2$ となり，1591 と 1517 のときと商は一致している（両辺をすべて 37 倍すれば，1591 と 1517 のと

きとまったく同じになる）．したがって，$[1,20] = 1 + 1/20 = 21/20$ も同じである．

○**例題 6.3** $1591x + 1517y = 1$ の整数解はない．なぜか？ ○

[解] $1591x + 1517y = 1$ の左辺が 37 の倍数なのに，右辺はそうでないから．

一般に，ユークリッドの補題（定理 5.1）の逆命題

「$ax + by = 1$ **の整数解があれば，**a **と** b **は互いに素**」

も成り立つ．

[証明] a と b の公約数 d が 1 より大きければ，$ax + by = 1$ の左辺は d の倍数となるが，右辺の 1 は d の倍数ではない．これは矛盾である．よって，a と b の公約数は 1 でなければならない．すなわち，a と b は互いに素である． □

○**例題 6.4** 次の方程式の整数解を一つ求めよ．

(1) $210197x + 157573y = 299$　　(2) $26x + 57y = 1$ ○

[解] (1) $210197 = 157573 \cdot 1 + 52624$, $157573 = 52624 \cdot 2 + 52325$, $52624 = 52325 \cdot 1 + 299$, $52325 = 299 \cdot 175$ より，$[1,2,1] = 1 + \dfrac{1}{2+1} = \dfrac{4}{3}$ となる．よって，$(x, y) = (3, -4)$ は解である．

（注）これは, $210197x + 157573y = 299$ の両辺を 299 で割った $703x + 527y = 1$ の解でもある．

(2) $26(x + 2y) + 5y = 1$ より，$x + 2y = 1$, $y = -5$ から，$x = 1 - 2y = 1 + 10 = 11$ を得る．よって，$(x, y) = (11, -5)$ は $26x + 57y = 1$ の解である．

[別解] 問題は $26x + 57y = 1$ だが，$57x + 26y = 1$ の解は,

$$57 = 26 \cdot 2 + 5$$

$$26 = 5 \cdot 5 + 1$$

$$5 = 1 \cdot 5$$

から，$[2,5] = 2 + \dfrac{1}{5} = \dfrac{11}{5}$ となり，「特殊解発見ルール」により，$(x, y) = (-5, 11)$ となる．したがって，x と y を入れ替えた，$(x, y) = (11, -5)$ が $26x + 57y = 1$ の解である．

前述したように，$ax+by=1$ の整数解が見つかると，mod a における b のインバースも見つかる．

○例題 6.5　$527^{-1} \mod 703$ を求めよ．

［解］　まずは $703x+527y=1$ を解く．$703=527\cdot1+176$, $527=176\cdot2+175$, $176=175\cdot1+1$ より，$[1,2,1]=1+\dfrac{1}{2+1}=\dfrac{4}{3}$ となる．よって，$(x,y)=(3,-4)$ は $703x+527y=1$ の解である．すなわち，$703\cdot3+527\cdot(-4)=1$ が成り立つので，$527^{-1}\equiv-4 \mod 703$ となる．

問題 6.1　次を求めよ．

(1) $71^{-1} \mod 87$　　(2) $87^{-1} \mod 332$　　(3) $55^{-1} \mod 89$

高校の教科書では，「a と b の最大公約数を d とすれば，$d=ax+by$ となる整数 (x,y) が存在する」を下の例のような方法で説明しているものがある．存在証明としては楽でよいが，具体的に解を求める場合，計算間違いをしやすいのであまり勧められない．

●例 6.1　288 と 126 なら，$288=126\cdot2+36$, $126=36\cdot3+18$, $36=18\cdot2$ だから，最大公約数は 18 である．2 番目の式から，$18=126-36\cdot3$ となる．36 に 1 番目の式を代入して，$18=126-(288-126\cdot2)\cdot3$ となる．よって，$18=288(-3)+126(1+6)$ となるから，$288x+126y=18$ となる $x,y\in\mathbb{Z}$ として，$(x,y)=(-3,7)$ がとれる．

この例は，ユークリッドの互除法が 3 回の割り算で終わったからよいが，割り算の回数がもっと多かったら，この方法ではとても大変である．ただ，この方法のように，ユークリッドの互除法で得られた式系 (6.1) を，下の式を順次上の式に代入することでたどれば，必ず最後は $ax+by=\gcd(a,b)$ を満たす (x,y) が見つかることは容易に想像できる．したがって，ユークリッドの補題の証明になっているといえる．

さらに，「特殊解発見ルール」で連分数を普通の分数にした n/m の n も m も，ユークリッドの互除法における商 q_i の式である．その式は符号を無視すれば，下から上へ代入していくことで，余り r_j（j は 1 から $i-1$ まで）を消していくので，残った a と b の係数はユークリッドの互除法における商 q_j（j は 1 から i まで）だけの式になることがわかる．ここでこのことを理解する必要はないが，上記の方法は，「特殊解発見ルール」と本質的に同じことをやっているのである（問題 6.3 参照）．ただ，連分数から n/m を作るプロセスのほうが単純作業であり，あまり間違わないという利点がある．

6.3 ユークリッドの互除法の証明

ユークリッドの互除法の証明は，下の補題 6.1 を示しておけばすぐできる．その前に，$\gcd(0,0)$ について注意しておく．

まず，0 はすべての整数を約数にもつ（0 はすべての整数の倍数だから）．特に，0 も 0 の約数である．したがってたとえば，$\gcd(0,3)=3$ である．一般に，$a \neq 0$ ならば $\gcd(0,a)=|a|$ である．

では $\gcd(0,0)$ は何だろう？ どんな整数も，0 と 0 の公約数だから，一番大きいものはない（いくらでも大きくできる）．ということで，$\gcd(0,0)$ は通常定義しないが，$\gcd(0,0)=\infty$ と書く人もいる．

ところで，ゼロでない整数 a の約数全体は有限集合である．実際，a の約数 b は $0<|b|\leq|a|$ を満たすから，b は有限個しかない．

したがって特に，$(a,b)\neq(0,0)$ ならば，a と b の公約数全体は有限集合である．

補題 6.1 $a,b,q\in\mathbb{Z}$ において，a と b の公約数全体を A，$a+bq$ と b の公約全体を B とすれば，$A=B$ が成り立つ．特に，$(a,b)\neq(0,0)$ ならば $\gcd(a,b)=\gcd(a+bq,b)$ が成り立つ．

［証明］ もし $d\in A$ ならば，d は a と b の公約数だから，$a+bq$ の約数でもある．よって $d\in B$ である．逆に，もし $d\in B$ ならば，$c=a+bq$ とすれば，d は c と b の公約数だから，$c-bq$ の約数でもある．ところで，$c-bq=a$ だから，$d\in A$ である．ゆえに，$A=B$ が示された．

特に，a, b どちらかがゼロでないなら，A は有限集合であり，よって B も有限集合である（$a+bq$ と b のどちらかはゼロでないことからもわかる）．したがって，A の最大値と B の最大値が一致するから，$\gcd(a,b)=\gcd(a+bq,b)$ が成り立つ（いちいち有限集合であることをいわなくても，一般に，$a\neq 0$ の約数は $|a|$ を超えないという事実だけからもわかる）． □

▶**注意 6.2**　補題 6.1 における q は，どんな整数でもよいことに注意しよう！ たとえば，$\gcd(a,b)=\gcd(a-bq,b)=\gcd(a+b,b)=\gcd(a-b,b)$ なども正しいのである．

［ユークリッドの互除法の証明］　補題 6.1 より，$\gcd(a,b)=\gcd(b,a-bq)$ も成り立つことに注意しよう．あとは，ユークリッドの互除法で現れた等式 (6.1) を見ながら，補題 6.1 を何度も使って

$$\begin{aligned}\gcd(a,b)&=\gcd(b,a-bq_1)=\gcd(b,r_1)\\&=\gcd(r_1,b-r_1q_2)=\gcd(r_1,r_2)\\&=\gcd(r_2,r_1-r_2q_3)=\gcd(r_2,r_3)=\cdots\\&=\gcd(r_{i-1},r_i)=\gcd(r_i,0)\quad(r_i\mid r_{i-1}\text{ より})\end{aligned}$$

となる．　□

系 6.1　$a,b\in\mathbb{Z}$ の公約数の集合は，$\gcd(a,b)$ の約数の集合と同じである．ただし，$(a,b)\neq(0,0)$ とする．特に，$a,b\in\mathbb{Z}$ の任意の公約数は $\gcd(a,b)$ の約数である．

［証明］　補題 6.1 より，ユークリッドの互除法の各ステップで現れる二つの整数の公約数の集合は不変だから，最終的に，a と b の公約数の集合と，r_i と 0 の公約数の集合は一致する．後者の集合は r_i の約数のことであり，$r_i=\gcd(a,b)$ だから，主張が示されたことになる．　□

$a_1,\ldots,a_n\in\mathbb{Z}$ の最大公約数は $\gcd(a_1,\ldots,a_n)$ と表す．ただし，$(a_1,\ldots,a_n)\neq(0,\ldots,0)$ とする．

▶**注意 6.3**　最大公約数は，$a_1,\ldots,a_n$ の公約数の集合の中での最大値なので，各 a_i の約数の集合の共通部分の最大値である．したがって，a_1 から a_n を各部分の gcd が定義されているように分けて（$\gcd(0,0)$ や $\gcd(0,0,0)$ などは定義されていないので），各部分の gcd をとってからそれらの gcd をとってもよいことがわかる．

たとえば，a, b, c, d がすべてゼロでなければ，$\gcd(a,b,c)=\gcd(\gcd(a,b),c)=\gcd(a,\gcd(b,c))=\gcd(b,\gcd(a,c))$ や $\gcd(a,b,c,d)=\gcd(a,\gcd(b,c,d))=\gcd(\gcd(a,b),\gcd(c,d))$ などはみな正しい．

問題 6.2　(1) $m,n\in\mathbb{Z}$ が互いに素のとき，次の問いに答えよ．

① 任意の $k \in \mathbb{Z}$ に対して，$m + kn$ と n は互いに素であるといえるか？ いえない場合は，$\gcd(m + kn, n)$ を求めよ．

② $m + n$ と $m - n$ は互いに素であるといえるか？ いえない場合は，$\gcd(m + n, m - n)$ を求めよ．

(2) $a, b \in \mathbb{Z}$ に対して，次を示せ．

① $\gcd(a + b, a - b) = 1 \Rightarrow \gcd(a, b) = 1$

② $\gcd(a + b, a - b) = 2 \Rightarrow \gcd(a, b) = 1$ または 2

6.4 連分数展開

6.2 節の「特殊解発見ルール」で用いた

$$q_1 + \cfrac{1}{q_2 + \cfrac{1}{q_3 + \cdots + \cfrac{1}{q_{i-1} + \cfrac{1}{q_i}}}}$$

のような分数を「連分数」とよぶ．

ところで，q_i は，a を b で割って始まるユークリッドの互除法で現れる商の列のうちで，割り切れる一歩手前の商だった．割り切れたときの商を q とするとき，最後に一つ分数を増やした

$$[q_1, q_2, \ldots, q_i, q] = q_1 + \cfrac{1}{q_2 + \cfrac{1}{q_3 + \cdots + \cfrac{1}{q_{i-1} + \cfrac{1}{q_i + \cfrac{1}{q}}}}}$$

は何になるだろう？ 答えは a/b である！

設定を明確にするために，問題として述べておく．

問題 6.3 $a, b \in \mathbb{Z}$, $a, b \neq 0$ に対して，q_1, q_2, ..., q_i, q を，a を b で割って始まるユークリッドの互除法の商の列（最後の商 q は $\gcd(a, b)$ で割った商）とする．このとき，$a/b = [q_1, q_2, \ldots, q_i, q]$ を示せ．

上記の $[q_1, q_2, \ldots, q_i, q]$ を a/b の**連分数展開**とよぶ．

《余談》 無理数を連分数展開すると，無限に続く（有限で終わらない）．また，2次の無理数（$a + b\sqrt{d}$，$a, b, d \in \mathbb{Q}$，$b \neq 0$ で d は平方数でない）は特別で，必ず循環することが知られている．たとえば，

$$\begin{aligned}\sqrt{2} &= [1, 2, 2, 2, 2, 2, \ldots] \\ \sqrt{3} &= [1, 1, 2, 1, 2, 1, 2, \ldots] \\ \sqrt{5} &= [2, 4, 4, 4, 4, 4, 4, \ldots] \\ \sqrt{7} &= [2, 1, 1, 1, 4, 1, 1, 1, 4, 1, 1, \ldots]\end{aligned}$$

などが成り立つ．また，もっとも特別な例は

$$\frac{1+\sqrt{5}}{2} = [1, 1, 1, 1, 1, 1, \ldots] \quad \text{（黄金比）}$$

である．

6.5 特殊解発見ルールの証明

まずは次を証明する．

補題 6.2

$$[q_1, q_2, \ldots, q_k] = q_1 + \cfrac{1}{q_2 + \cfrac{1}{q_3 + \cdots + \cfrac{1}{q_{k-2} + \cfrac{1}{q_{k-1} + \cfrac{1}{q_k}}}}}$$

（すべての q_i は**実数**で，q_2 以降はゼロでない）は，

数列 $\{a_k\}$：　$a_k = q_k a_{k-1} + a_{k-2}$, $a_1 = q_1$, $a_2 = q_1 q_2 + 1$　および

数列 $\{b_k\}$：　$b_k = q_k b_{k-1} + b_{k-2}$, $b_1 = 1$, $b_2 = q_2$

を用いて，$[q_1, q_2, \ldots, q_k] = a_k/b_k$ となる．特に，q_i がすべて整数なら，$\gcd(a_k, a_{k-1}) = \gcd(b_k, b_{k-1}) = 1$ である．

[証明] $[q_1] = q_1/1$ より，$a_1 = q_1$ および $b_1 = 1$ である．$[q_1, q_2] = q_1 + \dfrac{1}{q_2} = \dfrac{q_1q_2+1}{q_2}$ より，$a_2 = q_1q_2+1$ および $b_2 = q_2$ である．$[q_1, q_2, q_3] = q_1 + \dfrac{1}{q_2 + \dfrac{1}{q_3}} = q_1 + \dfrac{q_3}{q_2q_3+1} = \dfrac{q_1q_2q_3+q_1+q_3}{q_2q_3+1}$ より，$a_3 = q_1q_2q_3+q_1+q_3 = q_3(q_1q_2+1)+q_1 = q_3a_2+a_1$ および $b_3 = q_2q_3+1 = q_2b_2+b_1$ である．ゆえに，$k=1$ から 3 まで主張は正しい．

さて，k のとき正しいと仮定して $k+1$ の場合を調べると，$[q_1, q_2, q_3] = \left[q_1, q_2+\dfrac{1}{q_3}\right]$ であるのと同様に，

$$[q_1, q_2, \ldots, q_k, q_{k+1}] = \left[q_1, q_2, \ldots, q_k + \frac{1}{q_{k+1}}\right] = \frac{\left(q_k + \dfrac{1}{q_{k+1}}\right)a_{k-1} + a_{k-2}}{\left(q_k + \dfrac{1}{q_{k+1}}\right)b_{k-1} + b_{k-2}}$$

$$= \frac{\dfrac{1}{q_{k+1}}a_{k-1} + a_k}{\dfrac{1}{q_{k+1}}b_{k-1} + b_k} = \frac{a_{k-1} + q_{k+1}a_k}{b_{k-1} + q_{k+1}b_k} = \frac{a_{k+1}}{b_{k+1}}$$

となるから，$k+1$ のときも正しい．ゆえに，k に関する帰納法により，主張は正しい．

最後の主張を示す．もし a_k と a_{k-1} が公約数 $d > 1$ をもてば，$\{a_k\}$ の漸化式を使って，a_2 と a_1 も公約数 d をもつ．ところが，$a_1 = q_1$ および $a_2 = q_1q_2+1$ から $a_2 - a_1q_2 = 1$ となるので，1 が d で割り切れることになり矛盾である．同様に，$b_1 = 1$ および $b_2 = q_2$ が互いに素だから，隣り合う 2 項は常に互いに素となる． □

問題 6.4 補題 6.2 の数列について，a_4, a_5, b_4, b_5 を求めよ．

このあと，ときどき 2×2 の行列式 $\begin{vmatrix} a & b \\ c & d \end{vmatrix}$ を使うが，これは単に $\begin{vmatrix} a & b \\ c & d \end{vmatrix} = ad - bc$ のことと思えばよい．

問題 6.5 補題 6.2 の数列 $\{a_k\}$ および $\{b_k\}$ について，

$$\begin{vmatrix} a_k & a_{k-1} \\ b_k & b_{k-1} \end{vmatrix} = (-1)^k$$

を示せ．特に，q_i がすべて整数なら，a_k/b_k は既約分数であることを示せ．

[特殊解発見ルールの証明]　まず，補題 6.2 より $[q_1, q_2, \ldots, q_i] = a_i/b_i$ と書ける．

さらに，問題 6.3 より $a/b = [q_1, q_2, \ldots, q_{i+1}] = a_{i+1}/b_{i+1}$ である．ここで，$\gcd(a, b) = g$ とおくと，$a = a_{i+1}g$, $b = b_{i+1}g$ となっている．問題 6.5 より，$\begin{vmatrix} a_{i+1} & a_i \\ b_{i+1} & b_i \end{vmatrix} = (-1)^{i+1}$ が成り立つ．よって $a_{i+1}b_i - a_i b_{i+1} = (-1)^{i+1}$ だから，両辺を g 倍して，$ab_i - ba_i = (-1)^{i+1}g$ が成り立つ．ゆえに，

$$\begin{cases} i \text{ が偶数なら } (-b_i, a_i) \\ i \text{ が奇数なら } (b_i, -a_i) \end{cases}$$

が $ax + by = g$ の特殊解となる．「特殊解発見ルール」においては，$a_i = n$ および $b_i = m$ としたので，これで「特殊解発見ルール」が証明できた．　□

6.6 行列を使った証明

ユークリッドの互除法を行列を使って表すことで，「特殊解発見ルール」も行列式や逆行列などを使って証明できる．行列の積や逆行列をまだ習っていない人はこの節を飛ばそう！

[特殊解発見ルールの別証]

$$a = bq_1 + r_1, \quad 0 \leq r_1 < |b| \quad \to \quad \begin{pmatrix} a \\ b \end{pmatrix} = \begin{pmatrix} q_1 & 1 \\ 1 & 0 \end{pmatrix} \begin{pmatrix} b \\ r_1 \end{pmatrix}$$

$$b = r_1 q_2 + r_2, \quad 0 \leq r_2 < r_1 \quad \to \quad \begin{pmatrix} b \\ r_1 \end{pmatrix} = \begin{pmatrix} q_2 & 1 \\ 1 & 0 \end{pmatrix} \begin{pmatrix} r_1 \\ r_2 \end{pmatrix}$$

$$r_1 = r_2 q_3 + r_3, \quad 0 \leq r_3 < r_2 \quad \to \quad \begin{pmatrix} r_1 \\ r_2 \end{pmatrix} = \begin{pmatrix} q_3 & 1 \\ 1 & 0 \end{pmatrix} \begin{pmatrix} r_2 \\ r_3 \end{pmatrix}$$

$$\vdots$$

$$r_{i-2} = r_{i-1} q_i + r_i, \quad 0 \leq r_i < r_{i-1} \quad \to \quad \begin{pmatrix} r_{i-2} \\ r_{i-1} \end{pmatrix} = \begin{pmatrix} q_i & 1 \\ 1 & 0 \end{pmatrix} \begin{pmatrix} r_{i-1} \\ r_i \end{pmatrix}$$

$$r_{i-1} = r_i q \quad \to \quad \begin{pmatrix} r_{i-1} \\ r_i \end{pmatrix} = \begin{pmatrix} q & 1 \\ 1 & 0 \end{pmatrix} \begin{pmatrix} r_i \\ 0 \end{pmatrix}$$

と書けるので，下の式を上の式に順に代入することで，

$$\begin{pmatrix} a \\ b \end{pmatrix} = \begin{pmatrix} q_1 & 1 \\ 1 & 0 \end{pmatrix} \begin{pmatrix} q_2 & 1 \\ 1 & 0 \end{pmatrix} \cdots \begin{pmatrix} q_i & 1 \\ 1 & 0 \end{pmatrix} \begin{pmatrix} r_{i-1} \\ r_i \end{pmatrix} \tag{6.2}$$

$$= \begin{pmatrix} q_1 & 1 \\ 1 & 0 \end{pmatrix} \begin{pmatrix} q_2 & 1 \\ 1 & 0 \end{pmatrix} \cdots \begin{pmatrix} q_i & 1 \\ 1 & 0 \end{pmatrix} \begin{pmatrix} q & 1 \\ 1 & 0 \end{pmatrix} \begin{pmatrix} r_i \\ 0 \end{pmatrix} \tag{6.3}$$

が成り立つ（このあとの議論で式 (6.3) は不要だが，一応書いた）．

ここで $\begin{vmatrix} * & 1 \\ 1 & 0 \end{vmatrix} = -1$ に注意すれば，式 (6.2) の係数行列 $A_i = \begin{pmatrix} q_1 & 1 \\ 1 & 0 \end{pmatrix}\begin{pmatrix} q_2 & 1 \\ 1 & 0 \end{pmatrix}\cdots$ $\begin{pmatrix} q_i & 1 \\ 1 & 0 \end{pmatrix}$ の行列式は，$|A_i| = \begin{cases} 1 & (i\text{ が偶数}) \\ -1 & (i\text{ が奇数}) \end{cases} = (-1)^i$ となる．よって，$A_i = \begin{pmatrix} t & u \\ s & v \end{pmatrix}$ とすれば, $A_i^{-1} = (-1)^i \begin{pmatrix} v & -u \\ -s & t \end{pmatrix}$ となる. したがって, $\begin{pmatrix} r_{i-1} \\ r_i \end{pmatrix} = A_i^{-1}\begin{pmatrix} a \\ b \end{pmatrix}$ から，$r_i = \begin{cases} -as+bt & (i\text{ が偶数}) \\ as-bt & (i\text{ が奇数}) \end{cases}$ を得る．これが行列を使ったユークリッドの補題の証明である（行列に慣れている人なら，こちらを「特殊解発見ルール」としてよい）．

さらに，$\begin{pmatrix} q_1 & 1 \\ 1 & 0 \end{pmatrix}\begin{pmatrix} q_2 & 1 \\ 1 & 0 \end{pmatrix} = \begin{pmatrix} q_1q_2+1 & q_1 \\ q_2 & 1 \end{pmatrix}$ であり，$A_k = \begin{pmatrix} a_k & a_{k-1} \\ b_k & b_{k-1} \end{pmatrix}$ とすれば，$A_{k+1} = A_k \begin{pmatrix} q_{k+1} & 1 \\ 1 & 0 \end{pmatrix} = \begin{pmatrix} q_{k+1}a_k + a_{k-1} & a_k \\ q_{k+1}b_k + b_{k-1} & b_k \end{pmatrix}$ となることから，A_i の 1 列目である t と s は，まさに補題 6.2 における数列 a_i, b_i と同じである．したがって，連分数 $[q_1, q_2, \ldots, q_i]$ の計算と A の 1 列目を求める計算は，同じようなものであることがわかる．すなわち，

$$[q_1, q_2, \ldots, q_i] = \frac{t}{s}$$

が成り立つ． □

●**例 6.2** (1) 行列を使う方法を 49 と 23 で実践してみる．

$49 = 23\cdot 2+3 \to \begin{pmatrix} 49 \\ 23 \end{pmatrix} = \begin{pmatrix} 2 & 1 \\ 1 & 0 \end{pmatrix}\begin{pmatrix} 23 \\ 3 \end{pmatrix}$, $23 = 3\cdot 7+2 \to \begin{pmatrix} 23 \\ 3 \end{pmatrix} = \begin{pmatrix} 7 & 1 \\ 1 & 0 \end{pmatrix}\begin{pmatrix} 3 \\ 2 \end{pmatrix}$, $3 = 2\cdot 1+1 \to \begin{pmatrix} 3 \\ 2 \end{pmatrix} = \begin{pmatrix} 1 & 1 \\ 1 & 0 \end{pmatrix}\begin{pmatrix} 2 \\ 1 \end{pmatrix}$ から，

$$\begin{pmatrix} 49 \\ 23 \end{pmatrix} = \begin{pmatrix} 2 & 1 \\ 1 & 0 \end{pmatrix}\begin{pmatrix} 7 & 1 \\ 1 & 0 \end{pmatrix}\begin{pmatrix} 1 & 1 \\ 1 & 0 \end{pmatrix}\begin{pmatrix} 2 \\ 1 \end{pmatrix} = A\begin{pmatrix} 2 \\ 1 \end{pmatrix}$$

となる．よって i は奇数であり，$A = \begin{pmatrix} 2 & 1 \\ 1 & 0 \end{pmatrix}\begin{pmatrix} 8 & 7 \\ 1 & 1 \end{pmatrix} = \begin{pmatrix} 17 & 15 \\ 8 & 7 \end{pmatrix}$ の 1 列目は $\begin{pmatrix} 17 \\ 8 \end{pmatrix}$ である．「特殊解発見ルール」での連分数は $[2, 7, 1] = [2, 8] = 17/8$ であり，$49\cdot 8 + 23\cdot(-17) = 1$ である．

(2) 互いに素でない，86 と 38 でも実践してみる．

$6 = 38 \cdot 2 + 10 \to \begin{pmatrix} 86 \\ 38 \end{pmatrix} = \begin{pmatrix} 2 & 1 \\ 1 & 0 \end{pmatrix} \begin{pmatrix} 38 \\ 10 \end{pmatrix}$, $38 = 10 \cdot 3 + 8 \to \begin{pmatrix} 38 \\ 10 \end{pmatrix} = \begin{pmatrix} 3 & 1 \\ 1 & 0 \end{pmatrix} \begin{pmatrix} 10 \\ 8 \end{pmatrix}$, $10 = 8 \cdot 1 + 2 \to \begin{pmatrix} 10 \\ 8 \end{pmatrix} = \begin{pmatrix} 1 & 1 \\ 1 & 0 \end{pmatrix} \begin{pmatrix} 8 \\ 2 \end{pmatrix}$, $8 = 2 \cdot 4$ から,

$$\begin{pmatrix} 86 \\ 38 \end{pmatrix} = \begin{pmatrix} 2 & 1 \\ 1 & 0 \end{pmatrix} \begin{pmatrix} 3 & 1 \\ 1 & 0 \end{pmatrix} \begin{pmatrix} 1 & 1 \\ 1 & 0 \end{pmatrix} \begin{pmatrix} 8 \\ 2 \end{pmatrix} = A \begin{pmatrix} 8 \\ 2 \end{pmatrix}$$

となる．よって i は奇数であり，$A = \begin{pmatrix} 2 & 1 \\ 1 & 0 \end{pmatrix} \begin{pmatrix} 4 & 3 \\ 1 & 1 \end{pmatrix} = \begin{pmatrix} 9 & 7 \\ 4 & 3 \end{pmatrix}$ の1列目は $\begin{pmatrix} 9 \\ 4 \end{pmatrix}$ である．「特殊解発見ルール」での連分数は $[2, 3, 1] = [2, 4] = 9/4$ であり，$86 \cdot 4 + 38 \cdot (-9) = 2$ である． ●

第7講

不定方程式

＊ ＊ ＊

この講では，主に，2元1次不定方程式の一般解の求め方を学習する．

7.1 一般解

定義 7.1 整数係数の方程式に対して，整数解だけに注目する場合は，その方程式を**不定方程式**という．また，その整数解を単に解とよぶこともある．解は複数，あるいは無数にあることも普通なので，一つの解（多元の場合は1組の解）を**特殊解**という．不定方程式の整数解が無数にある場合，それらを媒介変数（パラメータ）などを使って表したものを**一般解**とよぶ．

一般解については高校の教科書にあるとおりだが，高校で習っていない人やすっかり忘れた人もいると思うので，ここで丁寧な解説を与える．知っている人はこの節を飛ばそう！

例題 5.2 において，$43x+41y=1$ の解 $(x,y)=(-20,21)$ を見つけた．ほかにないだろうか？ $(x,y)=(21,-22)$ も解である．ほかにないだろうか？ 実は，$43x+41y=1$ の整数解は無数にある．解は，任意の $t\in\mathbb{Z}$ に対して，

$$\begin{cases} x=-20+41t \\ y=21-43t \end{cases} \tag{7.1}$$

となる．たとえば，$t=-1,\ 0,\ 1,\ 2$ を代入すると，整数解 $(x,y)=(-61,64)$, $(-20,21)$, $(21,-22)$, $(62,-65)$ を得る．不定方程式 $43x+41y=1$ の一つの解，たとえば $(x,y)=(-20,21)$ を特殊解とよび，式 (7.1)（すべての解を表す式）を一般解とよぶのである．式 (7.1) は，無数に解があることも示している．また，特殊解とは勝手に選んだ一つの解という意味であり，特殊解も無数にあるのである．

不定方程式 $ax+by=c$ の特殊解 (x_0,y_0) が見つかれば，$ax_0+by_0=c$ より，与式からこれを引くと，$a(x-x_0)+b(y-y_0)=0$ を得る．ここで，$X=x-x_0$,

$Y = y - y_0$ とおくと，$aX + bY = 0$ なる**斉次不定方程式**（定数項がゼロの方程式は通常，**斉次**とよばれる）を得る．この斉次方程式を解けば，一般解は $\begin{cases} x = x_0 + X \\ y = y_0 + Y \end{cases}$ となる．さて，斉次不定方程式 $aX + bY = 0$ の解について，次が成り立つ．

命題 7.1 両辺を $\gcd(a, b)$ で割って，$a'X + b'Y = 0$ とすることで，$X = b't$, $Y = -a't$ なる解を得る．

ただし，t は**任意の整数**である．したがって，一般解 $\begin{cases} x = x_0 + b't \\ y = y_0 - a't \end{cases}$ を得る．

［証明］ 方程式の両辺を $\gcd(a, b)$ で割って移項することで，$a'X = -b'Y$ となる．ここで，a' と b' が互いに素だから，$a' \mid Y$ かつ $b' \mid X$ となる．したがって，$X = b's$, $Y = a't$ $(s, t \in \mathbb{Z})$ と書けるが，これをもとの式に代入して，$a'b's = -b'a't$ となる．ゆえに，$s = -t$ を得る．よって，$X = -b't$, $Y = a't$ と書ける（これを $X = b't$, $Y = -a't$ と書いても，t が任意だから同じである）． □

▶ **注意 7.1** パラメータ s を使わなくても証明できる．実際，$a' \mid Y$ より $Y = a't\,(t \in \mathbb{Z})$ と書ける．これをもとの式に代入して，$a'X = -b'a't$ となるから，$X = -b't$ となる．

○ **例題 7.1** 不定方程式 $23x + 17y = 1$ を解け． ○

［解］ $23 = 17 \cdot 1 + 6$, $17 = 6 \cdot 2 + 5$, $6 = 5 \cdot 1 + 1$ より $[1, 2, 1] = 1 + \cfrac{1}{2 + \cfrac{1}{1}} = \dfrac{4}{3}$ となるから，特殊解は $(3, -4)$ で，一般解は $\begin{cases} x = 3 - 17t \\ y = -4 + 23t \end{cases}$ $(t \in \mathbb{Z})$ となる．

問題 7.1 次の不定方程式を解け．

(1) $87x + 71y = 1$　(2) $332x + 87y = 1$　(3) $89x + 55y = 1$
(4) $390x + 273y = 39$

○ **例題 7.2** 問題 7.1 (4) の右辺が 78 だったらどうか？ すなわち，$390x + 273y = 78$ を解け． ○

［解］ 問題 7.1 (4) の答えより，$(x, y) = (-2, 3)$ は $390x + 273y = 39$ の解である（これは $10x + 7y = 1$ の解でもある）．よって，$390 \cdot (-2) + 273 \cdot 3 = 39$ の

両辺を2倍して，$(x,y)=(-4,6)$ が $390x+273y=78$ の特殊解となる．したがって，一般解は $\begin{cases} x=-4+\mathbf{7}t \\ y=6-\mathbf{10}t \end{cases}$ $(t\in\mathbb{Z})$ となる．

▶**注意 7.2** 上記の解を $\begin{cases} x=-4+273t \\ y=6-390t \end{cases}$ $(t\in\mathbb{Z})$ としたら誤りである！（なぜ誤りか，各自で考えよう．）

7.2 解法Q&A

平成31年のセンター試験（現在の大学入学共通テスト）に，$49x-23y=1$ の解を求める問題が出ていた．この程度の係数の場合，次の方法が一番早い．

$49x-23y=3x-23(-2x+y)=1$ から目星をつけ，$\begin{cases} x=8 \\ -2x+y=1 \end{cases}$ とすればよい．よって，$y=1+16=17$ を得る．ゆえに特殊解は $(8,17)$ であり，一般解は $\begin{cases} x=8+23t \\ y=17+49t \end{cases}$ $(t\in\mathbb{Z})$ となる．

高校の教科書にある特殊解の求め方は，$\begin{cases} 49=23\cdot 2+3 \\ 23=3\cdot 7+2 \\ 3=2\cdot 1+1 \end{cases}$（ユークリッドの互除法）を使って，下の式に上の式を代入していっている．すなわち，

$$\begin{aligned} 1=3-2\cdot 1 &= 49-23\cdot 2-(23-3\cdot 7)\cdot 1 \\ &= 49-23\cdot 2-\{23-(49-23\cdot 2)\cdot 7\}\cdot 1 \\ &= 49\cdot(1+7)+23\cdot(-2-1-14) \\ &= 49\cdot 8-23\cdot 17 \end{aligned}$$

となる．これは前にも述べたが，計算間違いをしやすいので，あまり推奨できない．

$ax+by=\gcd(a,b)$ の a や b が負の整数であっても，「特殊解発見ルール」を使うことができるが，細かい注意が必要である．上の例を使って説明してみよう．まず，$a=49, b=-23$ としてユークリッドの互除法を行うと，$\begin{cases} 49=(-23)\cdot(-2)+3 \\ -23=3\cdot(-8)+1 \end{cases}$ となるから，$[-2,-8]=-2+\dfrac{1}{-8}=\dfrac{17}{-8}$ となる．i が偶数だから，「特殊解発見ルール」に従って，$49x-23y=1$ の特殊解は $(8,17)$ である．注意というのは，$\dfrac{17}{-8}$

を $-\dfrac{17}{8}$ と書いてしまったら，「特殊解発見ルール」の使いようがなくなってしまうことである（問題 7.2 参照）．ということで，あとで述べるように，a や b が負の場合は別の工夫をしたほうがよいかもしれない．

まずは Q&A 形式で，順番に疑問を解消していこう．

(Q1) $ax+by=c$ において，$\gcd(a,b)\neq c$ の場合はどうすればいいですか？

(A) $d=\gcd(a,b)$ とするとき，

(i) c が d の倍数でない場合は「解なし」である．

(ii) c が d の倍数の場合，すなわち，$c=dc'$（$c'\in\mathbb{Z}$）ならば，両辺を d で割ってから $a'x+b'y=c'$（$a=da'$, $b=db'$）を解けばよく，この特殊解は $a'x+b'y=1$ の特殊解を c' **倍したもの**である．

たとえば，$6x+8y=15$ は「解なし」である．

$6x+8y=14$ は $3x+4y=7$ を解けばよい．そこで，$3x+4y=1$ の特殊解として $(-1,1)$ がすぐに見つかる．よって，7 倍した $(-7,7)$ が $3x+4y=7$ の特殊解である．したがって，一般解は $\begin{cases} x=-7+4t \\ y=7-3t \end{cases}$（$t\in\mathbb{Z}$）となる．

(Q2) $ax+by=c$ において，a や b が負の整数のときはどうすればいいですか？

具体的には下の (A) のようにすればよい．数学好きなら，いろいろな工夫を各自で思い付くだろうから，いちいち説明を聞きたくないかもしれない．その場合は下の (A) や例題 7.3 以降を飛ばしてすぐに問題 7.3 を解こう！ 数学が苦手で，解答のパターンを知っておきたい人は，細かい注意になるが，我慢して読んでみよう．

(A) a が負なら $-x=X$，b が負なら $-y=Y$ などとおいてから解けばよい．

○例題 7.3　$17x-24y=2$ を解け．

[解]　まず，$17x+24Y=2$ を解く．例題 6.4 (2) の別解のように $17=24\cdot 0+17$ から始めて $24=17\cdot 1+7$, $17=7\cdot 2+3$, $7=3\cdot 2+1$, $[0,1,2,2]=5/7$ より，$(-7,5)$ は $17x+24Y=1$ の特殊解であり，$(-14,10)$ は $17x+24Y=2$ の特殊解となる．

ゆえに，$(-14,-10)$ は $17x-24y=2$ の特殊解となり，一般解は

$\begin{cases} x=-14+24t \\ y=-10+17t \end{cases}$（$t\in\mathbb{Z}$）となる．

▶ **注意 7.3** (1) 例題6.4 (2) の別解のように，$17x+24y=1$ に対して，$X=y, Y=x$ とおけば，与式は $24X+17Y=1$ となる．そこで，$24=17\cdot1+7$, $17=7\cdot2+3$, $7=3\cdot2+1$ から $[1,2,2]=7/5$ となり，特殊解 $(X,Y)=(5,-7)$ を得る．よって，与式の特殊解 $(x,y)=(-7,5)$ を得る．

念のため，$a<b$ の場合も「特殊解発見ルール」をそのまま使ってもよいことを確認しておく．この場合のユークリッドの互除法の第1式は $a=b\cdot0+a$ となり，$q_1=0$, $r_1=a$ となる．よって，第2式は $b=a\cdot q_2+r_2$ となる．したがって，

$$[q_1,q_2,\ldots,q_i]=0+\cfrac{1}{q_2+\cdots+\cfrac{1}{q_{i-1}+\cfrac{1}{q_i}}}=\frac{1}{[q_2,q_3,\ldots,q_i]}=\frac{n}{m}$$

に「特殊解発見ルール」を使って問題ない．ただ，普通，大きいほうを小さいほうで割ることから始めるので，その場合，$b=a\cdot q_2+r_2$ が第1式となるから，連分数は

$$q_2+\cfrac{1}{q_3+\cdots+\cfrac{1}{q_{i-1}+\cfrac{1}{q_i}}}=[q_2,q_3,\ldots,q_i]=\frac{m}{n}$$

となり，「特殊解発見ルール」の奇数偶数が入れ替わり，n/m の分母と分子も入れ替わる．これに「特殊解発見ルール」を適用すると，$bx+ay=\gcd(a,b)$ の解を得る．したがって，**$b=a\cdot q_2+r_2$ を第1式とした場合は，「特殊解発見ルール」で求めた (x,y) の x と y を入れ替えたものが解である**と覚えておけばよい．

(2) $ax\pm by=\pm1$ などに対しては，とにかく a, b **の大きいほうを小さいほうで割っていき，$[q_1,q_2,\ldots,q_i]=n/m$ を計算して，x, y は $\pm m$ と $\pm n$ のどれかと覚えておく**のもよい．どれがフィットするかを考えることで，自動的に検算も終えられる利点もある．

たとえば，$17x-24y=1$ なら，$24=17\cdot1+7$, $17=7\cdot2+3$, $7=3\cdot2+1$, $[1,2,2]=7/5$ より，±7 と ±5 の中から，ちょっと計算して，$(-7,-5)$ がフィットすることがわかる．

問題 7.2 念のため，(1) $-49x+23y=1$ および (2) $-49x-23y=1$ についても，「特殊解発見ルール」に従って特殊解を求めてみよ（分子分母に -1 を掛けるという操作さえしなければ，「特殊解発見ルール」によって特殊解が出ることを確認せよ）．

問題 7.3 次の不定方程式を解け．

(1) $19x - 32y = 1$　(2) $432x + 95y = 1$　(3) $19x - 32y = 5$

(4) $87x - 332y = -1$　(5) $162x + 47y = -2$

(6) $123454321x + 888891111y = 22222$

7.3 フィボナッチ係数の不定方程式

フィボナッチ数列 $f_n = f_{n-1} + f_{n-2}$, $f_0 = 0$, $f_1 = 1$，すなわち，$0, 1, 1, 2, 3, 5, 8, 13, \mathbf{21}, \mathbf{34}, \boxed{55}, \boxed{89}, \ldots$ を見てから，問題 7.1 の (3) を見直そう．すると，$89x + 55y = 1$ の解 $(-21, 34)$ もフィボナッチ数，つまり，係数も解もフィボナッチ数になっている！ すなわち，$21 = f_8$, $34 = f_9$, $55 = f_{10}$, $89 = f_{11}$ である．何かよい規則があるのではないか？

補題 7.1 $[\underbrace{1, 1, \ldots, 1}_{n\text{ 個}}] = f_{n+1}/f_n$ が成り立つ．

[証明] $n = 1$ のとき，$[1] = 1 = 1/1 = f_2/f_1$ より成立．$[\underbrace{1, 1, \ldots, 1}_{n\text{ 個}}] = f_{n+1}/f_n$ を仮定すれば，

$$[\underbrace{1, 1, \ldots, 1}_{(n+1)\text{ 個}}] = 1 + \frac{1}{\dfrac{f_{n+1}}{f_n}} = 1 + \frac{f_n}{f_{n+1}} = \frac{f_{n+1} + f_n}{f_{n+1}} = \frac{f_{n+2}}{f_{n+1}}$$

となるから，n に関する帰納法により，補題は正しい． □

これにより，$f_{n+1}x + f_n y = 1$ の特殊解は，「特殊解発見ルール」により，

$$(x, y) = \left((-1)^{n-1} f_{n-2},\ (-1)^n f_{n-1}\right) \tag{7.2}$$

であることがわかる．たとえば，$89x + 55y = f_{11}x + f_{10}y = 1$ の特殊解は，$\begin{cases} x = (-1)^9 f_8 = -21 \\ y = (-1)^{10} f_9 = 34 \end{cases}$ である．

[式 (7.2) の証明] $f_2 = 1$ より，ユークリッドの互除法は

$$\begin{cases} f_{n+1} = f_n \cdot 1 + f_{n-1} \\ f_n = f_{n-1} \cdot 1 + f_{n-2} \\ \vdots \\ f_4 = f_3 \cdot 1 + f_2 \end{cases}$$

で終わる．式は $n+1-3 = n-2$ 本より，$[\underbrace{1, 1, \ldots, 1}_{(n-2)\,個}] = f_{n-1}/f_{n-2}$ だから，特殊解は $((-1)^{n-1} f_{n-2},\ (-1)^n f_{n-1})$ となる．□

ゆえに，$f_{n+1}x + f_n y = 1$ の一般解は，$\begin{cases} x = (-1)^{n-1} f_{n-2} + f_n t \\ y = (-1)^n f_{n-1} - f_{n+1} t \end{cases}$ $(t \in \mathbb{Z})$ となる．

▶**注意 7.4**　n が偶数なら，$t = 1$ として，$\begin{cases} x = -f_{n-2} + f_n = f_{n-1} \\ y = f_{n-1} - f_{n+1} = -f_n \end{cases}$ となる．

n が奇数なら，$t = -1$ として，$\begin{cases} x = f_{n-2} - f_n = -f_{n-1} \\ y = -f_{n-1} + f_{n+1} = f_n \end{cases}$ となる．

たとえば，$89x + 55y = 1$ ならば，$(-21 + 55t,\ 34 - 89t)$ $(t \in \mathbb{Z})$ が一般解である．特殊解として $(-21, 34)$ をとったわけで，$89 \cdot (-21) + 55 \cdot 34 = 1$ が成り立つ．特に $t = 1$ とすれば，$(34, -55)$ も特殊解であり，$89 \cdot 34 - 55^2 = 1$ も成り立つ．

フィボナッチ数列の有名な等式

$f_{n+1}x + f_n y = 1$ に求めた特殊解 $(x, y) = ((-1)^{n-1} f_{n-2},\ (-1)^n f_{n-1})$ を代入すると，$f_{n+1}(-1)^{n-1} f_{n-2} + f_n(-1)^n f_{n-1} = 1$ となるから，両辺を $(-1)^n$ 倍することで，

$$f_n f_{n-1} - f_{n+1} f_{n-2} = (-1)^n \tag{7.3}$$

なる等式を得る．これはフィボナッチ数列がもつ重要な性質で，行列式を使って

$$\begin{vmatrix} f_n & f_{n+1} \\ f_{n-2} & f_{n-1} \end{vmatrix} = (-1)^n$$

と書くことも多い．また，行列式の性質（2 行目から 1 行目を引いても値が変わらない，行のスカラー倍は前に出せる）を使って，

$$\begin{aligned} f_n^2 - f_{n+1} f_{n-1} &= \begin{vmatrix} f_n & f_{n+1} \\ f_{n-1} & f_n \end{vmatrix} = \begin{vmatrix} f_n & f_{n+1} \\ f_{n-1} - f_n & f_n - f_{n+1} \end{vmatrix} = \begin{vmatrix} f_n & f_{n+1} \\ -f_{n-2} & -f_{n-1} \end{vmatrix} \\ &= -\begin{vmatrix} f_n & f_{n+1} \\ f_{n-2} & f_{n-1} \end{vmatrix} = (-1)^{n+1} \end{aligned}$$

となるから，

$$f_n^2 - f_{n+1}f_{n-1} = (-1)^{n+1}$$

も成り立つ．

問題 7.4 (1) $89x + 34y = 1$ を解け（フィボナッチ数 $\ldots, 13, 21, \boxed{34}, 55, \boxed{89}, \ldots$ の一つ飛び係数）．
(2) $[\underbrace{2, 1, \ldots, 1}_{(n+1)\text{ 個}}] = f_{n+3}/f_{n+1}$ を示せ．　(3) $f_n^2 - f_{n+2}f_{n-2} = (-1)^n$ を示せ．

7.4 3元1次不定方程式

工夫すれば3元1次不定方程式も解ける．まずは次の例題を解いてみよう．

例題 7.4　斉次不定方程式 $6x + 8y + 5z = 0$ を解け．

[解] $6x + 8y = -5z$ の左辺は2で割れるので，右辺も2で割れる．よって，$z = -2t$ $(t \in \mathbb{Z})$ と書ける．したがって，与式は2で割れて，$3x + 4y = 5t$ となる．この方程式の特殊解は，$3x + 4y = 1$ の特殊解が $(-1, 1)$ だから，$(-5t, 5t)$ である．よって，$3x + 4y = 5t$ の一般解は，$\begin{cases} x = -5t + 4s \\ y = 5t - 3s \end{cases}$ $(s \in \mathbb{Z})$ となる．

ゆえに，与式の一般解は $\begin{cases} x = -5t + 4s \\ y = 5t - 3s \\ z = -2t \end{cases}$ $(s, t \in \mathbb{Z})$ となる．

[別解] $8y + 5z = -6x$ の左辺は $\gcd(8, 5) = 1$ より，どんな $x \in \mathbb{Z}$ に対しても解がある．よって，$x = t$ $(t \in \mathbb{Z})$ と書ける．したがって，与式は $8y + 5z = -6t$（x を t に変えただけ）となるが，この方程式の特殊解は，$8y + 5z = 1$ の特殊解 $(2, -3)$ を使って，$(-12t, 18t)$ である．よって，$8y + 5z = -6t$ の一般解は，$\begin{cases} y = -12t + 5s \\ z = 18t - 8s \end{cases}$ $(s \in \mathbb{Z})$ となる．ゆえに，与式の一般解は $\begin{cases} x = t \\ y = -12t + 5s \\ z = 18t - 8s \end{cases}$ $(s, t \in \mathbb{Z})$ となる．

▶ **注意 7.5**　上記の最初の解は，z の項を移項することで求めたもので，［別解］の解は，x の項を移項して求めた．見かけはかなり違うが，解の集合としては一致している（y の項を移項してから求めればまた違う形になるが，解集合としては一致する）．試しに，最

初の解 $(*)$ $\begin{cases} x=-5t+4s \\ y=5t-3s \\ z=-2t \end{cases}$ $(s,t\in\mathbb{Z})$ と［別解］の解 $(**)$ $\begin{cases} x=t \\ y=-12t+5s \\ z=18t-8s \end{cases}$ $(s,t\in\mathbb{Z})$ を少し比較してみよう．

行列で記述すると比較しやすい．$(*)$ は $\begin{pmatrix} x \\ y \\ z \end{pmatrix} = s\begin{pmatrix} 4 \\ -3 \\ 0 \end{pmatrix} + t\begin{pmatrix} -5 \\ 5 \\ -2 \end{pmatrix}$ であり，$(**)$ は $\begin{pmatrix} x \\ y \\ z \end{pmatrix} = s\begin{pmatrix} 0 \\ 5 \\ -8 \end{pmatrix} + t\begin{pmatrix} 1 \\ -12 \\ 18 \end{pmatrix}$ である．たとえば，

① $(**)$ からの解 $v_1 := \begin{pmatrix} 0 \\ 5 \\ -8 \end{pmatrix}$ は本当に $(*)$ に現れているか？

Yes!　$(*)$ において，$t=4$, $s=5$ とすればよい．

② $(**)$ からの解 $v_2 := \begin{pmatrix} 1 \\ -12 \\ 18 \end{pmatrix}$ は本当に $(*)$ に現れているか？

Yes!　$(*)$ において，$t=-9$, $s=-11$ とすればよい．

③では，$(*)$ からの解 $u_1 := \begin{pmatrix} 4 \\ -3 \\ 0 \end{pmatrix}$ は本当に $(**)$ に現れているか？

Yes!　$(**)$ において，$t=4$, $s=9$ とすればよい．

④ $(*)$ からの解 $u_2 := \begin{pmatrix} -5 \\ 5 \\ -2 \end{pmatrix}$ は本当に $(**)$ に現れているか？

Yes!　$(**)$ において，$t=-5$, $s=-11$ とすればよい．

実はこれだけで（群論の基本概念や記号を使うことで簡単に），$(*)$ で定まる解集合 X と $(**)$ で定まる解集合 Y が等しいことがわかる．実際，X は u_1 と u_2 で生成されているので，X は $\mathbb{Z}^2$ の加法部分群である（20.3 節，定義 20.5 参照）．通常これは $X=\langle u_1,u_2\rangle$ と記述する．同様に $Y=\langle v_1,v_2\rangle$ である．上では，①，②で $v_1,v_2\in Y$ を確認したので，$X\subset Y$ を示したことになる．次に，③，④で $u_1,u_2\in X$ を確認したので，$Y\subset X$ を示したことになる．ゆえに $X=Y$ となるのである．

次に，非斉次の場合を考えよう．

○**例題 7.5**　非斉次不定方程式 $35x+55y+77z=1$ を解け．　○

[解]　$35x+55y=1-77z$ より「解あり」$\Leftrightarrow$「$1-77z$ は 5 の倍数」である．したがってたとえば，$z=-2$ とすれば解を見つけることができる．すなわち，

$z=-2$ のとき，$35x+55y=155$ から $7x+11y=31$ となる．そこでまず，$7x+11y=1$ の特殊解は $(-3,2)$ だから，$7x+11y=31$ の特殊解は，31 倍して $(-93,62)$ となる．ゆえに，$(x,y,z)=(-93,62,-2)$ は $35x+55y+77z=1$ の特殊解である．

次に，2 元のときと同様，一般解は (特殊解) + (斉次解) である（問題 7.5）．ここで，斉次解とは，$ax+by+cz=0$（右辺が 0 の不定方程式）の一般解のことである．そこでまず，

$$35x+55y+77z=0$$

の一般解を求める．これは，$\gcd(35,55)=5$ だから，$z=5t$（$t\in\mathbb{Z}$）と書ける．すると，$35x+55y+77z=0$ は，5 で割って $7x+11y+77t=0$ となる．ここで，$7x+11y=1$ の特殊解 $(-3,2)$ をとると，$7x+11y=-77t$ の一般解は $\begin{cases} x=231t+11s \\ y=-154t-7s \end{cases}$（$s\in\mathbb{Z}$）となる．ゆえに，$35x+55y+77z=0$ の一般解は $\begin{cases} x=231t+11s \\ y=-154t-7s \\ z=-5t \end{cases}$（$s,t\in\mathbb{Z}$）となる．よって，与式の一般解は

$\begin{cases} x=-93+231t+11s \\ y=62-154t-7s \\ z=-2-5t \end{cases}$（$s,t\in\mathbb{Z}$）となる．

問題 7.5 一般に，$ax+by+cz=d$ の解は (特殊解) + (斉次解) であることを示せ．

問題 7.6 一般に，$\gcd(a,b,c)=1$ とするとき，$ax+by+cz=0$ の一般解は

$(*)\ \begin{cases} x=ctx_0+b's \\ y=cty_0-a's \\ z=-gt \end{cases}$（$s,t\in\mathbb{Z}$）となることを示せ．ただし，$g=\gcd(a,b)$, $a=a'g$, $b=b'g$ とし，(x_0,y_0) は $a'x+b'y=1$ の任意の特殊解とする．

問題 7.7 次の不定方程式を解け．

(1) $x+2y+3z=4$　　(2) $12x+15y+10z=4$

7.5　2元2次不定方程式

合同式に戻る前に，簡単な2元2次不定方程式を解いておこう．2元2次不定方程式について深掘りすると，本が一冊書けるほどになる（連分数やペル方程式の理論を含む）．よってここでは，次の三つの比較的簡単な（高校数学の知識だけで解ける）問題を載せるだけとする．

問題 7.8　次の方程式の整数解を求めよ．

(1) $18x^2 - 60xy + 50y^2 = 8$　　(2) $2x^2 - 3xy - 2y^2 = 18$

(3) $3x^2 - 4xy + 3y^2 = 35$

第8講
1次合同式の解法とウィルソンの定理

＊　＊　＊

この講では，すでに解いてきた1次合同方程式の解法をまとめる．また，自然数の階乗に関するウィルソンの定理を紹介する．

8.1 1次合同式の解法

まずは，ほぼ確認事項ではあるが，次の定理を証明しておこう．

定理 8.1 a と m が互いに素ならば，$ax \equiv b \mod m$ の解は $x \equiv a^{-1}b \mod m$ ただ一つである．

[証明] $x \equiv a^{-1}b \mod m$ が解になることは，$ax \equiv aa^{-1}b \equiv b \mod m$ となるからよい．逆に，$ax \equiv b \mod m$ ならば，両辺に a^{-1} を掛けて，$x \equiv a^{-1}b \mod m$ を得る． □

○**例題 8.1** $5x \equiv 9 \mod 71$ を解け． ○

[解] $5 \cdot 14 = 70 \equiv -1 \mod 71$ に気づけば，$5 \cdot (-14) \equiv 1 \mod 71$ がわかる．すなわち，$5^{-1} \equiv -14$ である．よって，$x \equiv 9 \cdot (-14) = -126 \equiv 16 \mod 71$ となる．

▶**注意 8.1** (1) $(1, -14)$ は $71s + 5t = 1$ の特殊解である．

(2) フェルマーの小定理より $5^{70} \equiv 1 \mod 71$ だから，$5^{-1} \equiv 5^{69}$ となるが，$5^{69} \equiv -14 \mod 71$ をチェックするのは（実際これは正しいが）面倒なので，ここでは役立たない．

(3) $9 \equiv 80 \mod 71$ に着目して，$5x \equiv 9 \mod 71$ を解くのに，$5x \equiv 9 \equiv 80 \mod 71$ としてから，両辺を5で割って $x \equiv 16 \mod 71$ としてもよい（右辺

の 9 を 5 で割り切れるような数に変えればよいという発想である）．ただし，71 **と 5 が互いに素だから，両辺を 5 で割ってよい**のである．

(4) 上では合同方程式を解くのに不定方程式が役立ったが，逆の場合もある．たとえば，「$89x+55y=1$ を解け」で，以下のようにして特殊解を求めることもできる．

$$-21x \equiv 1 \equiv 56 \mod 55, \qquad -3x \equiv 8 \equiv 63 \qquad \therefore\ x \equiv -21$$

$$x=-21 \text{ のとき } 55y=1870 \text{ より } y=34 \qquad \therefore\ (x,y)=(-21,34)$$

○**例題 8.2**　$28x \equiv 4 \mod 71$ を解け．○

[解]　まず，$71s+28t=1$ の特殊解を求める．$71=28\cdot2+15$, $28=15\cdot1+13$, $15=13\cdot1+2$, $13=2\cdot6+1$, そして $[2,1,1,6]=33/13$ から，$(-13,33)$ が特殊解である．ゆえに，$28^{-1}\equiv 33 \mod 71$ となる．したがって，$x\equiv 4\cdot33=132\equiv 61 \mod 71$ となる．

ところで，$28x\equiv 4 \mod 71$ **の両辺を 4 で割ってよいか？** 上でも述べたが，4 は 71 と互いに素なので割ってもよい．理由を知りたくなったら，合同式より，等式に変えたほうが説明が楽である．実際，$28x=71k+4$ から $4(7x-1)=71k$ となるので，$7x-1$ は 71 の倍数でなければならない．よって，$7x-1\equiv 0 \mod 71$ となるわけである．したがって，次のような別解でもよい．

[別解]　4 は 71 と互いに素なので，両辺を 4 で割って，$7x\equiv 1 \mod 71$ となる．これは，$7\cdot10=70\equiv -1 \mod 71$ に気づけば，$x\equiv 7^{-1}\equiv -10\equiv 61 \mod 71$ となる．

問題 8.1　次を解け．

(1) $8x\equiv 11 \mod 71$　(2) $25x\equiv 3 \mod 83$　(3) $25x\equiv 10 \mod 83$

8.2 解法 Q&A

ここでは，次の Q&A について考えていく．

(Q1) $ax\equiv b \mod m$ において，a と m が互いに素でない場合はどうなりますか？

(A) $d=\gcd(a,m)$ とするとき，

(i) b が d の倍数でない場合は「解なし」である．たとえば，$3x\equiv 5 \mod 12$ は「解なし」である．実際，$3x=12k+5$ から $3(x-4k)=5$ となりこれは不

可能.

(ii) b が d の倍数のときは，すべて d で割った $a'x \equiv b' \mod m'$ を解けばよい．ただし，$a = a'd, b = b'd, m = m'd$ である．この解を x_0 とすれば，$ax \equiv b \mod m$ の解は，

$$x_0, x_0 + m', \ldots, x_0 + (d-1)m'$$

（の d 個！）である．たとえば，$3x \equiv 6 \mod 12$ の解は，両辺を3で割って，$x \equiv 2 \mod 4$ から，$x \equiv 2, 6, 10 \mod 12$ となる．実際，$3x = 12k + 6$ から $x = 4k + 2$ となるから，$x \equiv 2 \mod 4$ である（一般の場合も，このように等式に直して考えれば楽に証明できる）.

○例題 8.3　$6x \equiv 10 \mod 27$ を解け.　○

［解］　10 は $\gcd(6, 27) = 3$ の倍数ではないので，解はない.

○例題 8.4　$6x \equiv 15 \mod 27$ を解け.　○

［解］　全体を $\gcd(6, 27) = 3$ で割って，$2x \equiv 5 \mod 9$ を解くと $x \equiv 7 \mod 9$ である．よって，解は三つあり，$x \equiv 7, 16, 25 \mod 27$ である.

問題 8.2　次を解け.

(1) $35x \equiv 20 \mod 60$　(2) $8x \equiv 18 \mod 28$　(3) $35x \equiv 21 \mod 19$
(4) $4x \equiv 4 \mod 10$

念のため，例題 8.2 ですでに注意していた，$4x \equiv 8 \mod 11$ のような場合について述べる．4 と 11 が互いに素だから，両辺を 4 で割って $x \equiv 2 \mod 11$ としてよいわけだが，一般的に証明しておこう！

命題 8.1　$ax \equiv b \mod m$ において，$\gcd(a, b, m) = 1$ だが，$\gcd(a, b) = d > 1$ のときは，両辺を d で割って，$a'x \equiv b' \mod m$ を解けばよい.

［証明］　$m \mid ax - b = d(a'x - b')$ は，仮定から m と d は互いに素なので，$m \mid a'x - b'$ と同値である．したがって，$ax \equiv b \mod m$ と $a'x \equiv b' \mod m$ は同値である.　□

最後に，たとえば$3x \equiv 4 \mod 16$のような場合，もちろん3と16は互いに素だから，3^{-1}が存在し，暗算で$3^{-1} \equiv -5 \mod 16$だとわかる．ゆえに解は，$x \equiv -20 \equiv 12 \mod 16$となる．

(Q2) $3x \equiv 4 \mod 16$において，もし4と16のgcdである4で割って，$3x \equiv 1 \mod 4$を解いてしまったら，答えはどうなりますか？

$3^{-1} \equiv 3 \mod 4$だから$x \equiv 3 \mod 4$となり，これは，$x \equiv 3, 7, 11, 15 \mod 16$と同値であり，もちろん正しい答えではない（答えはあくまで$x \equiv 12 \mod 16$である）．しかし，$x \equiv 3 \mod 4$の3と4をまた4倍すれば，$x \equiv 12 \mod 16$となり，正しい答えとなる．これは単なる偶然だろうか？

(A) 4で割った式$3x \equiv 1 \mod 4$の解は，もとのxとは違うので，別の文字を使って$3y \equiv 1 \mod 4$と書くべきである．このyを4倍したのがxなのである．

命題 8.2　一般に，$ax \equiv b \mod m$において，$\gcd(a, b, m) = 1$だが，$\gcd(b, m) = d > 1$のときは，全体をdで割った$ay \equiv b' \mod m'$の解をd倍したものが，もとの方程式の解となる．

［証明］　$ax = mk + b = d(m'k + b')$ $(k \in \mathbb{Z})$と書け，仮定からaとdは互いに素なので，xはdの倍数である．したがって$x = dy$とおくと，$ay = m'k + b'$となる．ゆえに，xは，$ay \equiv b' \mod m'$の解をd倍した整数である．逆に，$ay = m'k + b'$を満たす任意のyをd倍すれば，$day = dm'k + db' = mk + b$より，$dy$は$ax \equiv b \mod m$の解である．□

○**例題 8.5**　$3x \equiv 49 \mod 56$を解け．○

［解］　7で割った$3y \equiv 7 \mod 8$を解くと，$3^{-1} \equiv 3 \mod 8$だから，$y \equiv 21 \equiv 5 \mod 8$となる．ゆえに，解は7倍して，$x \equiv 35 \mod 56$である（もちろん7で割らずに解いてもよい）．

［別解］　そもそも最初から$3 \cdot 19 = 57$に気づけば，$3^{-1} \equiv 19 \mod 56$より，$x \equiv 49 \cdot 19 = 931 \equiv 35 \mod 56$となる．

この手法は問題5.2(3)においてすでに使った人も多いと思う．すなわち，$x \equiv 2^{10000} \mod 100$を求める際，まず4で割って$y \equiv 2^{9998} \mod 25$を求める．これはオイラーの定理が使えるので，$\varphi(25) = 25 - 5 = 20$から，$y \equiv 2^{9998} = 2^{20 \cdot 499 + 18} \equiv$

$2^{18} = (2^7)^2 \cdot 2^4 \equiv 3^2 \cdot 16 = 144 \equiv 19 \mod 25$ となり，$x \equiv 19 \cdot 4 = 76 \mod 100$ を得る．

▶**注意 8.2**　2^{18} の計算で，$2^{18} = 2^{20-2} \equiv 2^{20} \cdot 2^{-2} \equiv 2^{-2} = 4^{-1} \equiv -6 \equiv 19 \mod 25$ としてもよい．ここで，2^{-2} とは $(2^{-1})^2$ のことである．すでに述べたことだが，一般に，a^{-n} を $(a^{-1})^n$ と定めれば，合同式における指数法則の指数が整数まで広がる．

問題 8.3　フェルマー数 $F_n = 2^{2^n} + 1$ について次を示せ．ただし，$n \geq 2$ とする．

(1) $F_n \equiv 17, 41 \mod 72$　　(2) $F_n \equiv 17, 37, 57, 97 \mod 100$

8.3　ウィルソンの定理

まずは 10! を 11 で割った余りを求めてみよう！

$$1 \cdot 2 \cdot 3 \cdot 4 \cdot 5 \cdot 6 \cdot 7 \cdot 8 \cdot 9 \cdot 10 \equiv 2 \cdot (-3) \cdot 1 \cdot (-9) = 54 \equiv -1 \mod 11$$

より，余りは 10 である（途中計算は人によってまちまちなので気にしないように）．

12! を 13 で割った余りはどうか？

$$\begin{aligned}
&1 \cdot 2 \cdot 3 \cdot 4 \cdot 5 \cdot 6 \cdot 7 \cdot 8 \cdot 9 \cdot 10 \cdot 11 \cdot 12 \\
&\equiv 1 \cdot 2 \cdot 3 \cdot 4 \cdot 5 \cdot 6 \cdot (-6) \cdot (-5) \cdot (-4) \cdot (-3) \cdot (-2) \cdot (-1) \\
&= 2^2 \cdot 3^2 \cdot 4^2 \cdot 5^2 \cdot 6^2 \equiv (-3) \cdot 3 \cdot (-1) \cdot (-3) = -27 \equiv -1 \mod 13
\end{aligned}$$

より，余りは 12 である（途中計算は人によってまちまちなので気にしないように）．

さらに，

$$\begin{aligned}
&2! = 1 \cdot 2 \equiv -1 \mod 3, \quad 4! = 1 \cdot 2 \cdot 3 \cdot 4 \equiv 4 \equiv -1 \mod 5, \\
&6! = 1 \cdot 2 \cdot 3 \cdot 4 \cdot 5 \cdot 6 \equiv 6 \equiv -1 \mod 7
\end{aligned}$$

が成り立つ．何かいえそうか？「p が素数なら，$(p-1)!$ を p で割った余りは，$p-1$」がいえそうである．実はこれは，ウィルソン（Wilson）の定理とよばれている．

定理 8.2（ウィルソン†）　p を素数とすれば，$(p-1)! \equiv -1 \mod p$ が成り立つ．

† John Wilson は 18 世紀，イギリスの数学者．

[証明のエッセンス]

$$
\begin{aligned}
1\cdot 2\cdot 3\cdot 4\cdot 5\cdot 6\cdot 7\cdot 8\cdot 9\cdot 10 &\equiv 1\cdot 2\cdot 3\cdot 3^{-1}\cdot 5\cdot 2^{-1}\cdot 7\cdot 7^{-1}\cdot 5^{-1}\cdot 10\\
&\equiv 10\equiv -1 \mod 11
\end{aligned}
$$

のように，途中計算において，1 と 10 以外は必ずインバースとのペアになっている！ □

[証明] まず，$p=2$ ならば，$1!=1\equiv -1 \mod p$ だから成り立つ．次に，$p>2$ に対して，

(◇)「$2, 3, \ldots, p-2$ なる $p-3$（偶数）個の数がインバースとペアをなす」

を示せば証明が完成する．実際，(◇) がいえれば，$2\cdot 3\cdot\cdots\cdot(p-2)\equiv 1 \mod p$ となり，$(p-1)!\equiv p-1\equiv -1 \mod p$ を得る．

さて，(◇) は，次の四つを示せば正しいことがわかる．

(i) mod p の世界では，すべての整数が，$0, 1, \ldots, p-1$ のどれかに合同である．
(ii) $1, 2, \ldots, p-1$ のどの数にも mod p におけるインバースが存在する．
(iii) 2 から $p-2$ までの数は，それ自身がインバースになることはない．
(iv) 合同でない数のインバースは合同でない．

(i), (ii), (iv) は合同式の定義とインバースの定義から明らかである．実際，mod p とは p で割った余りの世界だから，(i) はよい．また，$1, 2, \ldots, p-1$ はどれも p と互いに素だから，インバースが存在する．よって (ii) もよい．(iv) は，「$a\not\equiv b \mod m$ ならば $a^{-1}\not\equiv b^{-1} \mod m$」を示せばよいが，対偶をとって，「$a^{-1}\equiv b^{-1} \mod m$ ならば $a\equiv b \mod m$」を示せばよい．これは，$a^{-1}\equiv b^{-1} \mod m$ の両辺に ab を掛けて，$a^{-1}ab\equiv b^{-1}ab \mod m$ から $b\equiv a \mod m$ と得られる．

したがって，(iii) を示せば証明が完成する．ここで，$x\equiv x^{-1} \mod p$ となる x は，$x^2\equiv 1 \mod p$ の解であるから，「$x^2\equiv 1 \mod p$ の解は $x\equiv \pm 1 \mod p$ だけ」を示せばよい．$x^2\equiv 1 \mod p$ とすると，$x^2-1=(x+1)(x-1)$ が p の倍数だから，p が素数より，$x+1$ が p の倍数か，$x-1$ が p の倍数ということである．すなわち，$x+1\equiv 0 \mod p$ または $x-1\equiv 0 \mod p$ である．ゆえに，解は $x\equiv \pm 1 \mod p$ だけである．したがって，ウィルソンの定理の証明が完了した． □

問題 8.4　m が素数でなければ「$x^2 \equiv 1 \mod m$ の解は $x \equiv \pm 1 \mod m$ だけ」はいえないことを，具体例で説明せよ．

問題 8.5　p が素数のとき，$(p-2)! \equiv 1 \mod p$ が成り立つことを証明せよ（ライプニッツ† の定理）．

8.4 ウィルソンの定理の逆

ウィルソンの定理の逆は，「$n \in \mathbb{N}$ のとき，$(n-1)! \equiv -1 \mod n$ が成り立てば，n は素数である」となる．これは正しいか？

答えは「$n > 1$ なら正しい」である！

[証明]　背理法で示す．$n > 1$ が素数でなければ，$r \mid n$ となる自然数 $n > r > 1$ が存在する．仮定は $(n-1)! + 1 = nk$ $(k \in \mathbb{Z})$ であるから，$(n-1)! \equiv -1 \mod r$ も成り立つ．ところが，$(n-1)! = (n-1)(n-2) \cdot \cdots \cdot r \cdot \cdots \cdot 2 \cdot 1$ であるから，$(n-1)! \equiv 0 \mod r$ でもある．したがって，$-1 \equiv 0 \mod r$ となるが，$r > 1$ よりこれは矛盾である．ゆえに，n は素数である．□

▶ **注意 8.3**　$n = 1$ なら $(n-1)! = (1-1)! = 0! = 1 \equiv -1 \mod 1$ である．

「ウィルソンの定理の逆」がいえたので，これも素数の判定法になる．すなわち，ある自然数 n が素数かどうかわからないとき，**$(n-1)!$ を n で割って，余りが $n-1$ だったら n は素数**ということになる．ただ，たとえば，31 をこの方法で素数と判定するには，

$$\begin{aligned} 30! &= 265252859812191058636308480000000 \\ &= 2^{26} \cdot 3^{14} \cdot 5^7 \cdot 7^4 \cdot 11^2 \cdot 13^2 \cdot 17 \cdot 19 \cdot 23 \cdot 29 \end{aligned}$$

を 31 で割った余りが 30 であることを確認しなければならない．そのため，この方法はあまり役に立たない．

† ライプニッツ（Gottfried Wilhelm Leibniz, 1646–1716）はドイツの数学者，微分積分学の創始者として有名であり，ニュートンとは独立に微分法を発見した．

第9講
中国剰余定理

＊　＊　＊

この講では，中国剰余定理の解の公式を紹介する．他の本であまり論じられていない設定（互いに素でない法）での連立合同方程式についても学習する．

9.1 孫子算経と塵劫記からの問題

古代中国の数学書『孫子算経』（6 世紀ごろ）に，「物がある．その数はまだわからない．3 ずつ数えていくと余りが 2，5 ずつ数えていくと余りが 3，7 ずつ数えていくと余りが 2，その数は何か．」とある．江戸時代の数学書『塵劫記（じんこうき）』（17 世紀）にも，「碁石を 7 ずつ並べると 2 余り，5 ずつ並べると 1 余り，3 ずつ並べると 2 余ると云う．碁石は何個あるか．」とある．

合同式で記述すると，『孫子算経』の問題は $\begin{cases} x \equiv 2 \mod 3 \\ x \equiv 3 \mod 5 \\ x \equiv 2 \mod 7 \end{cases}$ を解くことであり，『塵劫記』のほうは，$\begin{cases} x \equiv 2 \mod 7 \\ x \equiv 1 \mod 5 \\ x \equiv 2 \mod 3 \end{cases}$ である．この解を調べる前に，まずは式 2 本の場合を考えよう．

たとえば，$\begin{cases} x \equiv 2 \mod 3 \\ x \equiv 1 \mod 5 \end{cases}$ を解いてみよう．第 1 式から $x = 2, 5, 8, \boxed{11}, 14, \ldots$ となり，第 2 式から $x = 1, 6, \boxed{11}, 16, \ldots$ となるので，$x = 11$ は解である．さらに，3 と 5 の**最小公倍数** (least common multiple) 15 を足した，26 も解である．さらに，11 に何回 15 を足しても引いても解になるから，結局解は $x \equiv 11 \mod 15$，すなわち，

$$x = \ldots, -19, -4, 11, 26, 41, 56, \ldots$$

となる．

一般に，連立合同方程式

$$\begin{cases} x \equiv a \mod m \\ x \equiv b \mod n \end{cases} \tag{9.1}$$

を解く場合，m, n が大きければ，上の例のような解 $x = 11$ はすぐに見つからない．よい方法はないか？

m と n が互いに素なら，次のようなよい公式がある．

$$\boldsymbol{x \equiv ann^{-1} + bmm^{-1} \mod mn} \tag{9.2}$$

ただし，$\boldsymbol{n^{-1}}$ は mod m での n のインバース，$\boldsymbol{m^{-1}}$ は mod n での m のインバースとする．

前の問題 $\begin{cases} x \equiv 2 \mod 3 \\ x \equiv 1 \mod 5 \end{cases}$ をこの方法で解いてみると，$5^{-1} \equiv 2 \mod 3$ および $3^{-1} \equiv 2 \mod 5$ から，$x \equiv 2 \cdot 5 \cdot 2 + 1 \cdot 3 \cdot 2 = 26 \equiv 11 \mod 15$ となる．

[公式 (9.2) の証明]　m と n が互いに素なので，条件の n^{-1} と m^{-1} が存在し，

$$\begin{cases} ann^{-1} + bmm^{-1} \equiv ann^{-1} \equiv a \mod m \\ ann^{-1} + bmm^{-1} \equiv bmm^{-1} \equiv b \mod n \end{cases}$$

となるから（bmm^{-1} は m の倍数だから mod m で 0 であり，ann^{-1} は n の倍数だから mod n で 0 である），$x_0 := ann^{-1} + bmm^{-1}$ は式 (9.1) の解である（$x_0 :=$ は「x_0 とおく」という意味）．他の解 x に対して，$x - x_0$ は m でも n でも割れる．よって，m と n が互いに素より，mn でも割れる．ゆえに，$x \equiv x_0 \mod mn$ を得る．また，任意の $k \in \mathbb{Z}$ に対して，$x = x_0 + kmn$ は式 (9.1) の解である．すなわち解は，$x \equiv ann^{-1} + bmm^{-1} \mod mn$ となる．□

問題 9.1　次を解け．

(1) $\begin{cases} x \equiv 8 \mod 15 \\ x \equiv 5 \mod 7 \end{cases}$　　(2) $\begin{cases} x \equiv 2 \mod 5 \\ x \equiv 6 \mod 27 \end{cases}$

それでは，『孫子算経』の問題 $\begin{cases} x \equiv 2 \mod 3 \\ x \equiv 3 \mod 5 \\ x \equiv 2 \mod 7 \end{cases}$ を解こう．まず，$\begin{cases} x \equiv 2 \mod 3 \\ x \equiv 2 \mod 7 \end{cases}$ は，公式を使わずとも，$x \equiv 2 \mod 21$ が解であるとわかる．したがってあとは，$\begin{cases} x \equiv 2 \mod 21 \\ x \equiv 3 \mod 5 \end{cases}$ を解けばよい．公式 (9.2) より，次を得る．

$$x \equiv 2 \cdot 5 \cdot 5^{-1} + 3 \cdot 21 \cdot 21^{-1}$$

$$\equiv 2 \cdot 5 \cdot (-4) + 3 \cdot 21 \cdot 1 = -40 + 63 = 23 \mod 105$$

次に，『塵劫記』の問題 $\begin{cases} x \equiv 2 \mod 7 \\ x \equiv 1 \mod 5 \\ x \equiv 2 \mod 3 \end{cases}$ を解こう．まず，$\begin{cases} x \equiv 2 \mod 3 \\ x \equiv 2 \mod 7 \end{cases}$ の解は $x \equiv 2 \mod 21$ である．したがってあとは，$\begin{cases} x \equiv 2 \mod 21 \\ x \equiv 1 \mod 5 \end{cases}$ を解けばよい．公式 (9.2) より，次を得る．

$$\begin{aligned} x &\equiv 2 \cdot 5 \cdot 5^{-1} + 1 \cdot 21 \cdot 21^{-1} \\ &\equiv 2 \cdot 5 \cdot (-4) + 21 = -40 + 21 = -19 \equiv 86 \mod 105 \end{aligned}$$

問題 9.2 次を解け．

(1) $\begin{cases} x \equiv 1 \mod 3 \\ x \equiv 2 \mod 5 \\ x \equiv 3 \mod 7 \end{cases}$　　(2) $\begin{cases} x \equiv 5 \mod 7 \\ x \equiv 4 \mod 11 \\ x \equiv 3 \mod 13 \end{cases}$

9.2 中国剰余定理の一般公式

一般に m, n, ℓ のどの二つも互いに素ならば，$\begin{cases} x \equiv a \mod m \\ x \equiv b \mod n \\ x \equiv c \mod \ell \end{cases}$ の解は，

$$\boldsymbol{x \equiv an\ell(n\ell)^{-1} + bm\ell(m\ell)^{-1} + cmn(mn)^{-1} \mod mn\ell} \tag{9.3}$$

となる．ただし，$\boldsymbol{(n\ell)^{-1}}$ は mod m での $n\ell$ のインバース，$\boldsymbol{(m\ell)^{-1}}$ は mod n での $m\ell$ のインバース，$\boldsymbol{(mn)^{-1}}$ は mod ℓ での mn のインバースとする．

たとえば問題 9.2 (1) $\begin{cases} x \equiv 1 \mod 3 \\ x \equiv 2 \mod 5 \\ x \equiv 3 \mod 7 \end{cases}$ なら，公式 (9.3) より

$$\begin{aligned} x &\equiv 35 \cdot 35^{-1} + 2 \cdot 21 \cdot 21^{-1} + 3 \cdot 15 \cdot 15^{-1} \equiv 35 \cdot 2 + 2 \cdot 21 + 3 \cdot 15 \\ &= 70 + 42 + 45 = 157 \equiv 52 \mod 105 \end{aligned}$$

となる．

(2) $\begin{cases} x \equiv 5 \mod 7 \\ x \equiv 4 \mod 11 \\ x \equiv 3 \mod 13 \end{cases}$ なら，

$$
\begin{aligned}
x &\equiv 5 \cdot 143 \cdot 143^{-1} + 4 \cdot 91 \cdot 91^{-1} + 3 \cdot 77 \cdot 77^{-1} \\
&\equiv 5 \cdot 143 \cdot (-2) + 4 \cdot 91 \cdot 4 + 3 \cdot 77 \cdot (-1) = -1430 + 1456 - 231 \\
&= -205 \equiv 796 \mod 1001
\end{aligned}
$$

となる．

問題 9.3　公式 (9.3) を使って $\begin{cases} x \equiv 3 \mod 4 \\ x \equiv 2 \mod 7 \\ x \equiv 1 \mod 9 \end{cases}$ を解け．

式が何本あっても，2 本ずつ解いていけばよいわけなので，同様の公式が作れる．すなわち，次が成り立つ．

定理 9.1　$m_1, \ldots, m_r \in \mathbb{N}$ とし，**どの二つも互いに素**とする．このとき，

$\begin{cases} x \equiv a_1 \mod m_1 \\ \quad \vdots \\ x \equiv a_r \mod m_r \end{cases}$ の解は，$\boldsymbol{x \equiv \sum_{i=1}^{r} a_i M_i M_i^{-1} \mod M}$ となる．

ただし，$M = m_1 \cdots m_r$, $M_i = M/m_i$ とし，$\boldsymbol{M_i^{-1}}$ は $\mathrm{mod}\ m_i$ での M_i のインバースとする．

現代では，この解の存在と一意性を**中国剰余定理**（Chinese remainder theorem）とよんでいる．証明は式が 2 本の場合と同じようにやればよいので，各自で行っておこう！

問題 9.4　定理 9.1 を証明せよ．

問題 9.5　$\begin{cases} x \equiv 1 \mod 3 \\ x \equiv 2 \mod 5 \\ x \equiv 3 \mod 7 \\ x \equiv 4 \mod 8 \end{cases}$ を解け．

不定方程式に解があるかないかを調べるのに，合同式は有効であった．それは，「不定方程式について $\mathrm{mod}\ m$ で解がなければ，その不定方程式は整数解をもたない」が成り立つからである．ところが，この逆はいえないので注意が必要である．後述の例 9.1 は逆がいえない例であるが，その前に次の補題を示しておく．

補題 9.1　x と y の不定方程式 $x^2 - dy^2 = n$ が，$\gcd(a,b) = 1$ を満たす有理数解 $(x,y) = (s/a, t/a)$ と $(u/b, v/b)$ をもつとする．このとき，任意の $m \in \mathbb{N}$ について，$x^2 - dy^2 \equiv n \mod m$ は解をもつ．

[証明]　$s^2 - dt^2 = na^2$ および $u^2 - dv^2 = nb^2$ より，$\gcd(m,a) = 1$ ならば，$(sa^{-1})^2 - d(ta^{-1})^2 \equiv n \mod m$ が成り立つ．同様に，$\gcd(m,b) = 1$ ならば，$(ub^{-1})^2 - d(vb^{-1})^2 \equiv n \mod m$ が成り立つ．したがって，$\gcd(m,a) \neq 1$ かつ $\gcd(m,b) \neq 1$ の場合を考えればよい．

さて，$\gcd(a,b) = 1$ より，m の素因数分解から，$m = m_1 m_2$ かつ $\gcd(m_1, m_2) = \gcd(m_1, b) = \gcd(m_2, a) = 1$ となる m_1, m_2 の存在がわかる（a と m との共通素因数は m_1 のほうに，b と m との共通素因数は m_2 のほうに入れて，その他の m の素因数はどちらに入れてもよい）．

したがって上と同じ考察により，$\begin{cases} x_1^2 - dy_1^2 \equiv n \mod m_2 \\ x_2^2 - dy_2^2 \equiv n \mod m_1 \end{cases}$ となる x_1, y_1, x_2, y_2 が存在する．ここで公式 (9.2) を使って，$x_3 = x_1 m_2 m_2^{-1} + x_2 m_1 m_1^{-1}$ および $y_3 = y_1 m_2 m_2^{-1} + y_2 m_1 m_1^{-1}$ とおけば（ただし，m_2^{-1} は mod m_1 でのインバース，m_1^{-1} は mod m_2 でのインバース），$x_3^2 - dy_3^2 \equiv n \mod m_2$ および $x_3^2 - dy_3^2 \equiv n \mod m_1$ が成り立つので，$x_3^2 - dy_3^2 \equiv n \mod (m_1 m_2 = m)$ が成り立つ．□

● **例 9.1**　$x^2 - 82y^2 = 31$ は有理数解 $(101/3, 11/3)$ と $(149/11, 15/11)$ をもつので，補題 9.1 より，任意の $m \in \mathbb{N}$ について，$x^2 - 82y^2 \equiv 31 \mod m$ は解をもつ．ところが，ペル方程式の理論を使うことで，$x^2 - 82y^2 = 31$ には整数解が存在しないことが証明できる．●

9.3　m と n が互いに素でない場合の中国剰余定理

■ 式が 2 本の場合

まずは具体例を考察していこう．

○ **例題 9.1**　$\begin{cases} x \equiv 2 \mod 8 \\ x \equiv 7 \mod 12 \end{cases}$ を解け．○

[解] もし解があれば，第1式は mod 8 を 8 の約数である 4 に変えても成り立つ．同様に，第2式は mod 12 を 12 の約数である 4 に変えても成り立つ．よって，解は $\begin{cases} x \equiv 2 \mod 4 \\ x \equiv 7 \equiv 3 \mod 4 \end{cases}$ を満たす．ところが，これを満たす解はない．ゆえに，答えは「解なし」である．

あるいは，第1式の x は偶数，第2式の x は奇数だから「解なし」と答えてもよい．

上で使った性質は，今後断りなく頻繁に使うので，ここで命題として強調しておく．

命題 9.1　$x \equiv a \mod m$ において，m' が m の約数なら，$x \equiv a \mod m'$ も成り立つ．

理由は，合同式を等式に直して考えれば明らかである．

○例題 9.2　$\begin{cases} x \equiv 3 \mod 4 \\ x \equiv 5 \mod 6 \end{cases}$ を解け．　○

[解] $3 \equiv 5 \mod 2$ だから，例題 9.1 のように「解なし」とはいえない．もし解があれば，命題 9.1 より (＊) $\begin{cases} x \equiv 3 \mod 4 \\ x \equiv 5 \equiv 2 \mod 3 \end{cases}$ を満たす．これを解いて（4 と 3 が互いに素だから中国剰余定理を使えばよい），$x \equiv 11 \mod 12$ を得る．$x = 11$ **は，もとの第2式も満たし，もとの解は** mod 12 **で一意的だから**，$x \equiv 11 \mod 12$ が解となる．

▶ **注意 9.1**　(＊) は $\begin{cases} x \equiv -1 \mod 4 \\ x \equiv -1 \mod 3 \end{cases}$ と同値であることに気づけば，即座に $x \equiv -1 \equiv 11 \mod 12$ を得る．

さて，一般的に，$\begin{cases} x \equiv a \mod m \\ x \equiv b \mod n \end{cases}$ **および** $g = \gcd(m, n) > 1$ **の解き方**を説明しよう．まずは「$a \equiv b \mod g$」が成り立つかをチェックしよう！（これを gcd check とよぼう！）

- gcd check で引っかかれば「解なし」である．
- gcd check をパスすれば解は存在し，その解は mod ℓ で一意的である．ただし ℓ は，m と n の最小公倍数である（いままで使わなかったが，今後これを

$\ell = \mathrm{lcm}(m,n)$ と書く）.

さらに次の定理のようにして解を求めることができる.

定理 9.2 $\begin{cases} x \equiv a \mod m \\ x \equiv b \mod n \end{cases}$ の解が存在する $\Leftrightarrow$ $a \equiv b \mod \gcd(m,n)$ が成り立つ. また, 解が存在すれば, $\ell = \mathrm{lcm}(m,n)$ を法として一意的である. このとき, m の約数 m' と n の約数 n' で, $\gcd(m',n') = 1$ かつ $\mathrm{lcm}(m',n') = \ell$ となる m', n' に対して, $\begin{cases} x \equiv a \mod m' \\ x \equiv b \mod n' \end{cases}$ の解がもとの連立合同方程式の解となる.

証明はいくつかの具体例を解いてからにしよう.

問題 9.6 次を解け.

(1) $\begin{cases} x \equiv 5 \mod 24 \\ x \equiv 7 \mod 18 \end{cases}$ (2) $\begin{cases} x \equiv 15 \mod 45 \\ x \equiv 6 \mod 27 \end{cases}$ (3) $\begin{cases} x \equiv 2 \mod 4 \\ x \equiv 6 \mod 8 \end{cases}$

(4) $\begin{cases} x \equiv 21 \mod 30 \\ x \equiv 9 \mod 12 \\ x \equiv 3 \mod 9 \end{cases}$ (5) $\begin{cases} x \equiv 6 \mod 8 \\ x \equiv 10 \mod 12 \\ x \equiv 2 \mod 16 \end{cases}$ (6) $\begin{cases} x \equiv 5 \mod 6 \\ x \equiv 4 \mod 5 \\ x \equiv 3 \mod 4 \\ x \equiv 2 \mod 3 \end{cases}$

▶ **注意 9.2** 問題 9.6 を解くうえで, mod 1 が出てきた人もいると思う. mod 1 の世界とはどういう世界だろう？ どんな整数も, 1 で割った余りは 0 となるから, すべての整数は同じ（合同）とみなすという世界である. したがって, $\cdots \equiv -3 \equiv -2 \equiv -1 \equiv 0 \equiv 1 \equiv 2 \equiv 3 \equiv \cdots \mod 1$ である.

例題 9.1, 9.2 や問題 9.6 における $\begin{cases} x \equiv a \mod m \\ x \equiv b \mod n \end{cases}$ および $g = \gcd(m,n) > 1$ においては, m/g と n が互いに素か, m と n/g が互いに素で, $mn/g = \mathrm{lcm}(m,n)$ となるものばかりであった（よって, 片方の式を変えるだけでよかった).

たとえば, $\begin{cases} x \equiv 2 \mod 12 \\ x \equiv 8 \mod 18 \end{cases}$ などはどうすればよいだろう？ $m = 12 = 2^2 \cdot 3$, $n = 18 = 2 \cdot 3^2$ より, $g = \gcd(12,18) = 2 \cdot 3 = 6$ である. また, $8 \equiv 2 \mod 6$ (gcd check) だから解はある. ところが, $m' = m/g = 2$ は $n = 18$ と互いに素でないし, $n' = n/g = 3$ は $m = 12$ と互いに素でない. どうすればよいか？

答えは, $m' = 2^2$, $n' = 3^2$ とすると, m' と n' は互いに素で, $\mathrm{lcm}(m,n) =$

$\mathrm{lcm}(m', n')$ となる．したがって，$\begin{cases} x \equiv 2 \mod 4 \\ x \equiv 8 \mod 9 \end{cases}$ を解けばよい．中国剰余定理より，解は，$x \equiv 2 \cdot 9 \cdot 9^{-1} + 8 \cdot 4 \cdot 4^{-1} \equiv 18 - 64 = -46 \equiv -10 \equiv 26 \mod 36$ となる．

問題 9.7　次を解け．

(1) $\begin{cases} x \equiv 3 \mod 24 \\ x \equiv 9 \mod 18 \end{cases}$　　(2) $\begin{cases} x \equiv 9 \mod 24 \\ x \equiv 3 \mod 18 \end{cases}$

それでは，定理 9.2 を証明しよう！

[定理 9.2 の証明]　$g = \gcd(m, n)$ とする．解があれば，$g \mid x - a$ および $g \mid x - b$ が成り立つ．よって，$g \mid (x - a) - (x - b) = b - a$ が成り立つので，$a \equiv b \mod g$ となる（ゆえに，$a \equiv b \mod g$ でなければ，「解なし」である）．

次に，$a \equiv b \mod g$ を仮定して，$\begin{cases} x \equiv a \mod m' \\ x \equiv b \mod n' \end{cases}$ の解を x_0 とするとき，$\begin{cases} x_0 \equiv a \mod m \\ x_0 \equiv b \mod n \end{cases}$ を示す．

まず，$m' \mid x_0 - a$ はいえているので，$m \mid x_0 - a$ を示すには，$m'' = m/m'$ とおくとき，$\gcd(m', m'') = 1$（この性質をもつ m の約数 m' は定義 10.2 でいう「ユニタリー約数」のこと）と $m'' \mid x_0 - a$ をいえばよい．これを示すには，m' と n' がどのように記述できるか，もう少し詳しく調べる必要がある．そこで，m と n の素因数分解を

$$m = p_1^{e_1} \cdot \cdots \cdot p_r^{e_r} \quad \text{および} \quad n = p_1^{f_1} \cdot \cdots \cdot p_r^{f_r}$$

（$p_1, \ldots, p_r$ は異なる素数，e_i, f_i はゼロ以上の整数）とすれば，最小公倍数 ℓ は

$$\ell = p_1^{\max\{e_1, f_1\}} \cdot \cdots \cdot p_r^{\max\{e_r, f_r\}}$$

となる（ただし，max は大きいほうの数をとるということ）．そこで，

$$M = \{i \mid e_i > f_i\}, \quad N = \{i \mid e_i < f_i\}$$

とすれば，m' と n' の条件から，m' は $\prod_{i \in M} p_i^{e_i}$ の倍数，n' は $\prod_{i \in N} p_i^{f_i}$ の倍数でなければならない（ただし，$\prod$ はすべて掛けるという記号．$\sum$ の掛け算バージョン）．そして，$e_i = f_i$ なる素因子に対しては，m' と n' のどちらか一方に入れればよいわけである（m' と n' が一意的でないのはこの部分だけである）．

たとえば，それらを全部 m' のほうに入れるとして証明を進めたほうがわかりやすいが，一般性を重視して，どちらに入れてもよいという設定で証明する．したがって，$\{i \mid e_i = f_i\} = S \sqcup T$ を任意の集合分割とし，

$$m' = \prod_{i \in M \cup S} p_i^{e_i}, \quad n' = \prod_{i \in N \cup T} p_i^{f_i}$$

とする（このとき m' と n' は互いに素であり，$\mathrm{lcm}(m', n') = \ell$ となる）．ただし，$\sqcup$ は，交わりのない和集合を表す記号である．

さて，このとき $m'' = \prod_{i \in N \cup T} p_i^{e_i}$ であるから，$\gcd(m', m'') = 1$ である．さらに m'' の素因子のべきを比較することで，$m'' \mid g$ かつ $m'' \mid n'$ であることがわかる．ここで，$a \equiv b \mod g$ より，$a = b + gk$（$k \in \mathbb{Z}$）と書けるので，

$$x_0 - a = x_0 - b - gk$$

となり，$n' \mid x_0 - b$ から $m'' \mid x_0 - a$ がいえる．したがって，$m \mid x_0 - a$ がいえた．同様の考察から，$n \mid x_0 - b$ もいえる．ゆえに，$x = x_0$ はもとの方程式の解となる．

最後に，もし x_1 がもとの方程式の解ならば，$m \mid x_1 - x_0$ かつ $n \mid x_1 - x_0$ より，$\ell \mid x_1 - x_0$ となるから，$x_1 \equiv x_0 \mod \ell$ となる．すなわち，もとの方程式の解は $x \equiv x_0 \mod \ell$ に限る（これは，$a \mid b$ かつ $c \mid b$ ならば $\mathrm{lcm}(a, c) \mid b$ という最小公倍数の性質にほかならない）． □

■ 式が 3 本の場合

次に，定理 9.2 を式 3 本の解法に拡張するための補題を準備する．

補題 9.2　$a, b, c \in \mathbb{N}$ に対して，

$$\gcd\bigl(\mathrm{lcm}(a, b), c\bigr) = \mathrm{lcm}\bigl(\gcd(a, c), \gcd(b, c)\bigr)$$

が成り立つ．

[証明]　それぞれ素因数分解して，$a = p_1^{e_1} \cdot \cdots \cdot p_r^{e_r}$, $b = p_1^{f_1} \cdot \cdots \cdot p_r^{f_r}$, $c = p_1^{k_1} \cdot \cdots \cdot p_r^{k_r}$（$p_1, \ldots, p_r$ は異なる素数で，e_i, f_i, k_i はゼロ以上の整数）とする．このとき，左辺 $\gcd(\mathrm{lcm}(a, b), c)$ の p_j の指数は $\min\{\max\{e_j, f_j\}, k_j\}$ であり（min は小さいほうの数をとるということ），右辺 $\mathrm{lcm}(\gcd(a, c), \gcd(b, c))$ の p_j の指数は

$$\max\bigl\{\min\{e_j, k_j\}, \min\{f_j, k_j\}\bigr\}$$

である．したがって一般に，ゼロ以上の整数 e, f, k に対して，

$$\min\{\max\{e, f\}, k\} = \max\{\min\{e, k\}, \min\{f, k\}\}$$

を示せばよい．

まず，$k \geq \max\{e, f\}$ ならば，左辺も右辺も $\max\{e, f\}$ である．そうでなければ，$k < e$ または $k < f$ である．このとき左辺は k となるが，右辺を見ると，

- $k < e$ ならば，$\min\{e, k\} = k$ および $\min\{f, k\} \leq k$ より，右辺も k となる．
- $k < f$ ならば，$\min\{e, k\} \leq k$ および $\min\{f, k\} = k$ より，右辺も k となる．

ゆえに，この等式は正しい．□

補題 9.2 を使うことで，定理 9.2 を式 3 本の場合に拡張できる．このあとさらに，式 r 本の場合まで拡張するので，式 3 本の場合は問題としておく（面倒ならすぐに解答を見よ）．

問題 9.8 $\begin{cases} x \equiv a_1 \mod m_1 \\ x \equiv a_2 \mod m_2 \\ x \equiv a_3 \mod m_3 \end{cases}$ の解が存在することと，任意の i, j に対して $a_i \equiv a_j \mod \gcd(m_i, m_j)$ であることは同値であることを示せ．また，解は $\mathrm{lcm}(m_1, m_2, m_3)$ を法として一意的であることを示せ．

問題 9.9 $\begin{cases} x \equiv a_1 \mod m_1 \\ x \equiv a_2 \mod m_2 \\ x \equiv a_3 \mod m_3 \end{cases}$ の解が存在すれば，各 m_i の約数 m'_i を，$\mathrm{lcm}(m'_1, m'_2, m'_3) = \mathrm{lcm}(m_1, m_2, m_3)$ かつ $\gcd(m'_i, m'_j) = 1$（$i \neq j$）となるように選ぶことができる．このとき，$(*)$ $\begin{cases} x \equiv a_1 \mod m'_1 \\ x \equiv a_2 \mod m'_2 \\ x \equiv a_3 \mod m'_3 \end{cases}$ の解がもとの連立合同方程式の解となることを示せ．

問題 9.9 を r 本の合同式に一般化する前に，3 本の場合の (m'_1, m'_2, m'_3) の見つけ方を具体例を使って説明する．たとえば，$m_1 = 2^4 \cdot 3 \cdot 5^3 \cdot 7$, $m_2 = 2^3 \cdot 3^3 \cdot 5^3$, $m_3 = 2^3 \cdot 3^5 \cdot 5^3 \cdot 7^2$ なら，$m'_1 = 2^4 \cdot 5^3$, $m'_2 = 1$, $m'_3 = 3^5 \cdot 7^2$ とすればよいということである．(m'_1, m'_2, m'_3) の決め方は一意的ではない．

たとえば，$m'_1 = 2^4$, $m'_2 = 3^5$, $m'_3 = 7^2$ としても，必要だった条件 $\gcd(m'_i, m'_j) = 1$ および $\mathrm{lcm}(m'_1, m'_2, m'_3) = \mathrm{lcm}(m_1, m_2, m_3)$ を満たすわけである．

問題 9.10 次を解け.

(1) $\begin{cases} x \equiv 2 \mod 60 \\ x \equiv 32 \mod 90 \\ x \equiv 62 \mod 150 \end{cases}$ (2) $\begin{cases} x \equiv 9 \mod 18 \\ x \equiv 15 \mod 40 \\ x \equiv 3 \mod 12 \end{cases}$

■ 式が r 本の場合

さて, 式 r 本に拡張するために, まずは補題 9.2 を一般化する.

補題 9.3 $a_1, \ldots, a_n,\ b \in \mathbb{N}$ に対して,

$$\gcd\bigl(\mathrm{lcm}(a_1, \ldots, a_n), b\bigr) = \mathrm{lcm}\bigl(\gcd(a_1, b), \ldots, \gcd(a_n, b)\bigr)$$

が成り立つ.

[証明] それぞれ素因数分解して,

$$a_i = p_1^{e_{1i}} \cdot \cdots \cdot p_r^{e_{ri}} \quad および \quad b = p_1^{f_1} \cdot \cdots \cdot p_r^{f_r}$$

($p_1, \ldots, p_r$ は異なる素数, e_{ji}, f_j はゼロ以上の整数) とする. このとき, 左辺の p_j の指数は

$$\min\bigl\{\max\{e_{j1}, \ldots, e_{jn}\}, f_j\bigr\}$$

であり, 右辺の p_j の指数は

$$\max\bigl\{\min\{e_{j1}, f_j\}, \ldots, \min\{e_{jn}, f_j\}\bigr\}$$

である. したがって一般に, ゼロ以上の整数 $e_1, \ldots, e_n, f$ に対して,

$$\min\bigl\{\max\{e_1, \ldots, e_n\}, f\bigr\} = \max\bigl\{\min\{e_1, f\}, \ldots, \min\{e_n, f\}\bigr\}$$

を示せば証明が終わる.

まず, $f \geq \max\{e_1, \ldots, e_n\}$ ならば, 左辺も右辺も $\max\{e_1, \ldots, e_n\}$ である. そうでなければ, $f < e_k$ となる k が存在する. このとき, 左辺は f となるが, 右辺を見ると $\min\{e_i, f\} \leq f$ であり, $\min\{e_k, f\} = f$ より, 右辺も f である. ゆえに, この等式は正しい. □

問題 9.8 と問題 9.9 を一般化した次の二つの定理を証明する.

定理 9.3 $\begin{cases} x \equiv a_1 \mod m_1 \\ \quad\vdots \\ x \equiv a_r \mod m_r \end{cases}$ の解が存在する $\Leftrightarrow$ 任意の i, j に対して $a_i \equiv a_j \mod \gcd(m_i, m_j)$ が成り立つ．また，解が存在すれば，$\mathrm{lcm}(m_1, \ldots, m_r)$ を法として一意的である．

[証明] （$\Rightarrow$）は，定理 9.2 の証明で述べたこととほとんど同じように示せばよい．練習問題と思って各自で証明しておこう．ここでは（$\Leftarrow$）を示す．ただし，問題 9.8 で 3 本の合同式の場合を証明しているので，帰納法を使うことで，本質的には問題 9.8 での証明と同じである．したがって，$(*)$ $\begin{cases} x \equiv a_1 \mod m_1 \\ \quad\vdots \\ x \equiv a_{r-1} \mod m_{r-1} \end{cases}$ の解が存在すると仮定して，$(**)$ $\begin{cases} x \equiv a_1 \mod m_1 \\ \quad\vdots \\ x \equiv a_r \mod m_r \end{cases}$ の解が存在することを示せばよい．そこで，$(*)$ の解を $x \equiv b \mod \big(\ell' := \mathrm{lcm}(m_1, \ldots, m_{r-1})\big)$ とする．このとき，$(**)$ は $\begin{cases} x \equiv b \mod \ell' \\ x \equiv a_r \mod m_r \end{cases}$ と同値だから，この解が存在すること，すなわち $b \equiv a_r \mod \gcd(\ell', m_r)$ を示せばよい．

まず，b が $(*)$ の解であることから，$b - a_i \equiv 0 \mod m_i$（$1 \leq i \leq r-1$）がいえ，したがって $b - a_r \equiv a_i - a_r \mod m_i$ が成り立つ．さらに，仮定より $a_i \equiv a_r \mod \gcd(m_i, m_r)$ だから，$b \equiv a_r \mod \gcd(m_i, m_r)$ となる．したがって，

$$b \equiv a_r \mod \mathrm{lcm}\big(\gcd(m_1, m_r), \ldots, \gcd(m_{r-1}, m_r)\big)$$

となる．ここで補題 9.3 より，$b \equiv a_r \mod \gcd(\ell', m_r)$ を得る．

解が存在すれば，$\mathrm{lcm}(m_1, \ldots, m_r)$ を法として一意的であることは，$r = 2$（定理 9.2）のときと同様に示せばよい．ただし，上の考察と $r = 2$ の場合を使えば，解は $\mathrm{lcm}(\ell', m_r)$ を法として一意的となるが，$\mathrm{lcm}(\ell', m_r) = \mathrm{lcm}(m_1, \ldots, m_r)$ だから，と示してもよい．　□

定理 9.4 $\begin{cases} x \equiv a_1 \mod m_1 \\ \vdots \\ x \equiv a_r \mod m_r \end{cases}$ の解が存在すれば，各 m_i の約数 m'_i を，$\mathrm{lcm}(m'_1, \ldots, m'_r) = \mathrm{lcm}(m_1, \ldots, m_r)$ かつ $\gcd(m'_i, m'_j) = 1$ $(i \neq j)$ となるように選ぶことができる．このとき，$(*)$ $\begin{cases} x \equiv a_1 \mod m'_1 \\ \vdots \\ x \equiv a_r \mod m'_r \end{cases}$ の解がもとの連立方程式の解となる．

［証明］ 解が存在するなら，定理 9.3 より，任意の i, j に対して $a_i \equiv a_j \mod \gcd(m_i, m_j)$ が成り立っている（このあとは，問題 9.9 での証明とほぼ同じである）．各 m_j の素因数分解を

$$m_j = \prod_{i=1}^{k} p_i^{e_{ij}} \quad (p_1, \ldots, p_k \text{ は異なる素数で，} e_{ij} \text{ はゼロ以上の整数})$$

とすれば，

$$\ell := \mathrm{lcm}(m_1, \ldots, m_r) = p_1^{\max\{e_{11}, \ldots, e_{1r}\}} \cdot \cdots \cdot p_k^{\max\{e_{k1}, \ldots, e_{kr}\}}$$

である．ここで，$\{1, \ldots, k\}$ の部分集合 $M_1, \ldots, M_r$ を次のように定義する．

任意の $s \in \{1, \ldots, k\}$ に対して，

$$\begin{aligned} &M_1 = \{i \mid e_{i1} \geq e_{is}\},\ M_2 = \{i \mid e_{i2} \geq e_{is}\} \setminus M_1, \\ &M_3 = \{i \mid e_{i3} \geq e_{is}\} \setminus (M_1 \sqcup M_2), \quad \ldots, \\ &M_r = \{i \mid e_{ir} \geq e_{is}\} \setminus (M_1 \sqcup M_2 \sqcup \cdots \sqcup M_{r-1}) \end{aligned}$$

ただし，集合 A, B に対して $A \setminus B$ は，A の元で B の元でないものの集合（差集合）とする．このとき，空集合となる M_i もあるかもしれないが，

$$\{1, \ldots, k\} = M_1 \sqcup \cdots \sqcup M_r \quad (\text{集合の分割})$$

を得る．そこで，以下のように定義すれば，これら $m'_1, \ldots, m'_r$ は，定理の条件を満たす．

$$m'_j = \begin{cases} \prod_{i \in M_j} p_i^{e_{ij}} & (M_j \neq \emptyset) \\ 1 & (M_j = \emptyset) \end{cases}$$

実際，m'_i のとり方から，各 m'_i は m_i の約数であり，$\gcd(m'_i, m'_j) = 1$（$i \neq j$）を満たす．さらに，m'_i のとり方から $\ell = m'_1 \cdot \cdots \cdot m'_r = \mathrm{lcm}(m'_1, \ldots, m'_r)$ となる．あとは，$(*)$ の解を $x \equiv x_0 \mod \ell$（中国剰余定理より解は存在する）とするとき，各 j に対して $m_j \neq m'_j$ であれば，$m_j \mid x_0 - a_j$ を示せばよい．

まず，$m''_j = m_j/m'_j$ とすれば，m''_j の素因子 p_i に対して $i \notin M_j$ である．したがって，$\gcd(m'_j, m''_j) = 1$ が成り立つ．よって $m''_j \mid x_0 - a_j$ を示せばよいが，これは，m''_j の素因子 p_i に対して $p_i^{e_{ij}} \mid x_0 - a_j$ を示せば十分である．

さて，$i \in M_k$ となる $k \neq j$ が存在するから，$p_i^{e_{ij}} \mid p_i^{e_{ik}}$ である．よって，$p_i^{e_{ij}} \mid m'_k$ が成り立つ．さらに，$g_{jk} = \gcd(m_j, m_k)$ とおけば，gcd check をパスしているから，$a_j = a_k + g_{jk}t$（$t \in \mathbb{Z}$）と書ける．よって，

$$x_0 - a_j = x_0 - a_k - g_{jk}t$$

となり，右辺を見れば，$x_0 - a_k$ は m'_k で割れ，したがって $p_i^{e_{ij}}$ で割れる．また，gcd の定義から，g_{jk} の素因子 p_i の指数は $\min\{e_{ij}, e_{ik}\} = e_{ij}$ だから，$p_i^{e_{ij}} \mid g_{jk}$ もいえる．よって，右辺は $p_i^{e_{ij}}$ で割れる．したがって，左辺も $p_i^{e_{ij}}$ で割れる．ゆえに $m''_j \mid x_0 - a_j$ がいえ，証明が終わる． □

▶ **注意 9.3**　$M_j = \emptyset$ の場合，すなわち，$m'_j = 1$ のときは，合同式 $x \equiv a_j \mod m_j$ を除外して考えればよい．

第 10 講
平方カプレカ数と竹割約数

＊ ＊ ＊

この講では，平方カプレカ数を紹介する．もう一つのカプレカ数については第 25 講で解説する．

10.1 平方カプレカ数

$45^2, 55^2, 99^2, 297^2, 703^2$ を計算せよ．何か気づくことはないか？

$$45^2 = 2025, \quad 20 + 25 = 45 \qquad 55^2 = 3025, \quad 30 + 25 = 55$$
$$99^2 = 9801, \quad 98 + 1 = 99 \qquad 297^2 = 88209, \quad 88 + 209 = 297$$
$$703^2 = 494209, \quad 494 + 209 = 703$$

カプレカ数（Kaprekar number）とは，次に定義する自然数のことである．名称は，インドの数学者 D. R. カプレカル（D. R. Kaprekar, 1905–1986）にちなむ．

定義 10.1 ある自然数で，それ自身を 2 乗し，上位と下位の数桁ずつに分けてそれらの和をとるともとの数に戻るものを，**平方カプレカ数**† とよぶ．

平方カプレカ数を小さい順に並べると，次のようになる．

$$9, 45, 55, 99, 297, 703, 999, 2223, 2728, 4879, 4950, 5050, 5292, \ldots$$

▶ **注意 10.1** 上位と下位の桁数は等しくならなくてもよい．たとえば，4879 や 5292 においては，

† 岩手大学の川田浩一教授のご指摘により，本書では「平方」を付けた．「立法カプレカ数」とよぶべき数の存在がその理由である．たとえば，$45^3 = 91125$ を三つに分けて，$9 + 11 + 25 = 45$ となるからである．

$$4879^2 = 23804641 \text{ であり，} 238 + 04641 = 4879$$

$$5292^2 = 28005264 \text{ であり，} 28 + 005264 = 5292$$

となる．

また，平方カプレカ数は無数にある．たとえば，9, 99, 999, 9999, 99999, ... のように，9 のぞろ目の数はすべて平方カプレカ数である．

問題 10.1　9, 99, 999, 9999, 99999, ... がすべて平方カプレカ数であることを示せ．

10.2　平方カプレカ数の決定

平方カプレカ数を決定するのにもインバースの概念が役立つ．論文 "The Kaprekar Numbers", D. Iannucci, Journal of Integer Sequences, Vol.3 (2000) を参考に解説する．

定義 10.2　$m \in \mathbb{Z}$ の約数 k が $\gcd(k, m/k) = 1$ を満たすとき，k を**ユニタリー約数**（unitary divisor）といい，特に $k \neq 1$ のときは**竹割約数**（bamboo divisor）とよぶ．

▶ **注意 10.2**　(1)「k がユニタリー約数 $\Leftrightarrow$ m/k がユニタリー約数」が成り立つので，ユニタリー約数は常に偶数個で，竹割約数は常に奇数個である．

(2) unitary divisor をなんとか日本語にしようと考えた末，思い付いたのが「竹割約数」である．したがってこれは，単に私が名付けた呼び方である．素因数分解において，異なる素因数の境にナタを入れ，竹を縦にスパッと切るイメージである（図 10.1）．m/k に k の素因数を残さないように，スパッと k を取り去るのである．

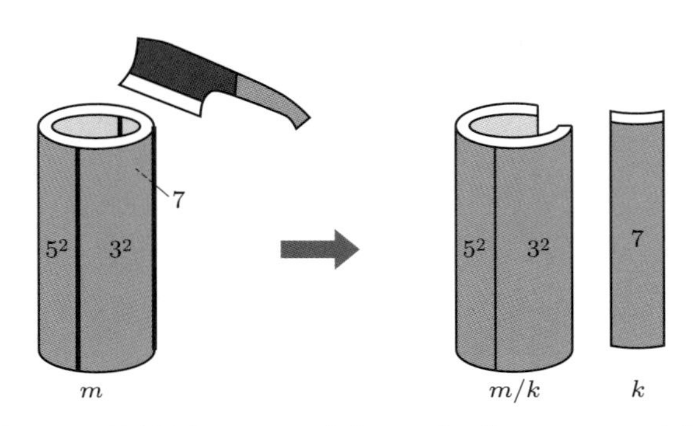

図 10.1　竹割約数のイメージ（$m = 3^2 \cdot 5^2 \cdot 7$，$k = 7$ の例）

さて，平方カプレカ数を完全に決定するにあたって，その正確な定義を述べておこう．

定義 10.3 自然数 A が**平方カプレカ数**であるとは，$A^2 = 10^n a + b$ かつ $a + b = A$ となる**自然数** n, a, b が存在することである．

たとえば，$A = 4879$ なら $A^2 = 23804641$ だから，$n = 5$ とすれば $A = 10^5 \cdot 238 + 4641$ であり，$238 + 4641 = 4879 = A$ となる．よって，A は平方カプレカ数である．

► **注意 10.3** (1) $a = 0$ も許せば，$A^2 = b$ および $0 + b = A$ から，$A^2 = A$ となる．よって，$A = 1$ となる．$b = 0$ も許せば，$A^2 = 10^n a$ および $a + 0 = A$ から，$A = 10^n$ となる．したがって，$A = 1$ や $A = 10^n$ も平方カプレカ数とする向きもあるが，上の定義のように a, b を自然数としておけば，これらは**平方カプレカ数ではない**わけである．

(2) 次の補題 10.1 ですぐにわかることだが，$a, b < A < 10^n$ である．

補題 10.1 A を平方カプレカ数とし，n を定義 10.3 で定めた自然数とすれば，$A < 10^n$ である．

［証明］ A の桁数を ℓ とすれば，A^2 の桁数は 2ℓ または $2\ell - 1$ であるが，A^2 を二つに分けるとき，上位のほうの桁数は ℓ 以下である．よって $n \geq \ell$ だから，$A < 10^n$ である． □

次の Iannucci の定理により，平方カプレカ数の見つけ方がわかり，さらに，その見つけ方ですべてを尽くすこともわかる．まずは，記号を用意する．

インバース $a^{-1} \bmod b$ は，mod b で一意的だったが，整数としては無数にあった．そんな中，b より小さい自然数 r で，$a^{-1} \equiv r \bmod b$ となる r がある（b で割った余り r をとってくればよい）．この r のことを $\mathrm{Inv}(a, b)$ と書くことにする．すなわち，

$$a\,\mathrm{Inv}(a, b) \equiv 1 \mod b, \quad 1 \leq \mathrm{Inv}(a, b) < b$$

である．また，このあと $10^n - 1 = 99 \cdots 9$ を頻繁に使うので，$10^n - 1 = Q$ とおく．

定理 10.1 (Iannucci)
A は平方カプレカ数 $\Leftrightarrow$ Q の竹割約数 k に対して，$A = k\,\mathrm{Inv}(k, Q/k)$

証明の前に，具体例で説明しよう．$Q = 999 = 3^3 \cdot 37$ より，竹割約数 k は $27, 37, 999$ の三つだけである．$k = 27$ なら，$27^{-1} \equiv 11 \mod 37$ から，$\mathrm{Inv}(k, Q/k) = \mathrm{Inv}(27, 37) = 11$ であり，$27 \cdot 11 = 297$ は平方カプレカ数である．$k = 37$ なら，$37^{-1} \equiv 10^{-1} \equiv 19 \mod 27$ から，$\mathrm{Inv}(k, Q/k) = \mathrm{Inv}(37, 27) = 19$ であり，$37 \cdot 19 = 703$ は平方カプレカ数である．

▶**注意 10.4**　$27 + 703 = 10^3$ となっている．これは単に偶然でないことがこのあとわかる！ また，$k = 999$ なら，$999^{-1} \equiv 1 \mod 1$ から，$999 \cdot 1 = 999$ は平方カプレカ数である．

問題 10.2　9999 の竹割約数をすべて求め，そこから生まれる平方カプレカ数をすべて求めよ．

定理 10.1 を証明するのに，次の補題を先に示しておくとよい．

補題 10.2　$a, b \in \mathbb{N}$, $\gcd(a, b) = 1$, $a, b \geq 2$ とするとき，

$$r = \mathrm{Inv}(a, b) \text{ および } s = \mathrm{Inv}(b, a) \quad \Leftrightarrow \quad ar + bs = ab + 1, \quad r, s \in \mathbb{N}$$

が成り立つ．

[証明]　($\Leftarrow$) 自然数の等式であることから，$r \leq b$ かつ $s \leq a$ である．もし $r = b$ なら $b = 1$，$s = a$ なら $a = 1$ となるので，仮定より $r < b$ かつ $s < a$ である．両辺の mod b をとれば $ar \equiv 1 \mod b$ となり，$r = \mathrm{Inv}(a, b)$ を得る．両辺の mod a をとれば $bs \equiv 1 \mod a$ となり，$s = \mathrm{Inv}(b, a)$ を得る．

($\Rightarrow$) ユークリッドの補題（定理 5.1）から $ax + by = 1$ の解は存在して，一般解は $(x, y) = (x_0 + bt, y_0 - at)$ ($t \in \mathbb{Z}$) であったこと（第7講）を思い出そう．また，$ax \equiv 1 \mod b$ だから，$x_0 + bt \neq 0$ であり，t をうまくとれば，$0 < x_0 + bt < b$ にできる．すなわち，$r = x_0 + bt$ である．またその t に対して，$v = y_0 - at$ とする．よって $ar + bv = a(x_0 + bt) + b(y_0 - at) = ax_0 + by_0 = 1$ であり，$0 < ar < ab$ より，$0 < 1 - bv < ab$ である．ゆえに，$0 > -1 + bv > -ab \Leftrightarrow -ab + 1 <$

$bv < 1 \Leftrightarrow -ab < bv \leq 0 \Leftrightarrow -a < v \leq 0$ となる．また，$bv \equiv 1 \mod a$ だから，$v \neq 0$ である．ゆえに，$0 < v + a < a$ となるから，$s = v + a$ である．よって，$ar + bs = ar + b(v + a) = 1 + ab$ を得る． □

［定理 10.1 の証明］ （$\Rightarrow$）A を平方カプレカ数とする．すなわち，$A^2 = 10^n a + b$ かつ $a + b = A$ となる $n, a, b \in \mathbb{N}$ が存在するとする．この 2 式の差をとれば，$A(A-1) = (10^n - 1)a = Qa$ となる．ここで，A と $A-1$ は互いに素（$\gcd(A, A-1) = \gcd(A, -1)$ より）だから，$\gcd(k, k') = 1$ かつ $k \mid A$, $k' \mid A-1$, $kk' = Q$ となる $k, k' \in \mathbb{N}$ が存在する．

もし $k = 1$ なら，$k' = Q$ が $A - 1$ の約数となる．ところが，補題 10.1 より，$A - 1 < Q$ である．ゆえに $A - 1 = 0$ となり，$A = 1$ は平方カプレカ数ではないので（注意 10.3 (1) より），$k \neq 1$ を得る．

さて，$B := 10^n - A$ とすれば，$B = 10^n - 1 - (A-1) = Q - (A-1)$ だから，$k' \mid B$ である．そこで，$A = kr$, $B = k's$（$r, s \in \mathbb{N}$）とすれば，

$$kr + k's = A + B = 10^n = kk' + 1 \tag{10.1}$$

が成り立つ．ここで $A \neq 10^n$（注意 10.3 (1)）より，$A \leq 10^n - 1 = Q$ から $r \leq k'$ である．

もし $r = k'$ なら，$A = kk' = Q$ となるから，$B = 1$ になる．よって $r = k' = 1$ となり，$k = Q = A$ となる．この場合は，$kr = k \equiv 1 \mod 1$ だから，$\mathrm{Inv}(k, Q/k) = \mathrm{Inv}(Q, 1) = 1$ である．よって，確かに $A = k\,\mathrm{Inv}(k, Q/k) = Q$ となっている．あとは $r < k'$ の場合だが，式 (10.1) より $kr \equiv 1 \mod k'$ だから，$\mathrm{Inv}(k, Q/k) = r$ である．よって $A = kr = k\,\mathrm{Inv}(k, Q/k)$ である．特に k は Q の竹割約数だから，平方カプレカ数であるための必要条件が証明された．

（$\Leftarrow$）$k = Q$ のときは，$A = k\,\mathrm{Inv}(k, Q/k) = Q\,\mathrm{Inv}(Q, 1) = Q$ で Q は平方カプレカ数だから（問題 10.1 より），よい．そこで，$k \neq Q$ とすれば，$k' = Q/k$ も竹割約数である．したがって，$r = \mathrm{Inv}(k, k')$, $s = \mathrm{Inv}(k', k)$ とおくことで，補題 10.2 より，$kr + k's = Q + 1 = 10^n$ が成り立つ．よって，

$$\begin{aligned}
A^2 &= (kr)^2 = (10^n - k's)^2 \\
&= 10^{2n} - 10^n k's - (kr + k's)k's + (k's)^2 \\
&= 10^{2n} - 10^n k's - kk'rs = 10^{2n} - 10^n k's - 10^n rs + rs
\end{aligned}$$

$$= 10^n(10^n - k's - rs) + rs = 10^n(kr - rs) + rs$$

となり，$kr - rs + rs = kr$ となるから，$A = kr$ は平方カプレカ数となる．　□

▶**注意 10.5**　この証明において，kr と $k's$ に関する式の対称性から，$k's$ も平方カプレカ数であることがわかる．したがって，A から定まる $n \in \mathbb{N}$ に対して，$A \neq Q$ なら，$10^n - A$ も平方カプレカ数である．また，問題 10.1 より，Q は常に平方カプレカ数である．もし Q の異なる素因数が r 個なら，Q 以外の竹割約数は $(2^r - 2)$ 個あるわけで（1 と Q を除くから），そのうちの半分 $(2^{r-1} - 1)$ 個の竹割約数から平方カプレカ数を求めれば，あとは，10^n からそれらを引けば残り半分が求まる．

問題 10.3　99999 から生まれる平方カプレカ数をすべて求めよ．

問題 10.4　平方カプレカ数 5292 を生み出す竹割約数を求めよ．

平方カプレカ数を決める際の桁の区切り方の一意性について述べなかったが，次の命題でそれを証明しておく．

命題 10.1　平方カプレカ数 A が定める $n, a, b \in \mathbb{N}$ は，A に対して一意的である．

［証明］　$A^2 = 10^n a + b = 10^m c + d$ および $A = a + b = c + d$ となる n, m, a, b, c, $d \in \mathbb{N}$ が存在したとする．ここで，m と n は A^2 という数に仕切りを入れる位置のことだから，$m = n$ さえ示せば，当然 $a = c$ および $b = d$ を得る．

さて，$m \geq n$ としても一般性を失わないので，これを仮定する．このとき，c の桁を上げれば a の上位の数字に一致することを考慮すると（図 10.2 参照），

$$a - 10^{m-n}c + b = d$$

なる等式が成り立つ．ここで，$a + b = c + d$ より，$c - 10^{m-n}c = 0$ となるから，$m = n$ を得る．

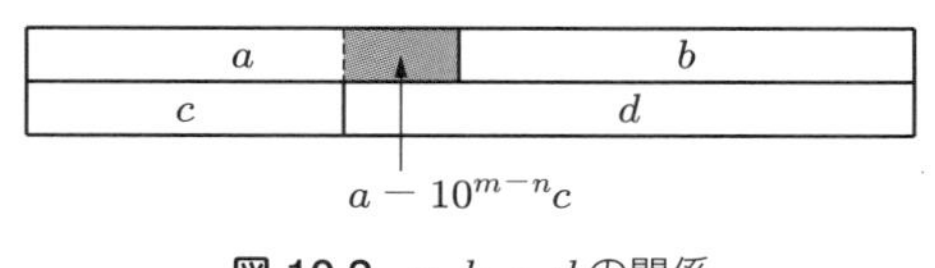

図 10.2　a, b, c, d の関係

□

第11講

高次の合同方程式

* * *

この講では，これまでの知識を使って，解けそうな高次合同方程式を考察する．

11.1　$x^n \equiv a \mod m$ の解法

まずはいくつかの合同方程式を具体的に解いてみよう．

○例題 11.1　$x^5 \equiv 2 \mod 7$ を解け．○

[解]　暗算で $x \equiv 4 \mod 7$ しかないことがわかるだろう（$x \equiv 0, \pm1, \pm2, \pm3$ の場合を調べればよいから）．

もっと大きな数字のときでも使える方法はないか？

[別解]　$x \not\equiv 0$ より，x は 7 の倍数ではない．ゆえに，x と 7 は互いに素である．よって，フェルマーの小定理より，x の 6 乗は 1 と合同となる．そこで，$2 \equiv x^5 \equiv x^{6-1} \equiv x^{-1}$ から，両辺のインバースをとって $x \equiv 2^{-1} \equiv 4 \mod 7$ を得る．

▶**注意 11.1**　一般に，$x^{-1} \equiv a \mod m$ ならば $x \equiv a^{-1} \mod m$ である．

○例題 11.2　$x^{40} \equiv 2 \mod 7$ を解け．○

[解]　$x \not\equiv 0$ より，x と 7 は互いに素である．よってフェルマーの小定理より，x の 6 乗は 1 と合同となるから，$x^{40} \equiv x^4 \equiv 2 \mod 7$ となる．さらに，$2 \equiv x^4 \equiv x^{6-2} \equiv x^{-2}$ から $x^2 \equiv 2^{-1} \equiv 4 \mod 7$ となる．ゆえに，$x \equiv 2, 5 \equiv \pm2 \mod 7$ を得る．

▶**注意 11.2**　$x^2 \equiv a$ がいつも解をもつとは限らない．たとえば，$x^2 \equiv 2 \mod 7$ は，解 $x \equiv \pm3$ をもつが，$x^2 \equiv 5 \mod 7$ は解をもたない．一般に，**「素数 p に対して，$x^2 \equiv a \mod p$ が解 α をもてば，解は $x \equiv \pm\alpha$ だけとなる」**ことが証明できる．特

に，$p \neq 2$ ならば，$a \equiv 0$ でない限り二つの解をもつ．$p = 2$ ならば，$x^2 \equiv 0 \mod 2$ あるいは $x^2 \equiv 1 \mod 2$ のどちらかと同値である．前者は $x \equiv 0$ が解であり，後者は $x \equiv 1$ が解である．すなわち，解は常に一つである．

しかし，$x^2 \equiv a \mod m$ において，m が素数でなければ，話は難しくなる．たとえば，$x^2 \equiv 4 \mod 12$ の解は，$x \equiv \pm 2, \pm 4$（4 個もある！）である．

一般に，x の方程式 $x^n \equiv a \mod m$ の解法は非常に難しい．$n = 2$ のときでさえ，単純に公式化することはできない．ところが，**a と m が互いに素（したがって x と m が互いに素）で，さらに n と $\varphi(m)$ が互いに素の場合**には，うまい解法がある．それを紹介しよう．

○ **例題 11.3**　$x^{15} \equiv 3 \mod 23$ を解け．○

［解］ まず，$x \not\equiv 0 \mod 23$ だから，x と 23 は互いに素である．よってフェルマーの小定理より，x の $23 - 1 = 22$ 乗は 1 と合同となる．さらに，22 と 15 は互いに素なので，まず $22s + 15t = 1$ の特殊解を求めると，$22 = 15 \cdot 1 + 7$，$15 = 7 \cdot 2 + 1$，そして $[1, 2] = 3/2$ より，特殊解 $(-2, 3)$ を得る．

ゆえに，$x = x^1 = x^{22 \cdot (-2) + 15 \cdot 3} \equiv (x^{15})^3 \equiv 3^3 = 27 \equiv 4 \mod 23$（解はたった一つ！）を得る．

○ **例題 11.4**　$x^{11} \equiv 3 \mod 35$ を解け．○

［解］ まず，3 と 35 は互いに素である．また，与式は $x^{11} = 3 + 35k$（$k \in \mathbb{Z}$）と同値だから，$x^{11} - 35k = 3$ と書ける．ここでもし x と 35 が公約数 $d > 1$ をもてば，上の等式の左辺が d の倍数となり，右辺も d の倍数となる．これは，3 と 35 が公約数 d をもってしまい矛盾である．よって，x と 35 は互いに素である．ゆえにオイラーの定理より，$x^{\varphi(35)} \equiv x^{24} \equiv 1 \mod 35$ である．そこで，$24s + 11t = 1$ の特殊解を見つけて，$(s, t) = (-5, 11)$ を得る．

よって $x = x^{24 \cdot (-5) + 11 \cdot 11} \equiv 3^{11} \mod 35$ となる．ここで，$3^4 = 81 \equiv 11 \mod 35$ より $3^8 \equiv 11^2 = 121 \equiv 16 \mod 35$ となるから，$3^{11} \equiv 16 \cdot 3^3 = 432 \equiv 12 \mod 35$ を得る．

問題 11.1　次を解け．

(1) $x^{25} \equiv 8 \mod 17$　　(2) $x^{35} \equiv 70 \mod 221$

念のため，上の解法をまとめておく．

一般に，x の方程式 $x^n \equiv a \mod m$ について，a が m と互いに素，n と $\varphi(m)$ も互いに素なら，解は一つである．実際，$\varphi(m)s + nt = 1$ の特殊解を (s_0, t_0) とすれば，解は $x \equiv a^{t_0}$ である（$x = x^1 = x^{\varphi(m)s_0+nt_0} \equiv x^{nt_0} \equiv a^{t_0}$ より）．

▶ **注意 11.3**　n と $\varphi(m)$ が互いに素でない場合でも，a が m と互いに素で，$\gcd(n, \varphi(m)) = d$ ならば，$\varphi(m)s + nt = d$ の特殊解 (s_0, t_0) に対して，$x^d \equiv a^{t_0}$ まではいえる．

問題 11.2　$x^8 \equiv 3 \mod 23$ を解け．

11.2　mod p での 2 次方程式

p が素数のとき，mod p がもつ特別な性質をまず論じよう．

mod p の基本性質（$x, y \in \mathbb{Z}$，p は素数）

(1) $x \not\equiv 0 \mod p$ ならば x^{-1} が存在する．

(2) $xy \equiv 0 \mod p$ ならば $x \equiv 0$ または $y \equiv 0$ である．

理由は？

(1) は，仮定から x と p が互いに素となるからよい．

(2) は，**xy が p で割り切れるなら，x または y が p で割り切れる**からよい．大事な性質なので，割る記号 | を使った形でも書いておくと，次のようになる．

$$p \mid xy \quad \Rightarrow \quad p \mid x \ \ \text{または} \ \ p \mid y$$

これは以下のように，(1) を使って証明してもよい．$xy \equiv 0$ において，もし $x \not\equiv 0$ なら x^{-1} が存在するから，$x^{-1}xy \equiv x^{-1}0$ となるので，$y \equiv 0$ を得る．

▶ **注意 11.4**　基本性質 (2) と同値な主張

「$x \not\equiv 0,\ xy \equiv 0 \mod p$ ならば $y \equiv 0$」

を，「整数における mod p での簡約原理」という．

問題 11.3　p が素数でなければ，基本性質 (1) も (2) もいえないことを具体例で示せ．

▶**注意 11.5** たとえば，pを素数とするとき，$x \equiv \pm 2$は，$x^2 \equiv 4 \mod p$の解である．さらに，4を左辺に移項して$(x-2)(x+2) \equiv 0 \mod p$も成り立つので，基本性質(2)から，$x \equiv \pm 2$以外に解がないこともわかる（$p$が奇素数なら，$2 \not\equiv -2 \mod p$より解は2個，$p=2$なら$2 \equiv -2 \equiv 0 \mod 2$だから解は$x \equiv 0$だけ）．同様に，基本性質(2)から，$(x-1)(x-5) \equiv 0 \mod p$の解は$x \equiv 1, 5$となる．3次方程式であっても，(左辺)$\equiv 0$の形にしてから左辺が1次式に因数分解できれば，解は重複も込めて3個あり，重複をカウントしなければ3個以下となる．

n次方程式でも，(左辺)$\equiv 0$の形にしてから左辺が1次式に因数分解できれば，解は重複も込めてn個あり，重複をカウントしなければn個以下といえばよい．だが，左辺の因数分解がすぐに見つからない場合は，（高校でも習った）因数定理のmod pバージョンを確立しておくとよい．

○**例題 11.5** $x^3 \equiv 1 \mod 7$を解け． ○

［解］ もちろん$x \equiv 1$は解だが，他の解はあるだろうか．$x \equiv 0, 1, 2, 3, 4, 5, 6$を調べるだけだから，すぐに解は$x \equiv 1, 2, 4$とわかるだろう．

この例題について考察しよう．通常の方程式$x^3 = 1$の場合は，$x^3 - 1 = (x-1)(x^2+x+1) = 0$から，$x = 1$, $(-1 \pm \sqrt{3}i)/2$を得る．合同式の世界でも，$x^3 - 1 = (x-1)(x^2+x+1)$は正しい．したがって，$x^3-1 = (x-1)(x^2+x+1) \equiv 0 \mod 7$を解けばよい．7が素数であることから，通常の2次方程式論と同じで，$x - 1 \equiv 0$または$x^2 + x + 1 \equiv 0$となる．前者はもちろん$x \equiv 1$だから，後者を解けばよい．

$x \equiv 0, 1, 2, 3, 4, 5, 6$を代入して，$x = 2$と4が解だとわかる．ゆえに解は，$x \equiv 1, 2, 4$の三つである（4の代わりに$-3$としてもよい）．次の等式が成り立つことに注意しよう！

$$x^2 + x + 1 \equiv x^2 - 6x + 8 = (x-2)(x-4) \mod 7$$

$$x^2 + x + 1 \equiv x^2 + x - 6 = (x-2)(x+3) \mod 7$$

ここまでくると，mod p（pは素数）での2次方程式の解の公式が作りたくなる．たとえば，mod 7くらいなら，$x \equiv 0, \pm 1, \pm 2, \pm 3$を代入して調べればよいから，公式なんてなくてもいい．たとえば$2x^2 + 3x - 5 \equiv 0 \mod 7$なら，解は$x \equiv 1$だけである．あるいは，$2x^2 + 3x - 5 \equiv 0 \mod 7$の両辺に$2^{-1} \equiv 4$を掛けると$x^2 + 12x - 20 \equiv 0 \mod 7$となるが，これは$x^2 - 2x + 1 \equiv 0 \mod 7$と同値であ

る．よって，$(x-1)^2 \equiv 0 \mod 7$ より，$x \equiv 1$ となる（**7が素数だから** $x-1 \equiv 0 \mod 7$ **である**）．

では，$2x^2+3x-5 \equiv 0 \mod 71$ ならどうか？ まず，$2^{-1} \equiv 36$ から，両辺に36を掛けて，$x^2+108x-180 \equiv 0 \mod 71$ となる．これは，$x^2-34x+33 \equiv 0 \mod 71$（$108-142=-34, 213-180=33$）と同値である．よって $(x-1)(x-33) \equiv 0 \mod 71$ から，$x \equiv 1, 33$ を得る（**71が素数だから** $x-1 \equiv 0 \mod 71$ **または** $x-33 \equiv 0 \mod 71$ **である**）．

いつもこんなふうに解けるのだろうか？ $x^2+3x+1 \equiv 0 \mod 7$ ならどうだろう？ $3 \equiv 2 \cdot 2^{-1} \cdot 3 \equiv 2 \cdot 12 \equiv 2 \cdot 5$ より，$x^2+2 \cdot 5x+5^2-5^2+1 \equiv 0 \mod 7$ と変形できる．よって，$(x+5)^2-24 \equiv 0 \mod 7$ から，$(x+5)^2 \equiv 3 \mod 7$ となる．ところが，mod 7で2乗して3になる数はないから，この方程式の解はない（したがって因数分解できないのである）．

（注）もちろん $x \equiv 0, \pm1, \pm2, \pm3$ を代入して調べても，「解なし」だとわかる．

■ 解の公式

高校生のころ，2次方程式の解の公式を覚えてしまえば，2次式が因数分解できるかどうか悩む必要がなかったことを思い出そう．解の公式が作れる本質的な理由は，「$x^2=a$ ならば，$x=\pm\sqrt{a}$ である」がいえることにある．与えられた方程式は $x^2-a=(x-\sqrt{a})(x+\sqrt{a})=0$ と同値になるから，ほかに解がないこともわかる．これと同様で，mod p での2次方程式も，「$x^2 \equiv a \mod p$ という形さえ作れば，解は $x \equiv \pm\alpha \mod p$ か，解なし」となるのである．ただし，α は，$\alpha^2 \equiv a \mod p$ となる整数である．このとき，与えられた方程式は $x^2-a=(x-\alpha)(x+\alpha) \equiv 0 \mod p$ と同値になるから，ほかに解がないこともわかる．

さて，p が**奇素数**の場合の $ax^2+bx+c \equiv 0 \mod p$ $(a,b,c \in \mathbb{Z}, a \not\equiv 0 \mod p)$ の解の公式を作ろう！

まず，両辺に a^{-1} を掛けると $x^2+a^{-1}bx+a^{-1}c \equiv 0 \mod p$ となる．さらに，通常の2次式を完全平方式に変える方法をまねると，$x^2+2 \cdot 2^{-1}a^{-1}bx+(2^{-1}a^{-1}b)^2-(2^{-1}a^{-1}b)^2+a^{-1}c \equiv 0 \mod p$ となる．よって，$(x+2^{-1}a^{-1}b)^2 \equiv 4^{-1}a^{-2}(b^2-4ac) \mod p$ となる．ここで，4^{-1} も a^{-2} も平方数だから，b^2-4ac が mod p での平方数なら，その平方根 α に対して，解は $x \equiv 2^{-1}a^{-1}(-b \pm \alpha) \mod p$ となる．そして，b^2-4ac が mod p での平方数でないなら，「解なし」となる．

お馴染みの式 $\boldsymbol{b^2-4ac}$ を D で表し，**判別式**とよぼう．したがって，$\boldsymbol{D=b^2-4ac}$ が mod p で平方数なら，異なる二つの解がある．ただし，p が大きくなればなるほど，D が mod p で平方数かどうかの判定は難しくなる．2 次方程式ですら，解くのは難しいのである．とはいえ，解の公式を作ったことで，「mod p での 2 次方程式の解は高々 2 個である」は証明したことになる（$p=2$ の場合は，0 と 1 だけの世界だからもちろん正しい）．

ある整数が mod p で平方数かどうかを判定するすごい方法を発見したのは，あの有名なドイツの数学者ガウス（Carl Friedrich Gauss, 1777–1855）である．これは「**平方剰余の相互法則**」とよばれ，初等整数論におけるもっとも重要な定理の一つである．

ここで，$p=2$ の場合も考察しておこう．この場合の 2 次方程式は，

$$(1)\ x^2+x+1\equiv 0 \mod 2 \qquad (2)\ 2x^2+x\equiv 0 \mod 2$$

$$(3)\ x^2+1\equiv 0 \mod 2 \qquad (4)\ x^2\equiv 0 \mod 2$$

の 4 種類しかない．

mod 2 では，$2\equiv 0$ であり，2^{-1} は存在しない．したがって，奇素数のときに作った解の公式は適用できないが，これらを解くのは簡単である．実際，$x\equiv 0,1$ を代入して調べるだけだから，(1) は「解なし」，(2) は $x\equiv 0,1$，(3) は $x\equiv 1$，(4) は $x\equiv 0$ となる．

このあと問題を解くために，もう一度，p が奇素数のときの解の公式を確認しておく．

$ax^2+bx+c\equiv 0 \mod p$ （$p\neq 2$）

解が存在するのは，$\alpha^2\equiv D$ となる $\alpha\in\mathbb{Z}$ が存在するときで，このとき解は，

$$x\equiv 2^{-1}a^{-1}(-b\pm\alpha)$$

となる．ただし，$D=b^2-4ac$ である．

▶ **注意 11.6**　上記の α を $\sqrt{D}$ と書くことにすれば，$x\equiv 2^{-1}a^{-1}(-b\pm\sqrt{D})$ となる．2^{-1} は 2 に掛けて 1 になる整数であり，a^{-1} は a に掛けて 1 になる整数だから，高校以来使っている 2 次方程式の解の公式，$x=(-b\pm\sqrt{D})/2a=(-b\pm\sqrt{b^2-4ac})/2a$ と同じ式なのである（$1/2a=(2a)^{-1}=2^{-1}a^{-1}$ だから）．実際，$x\equiv 2^{-1}a^{-1}(-b\pm\sqrt{D})$ を導いた手順を振り返れば，高校で $x=(-b\pm\sqrt{b^2-4ac})/2a$ を導いた手順をまね

ただけであることがわかる.

問題 11.4 mod 11 において, 次の方程式を解け.

(1) $x^2+2\equiv 0$　(2) $x^2+3x+5\equiv 0$　(3) $x^2+2x+16\equiv 0$

(4) $2x^2+3x+5\equiv 0$　(5) $5x^2-3x+8\equiv 0$　(6) $x^3\equiv 1$

問題 11.5 mod 71 において, 次の方程式を解け.

(1) $x^2+x+2\equiv 0$　(2) $3x^2+9x-5\equiv 0$

ただし, あとで証明する次の定理を使ってよい.

定理 11.1（ガウス） p を奇素数とするとき, $x^2\equiv -1 \mod p$ は, $p\equiv 1 \mod 4$ のときだけ解をもち, $p\equiv 3 \mod 4$ のときは「解なし」となる.

問題 11.6 次の 3 次方程式を解け.

(1) $x^3\equiv 1 \mod 43$　(2) $x^3\equiv 1 \mod 71$

ただし, あとで証明する次の定理を使ってよい.

定理 11.2（ガウス） p を奇素数とするとき, $x^2\equiv -3 \mod p$ は, $p\equiv 1 \mod 3$ のときだけ解をもち, $p\equiv 2 \mod 3$ のときは「解なし」となる.

11.3 平方剰余の定理

すでに述べたように, 平方剰余については, ガウスの平方剰余の相互法則が有名である. これを証明するには, あとで出てくる「原始根」を学ぶ必要があるが, 定理の主張を理解し, 使えるようになることも重要である. ここでは, 有名なガウスの法則を紹介し, いくつか練習してみることにする. まずは, 初等整数論で頻繁に使う, **ルジャンドル記号**（Legendre symbol）を導入する.

ルジャンドル記号

正の奇素数 p と $a\in\mathbb{Z}$ に対して, $x^2\equiv a \mod p$ の解が存在するとき $\left(\dfrac{a}{p}\right)=1$, 存在しないとき $\left(\dfrac{a}{p}\right)=-1$, $a\equiv 0 \mod p$ のとき $\left(\dfrac{a}{p}\right)=0$ と書く.

●**例 11.1** $\left(\dfrac{1}{3}\right)=1$, $\left(\dfrac{-1}{3}\right)=-1$, $\left(\dfrac{2}{5}\right)=-1$, $\left(\dfrac{-1}{7}\right)=-1$, $\left(\dfrac{4}{11}\right)=1$, $\left(\dfrac{22}{11}\right)=0$, etc. ●

▶**注意 11.7** (1) いままで，$a \equiv b \bmod m$ の定義において，m は自然数としてきたが，m は整数としても問題ない．というのは，m の倍数の集合も $-m$ の倍数の集合も同じだから，$a \equiv b \bmod m$ と $a \equiv b \bmod -m$ は同じことをいっているにすぎないからである．ただし，$m=0$ の場合は（考える必要はないが念のためいうと），$a-b$ が 0 の倍数と考えれば，$a \equiv b \bmod 0$ と $a=b$ は同じことになる．

(2) 初等整数論で素数というと，たいてい，正を仮定している．しかし，環論などで素数といえば，正の素数，負の素数を考えるのが普通である．だからといってルジャンドル記号において，$\left(\dfrac{a}{p}\right)=\left(\dfrac{a}{-p}\right)$ のようにすると，このあと述べるガウスの平方剰余の定理の記述が本質的でない部分で複雑化してしまう．そこで，

ルジャンドル記号における奇素数 p は正である

と決めておく．また，p は $(4k+1)$ 型素数などというときも，p は正であることを仮定しておくと議論しやすい．実はいままでも明言はしていなかったが，フェルマーの小定理などを扱う際も，素数は正を仮定していた．

ガウスの平方剰余の定理は次のように表される．

定理 11.3（ガウス）　p を正の奇素数とするとき，次が成り立つ．

(1) $\left(\dfrac{-1}{p}\right)=(-1)^{\frac{p-1}{2}}$　　(2) $\left(\dfrac{2}{p}\right)=(-1)^{\frac{p^2-1}{8}}$

(3) $\left(\dfrac{ab}{p}\right)=\left(\dfrac{a}{p}\right)\left(\dfrac{b}{p}\right)$　$(a, b \in \mathbb{Z})$

(4) $\left(\dfrac{q}{p}\right)\left(\dfrac{p}{q}\right)=(-1)^{\frac{p-1}{2}\frac{q-1}{2}}$　（p, q は相異なる正の奇素数）

▶**注意 11.8** もし負の素数に対してもルジャンドル記号を許せば，定義から，たとえば $\left(\dfrac{-1}{-3}\right)=\left(\dfrac{-1}{3}\right)=-1$ だが，(1) の主張により，$\left(\dfrac{-1}{-3}\right)=(-1)^{\frac{-3-1}{2}}=1$ となって矛盾する．

特に (4) は「平方剰余の相互法則」とよばれている．これはオイラーが発見し予想したもので，ルジャンドルが上の記号を導入して証明した．ところが彼は，「初項と公差が互いに素である等差数列の中に必ず素数が無数に現れる」という主張（いまではディリクレの定理とよばれているが，当時はまだ証明されていなかった）を証明なしで使ったので，完全な証明とはいえなかった．ディリクレの定理を使わずに完全な証明を与えたのがガウスである．ガウスはこの相互法則を「整数論の基本定理」と名付け，六つのまったく異なる証明を与えた（その後，多くの数学者によって，さらに別証が増えていった）．

▶**注意 11.9** (1) $p \equiv 1 \mod 4$ なら，$p = 4m+1$ ($m \in \mathbb{Z}$) と書けるから，$(p-1)/2$ は偶数である．よって，定理 11.3 (1) より，$\left(\dfrac{-1}{p}\right) = 1$ となる．また，$p \equiv 3 \mod 4$ なら，$p = 4m+3$ ($m \in \mathbb{Z}$) と書けるから，$(p-1)/2$ は奇数である．よって，定理 11.3 (1) より，$\left(\dfrac{-1}{p}\right) = -1$ となる．これは問題 11.5 で必要とした定理 11.1 にほかならない．

(2) p か q どちらかが 4 で割って 1 余る素数なら，$(p-1)/2$ か $(q-1)/2$ のどちらかが偶数だから，定理 11.3 (4) より $\left(\dfrac{q}{p}\right)\left(\dfrac{p}{q}\right) = 1$ となる．したがってこの場合は，$\left(\dfrac{q}{p}\right) = \left(\dfrac{p}{q}\right)$ となる．p か q どちらも 4 で割って 3 余る素数なら，$(p-1)/2$ も $(q-1)/2$ も奇数だから，定理 11.3 (4) より $\left(\dfrac{q}{p}\right)\left(\dfrac{p}{q}\right) = -1$ となる．したがってこの場合は，$\left(\dfrac{q}{p}\right) = -\left(\dfrac{p}{q}\right)$ となる．

○**例題 11.6** 次を解け．

(1) $x^2 \equiv -1 \mod 23$　　(2) $x^2 \equiv 6 \mod 23$

(3) $x^2 \equiv 1121 \mod 241$ ○

[解] (1) $x^2 \equiv -1 \mod 23$ は，$23 \equiv 3 \mod 4$ より「解なし」である（定理 11.1 参照）．

(2) $x^2 \equiv 6 \mod 23$ は，$\left(\dfrac{6}{23}\right) = \left(\dfrac{2}{23}\right)\left(\dfrac{3}{23}\right) = \left(\dfrac{3}{23}\right)$ $\left(\dfrac{23^2-1}{8} = 66\right.$ より$\left.\right)$ $= -\left(\dfrac{23}{3}\right)$（注意 11.9 (2) 参照）$= -\left(\dfrac{2}{3}\right)$（$23 \equiv 2 \mod 3$ より）

$= 1$ より，「解あり」である．「解あり」となれば，頑張って解を見つけてみよう．23 を何倍かして 6 を足すと平方数になるものがあるはずで，少し考えれば $23 \cdot 5 + 6 = 121 = 11^2$ に気づく．よって，解は $x \equiv \pm 11 \mod 23$ である．

(3) 241 は素数だから，$x^2 \equiv 1121 \mod 241$ は，$\left(\dfrac{1121}{241}\right) = \left(\dfrac{157}{241}\right)$（157 は素数で, mod 4 で 1）$= \left(\dfrac{241}{157}\right) = \left(\dfrac{84}{157}\right) = \left(\dfrac{3}{157}\right)\left(\dfrac{7}{157}\right) = \left(\dfrac{157}{3}\right)\left(\dfrac{157}{7}\right) = \left(\dfrac{1}{3}\right)\left(\dfrac{3}{7}\right) = -\left(\dfrac{7}{3}\right) = -\left(\dfrac{1}{3}\right) = -1$ より†，「解なし」．

問題 11.7 (1) 次を解け．

① $x^2 \equiv 13 \mod 23$　② $x^2 \equiv 14 \mod 23$　③ $x^2 \equiv 17 \mod 23$

④ $x^2 \equiv 18 \mod 23$　⑤ $x^2 \equiv 19 \mod 41$　⑥ $x^2 \equiv -19 \mod 41$

(2) ① 1847 は素数か？

② $x^2 \equiv 365 \mod 1847$ を解け（解がある場合，手計算で解を求めるのはたいてい難しい．コンピュータの力を借りてでも求めてみよう！）．

(3) 定理 11.3 を使って（したがって定理 11.1 も使って），問題 11.6 で必要とした定理 11.2 を証明せよ．

11.4 $x^2 \equiv a \mod m$（m が素数でない）の場合

たとえば，$x^2 \equiv a \mod 35 = 5 \cdot 7$ の解が存在するなら，$x^2 \equiv a \mod 5$ の解も $x^2 \equiv a \mod 7$ の解も存在しなければならない．さらにこの逆もいえる．より一般に，次がいえる．

---

† 仮分数のままでもできるが，次のように素因数分解 $1121 = 19 \cdot 59$ に気づかなければならない．

$$\left(\frac{1121}{241}\right) = \left(\frac{19}{241}\right)\left(\frac{59}{241}\right) = \left(\frac{241}{19}\right)\left(\frac{241}{59}\right) = \left(\frac{13}{19}\right)\left(\frac{5}{59}\right) = \left(\frac{6}{13}\right)\left(\frac{4}{5}\right) = \left(\frac{2}{13}\right)\left(\frac{3}{13}\right)$$
$$= -\left(\frac{13}{3}\right) = -\left(\frac{1}{3}\right) = -1$$

定理 11.4 $m \in \mathbb{N}$とし，$m = p_1^{s_1} \cdot \cdots \cdot p_r^{s_r}$を素因数分解とする．このとき，

$x^2 \equiv a \bmod m$の解が存在する ⇔ すべてのi $(i = 1, \ldots, r)$に対して $x^2 \equiv a \bmod p_i^{s_i}$の解が存在する

が成り立つ．

[証明] (⇒) は明らか．

(⇐) 仮定から得られる1組の解を$\begin{cases} x \equiv \alpha_1 \bmod p_1^{s_1} \\ \vdots \\ x \equiv \alpha_r \bmod p_r^{s_r} \end{cases}$とすると，中国剰余定理より，この連立合同方程式の解$x \equiv \alpha \bmod m$が存在する．このとき，任意のiに対して，$\alpha^2 \equiv a \bmod p_i^{s_i}$を満たすので，$\alpha^2 \equiv a \bmod m$となる．ゆえに，$x = \alpha$は$x^2 \equiv a \bmod m$の解である． □

○**例題 11.7** 次を解け．

(1) $x^2 \equiv 33 \bmod 35$　　(2) $x^2 \equiv 30 \bmod 35$ ○

[解] (1) $x^2 \equiv 33 \equiv 3 \bmod 5$は「解なし」だから「解なし」．

(2) $x^2 \equiv 30 \equiv 0 \bmod 5$も$x^2 \equiv 30 \equiv 2 \bmod 7$も「解あり」だから「解あり」．

$x^2 \equiv 0 \bmod 5$の解は，$x \equiv 0$であり，$x^2 \equiv 2 \bmod 7$の解は，$x \equiv \pm 3$である．よって，$\begin{cases} x \equiv 0 \bmod 5 \\ x \equiv 3 \bmod 7 \end{cases}$と$\begin{cases} x \equiv 0 \bmod 5 \\ x \equiv -3 \bmod 7 \end{cases}$を求めればよい．

中国剰余定理より，前者は$x \equiv 3 \cdot 5 \cdot 5^{-1} \equiv 3 \cdot 5 \cdot 3 = 45 \equiv 10 \bmod 35$で，後者は$x \equiv -3 \cdot 5 \cdot 5^{-1} \equiv -10 \bmod 35$である．よって解は，$x \equiv \pm 10 \bmod 35$となる．

(注) 二つに分けずに$\begin{cases} x \equiv 0 \bmod 5 \\ x \equiv \pm 3 \bmod 7 \end{cases}$から，$x \equiv \pm 3 \cdot 5 \cdot 5^{-1} \equiv \pm 3 \cdot 5 \cdot 3 = \pm 45 \equiv \pm 10 \bmod 35$と答えてもよい．

▶**注意 11.10** 中国剰余定理を使わずに，合同式の基本である次の性質を使うこともできる．すなわち，$x \equiv \alpha \bmod m$ならば，

$$x \equiv \alpha, \alpha + m, \alpha + 2m, \ldots, \alpha + (n-1)m \bmod mn$$

と書ける（mod mでαとなるものは，mod mnではn個ある！）．

さらに，m を足していく代わりに，次のように $-m$ を足していってもよい．

$$x \equiv \alpha, \alpha - m, \alpha - 2m, \ldots, \alpha - (n-1)m \mod mn$$

たとえば，$x \equiv \alpha \mod 7$ が $x^2 \equiv a \mod 7$ の解なら，$x^2 \equiv a \mod 35$ の解で $x \equiv \alpha \mod 7$ となる解は，あれば

$$x \equiv \alpha, \alpha + 7, \alpha + 14, \alpha + 21, \alpha + 28 \mod 35$$

の五つの中のどれかである．ここで，$x \equiv -\alpha \mod 7$ も $x^2 \equiv a \mod 7$ の解だから，

$$x \equiv -\alpha, -\alpha + 7, -\alpha + 14, -\alpha + 21, -\alpha + 28 \mod 35$$

の五つの中のどれかだが，

$$x \equiv -\alpha, -\alpha - 7, -\alpha - 14, -\alpha - 21, -\alpha - 28 \mod 35$$

のどれかといってもよい．したがって，$x^2 \equiv a \mod 35$ の解は，

$$x \equiv \pm\alpha, \pm(\alpha + 7), \pm(\alpha + 14), \pm(\alpha + 21), \pm(\alpha + 28) \mod 35$$

のどれかである．たとえば例題 11.7 (2) の別解として，

「$x^2 \equiv 2 \mod 7$ の解は $x \equiv \pm 3$ であり，mod 35 では ± 3, ± 10, ± 17, ± 24, ± 31 のどれかであるが，このうち $x^2 \equiv 0 \mod 5$ となるのは，± 10 だけである．よって解は，$x \equiv \pm 10 \mod 35$ となる．」

のように解いてもよい．

問題 11.8 次は解をもつか？ 解をもつならそれをすべて求めよ．

(1) $x^2 \equiv 11 \mod 15$　(2) $x^2 \equiv 11 \mod 35$　(3) $x^2 \equiv 14 \mod 385$

○例題 11.8 $x^{10} \equiv -1 \mod 65$ を解け． ○

[解] -1 と 65 が互いに素より，x と 65 も互いに素である．$\varphi(65) = \varphi(13)\varphi(5) = 12 \cdot 4 = 48$ より，オイラーの定理から，$x^{48} \equiv 1 \mod 65$ である．48 と 10 の gcd は 2 より，$48s + 10t = 2$ の解が存在する．2 で割って $24s + 5t = 1$ となるから，特殊解 $(-1, 5)$ がすぐに見つかる．ゆえに，$x^2 = x^{48\cdot(-1)+10\cdot 5} \equiv (x^{10})^5 \equiv (-1)^5 = -1 \mod 65$ となる．したがって，$x^2 \equiv -1 \mod 65$ を解けばよいが，$(\pm 8)^2 = 64 \equiv -1 \mod 65$ から $x \equiv \pm 8 \mod 65$ が解であることはすぐにわかる．ほかに解はないだろうか？

$x^2 \equiv -1 \mod 65$ならば，もちろん$x^2 \equiv -1 \mod 5$かつ$x^2 \equiv -1 \mod 13$でなければならない．前者の解はすぐに$x \equiv \pm 2 \mod 5$だとわかる．後者も$x \equiv \pm 5 \mod 13$だとわかる．したがって，$\begin{cases} x \equiv \pm 2 \mod 5 \\ x \equiv \pm 5 \mod 13 \end{cases}$を解けばよい．中国剰余定理より，解は

$$\begin{aligned} x &\equiv \pm 2 \cdot 13 \cdot 13^{-1} \pm 5 \cdot 5 \cdot 5^{-1} \\ &\equiv \pm 26 \cdot 3^{-1} \pm 25 \cdot (-5) = \pm 52 \pm 125 = \pm 177, \pm 73 \equiv \pm 8, \pm 47 \mod 65 \end{aligned}$$

の四つである．

問題 11.9 $x^{10} \equiv -1 \mod m$ならば，$x^2 \equiv -1 \mod m$といってよいか？

11.5 $x^2 \equiv a \mod p^e$（pは奇素数）で$a \not\equiv 0 \mod p$の場合

前節では，たとえば$x^2 \equiv a \mod p^2$の場合については何もいっていないことに注意しよう．

例題 11.9 $x^2 \equiv 6 \mod 9$を解け．

[解]「解なし」（$x = 0, \pm 1, \pm 2, \pm 3, \pm 4$を代入しても成り立たないから．）

▶**注意 11.11** $x^2 \equiv 6 \equiv 0 \mod 3$は「解あり」である．

一般に，$a \not\equiv 0 \mod 3$のときは，「$x^2 \equiv a \mod 3$が『解あり』」と「$x^2 \equiv a \mod 3^e$が『解あり』」は同値である（$e \in \mathbb{N}$）．この主張はさらに，次の定理のように一般化できる．

定理 11.5 奇素数pと$e \in \mathbb{N}$に対して$a \not\equiv 0 \mod p$とするとき，$x^2 \equiv a \mod p$が「解あり」と，$x^2 \equiv a \mod p^e$が「解あり」は同値である．さらに，$x^2 \equiv a \mod p^e$の解は2個である．

[証明] まず，$x^2 \equiv a \mod p^e$が「解あり」なら$x^2 \equiv a \mod p$も「解あり」は明らかだから，逆を示せばよい．そこで，$x^2 \equiv a \mod p^k$（$k \in \mathbb{N}$）の解αが存在すれば，$\alpha + rp^k$が$x^2 \equiv a \mod p^{k+1}$の解となるような$r$が$\bmod p$で一意的に定ま

ることを示す（別の言い方をすると，α に p^k を何回か足していくうちに解が見つかるということ．さらにその解は，α に p^k を p 回足す前に必ず一つ見つかるということ）．実際，$(\alpha+rp^k)^2=\alpha^2+2\alpha rp^k+r^2p^{2k}$ となるが，$\alpha^2=a+mp^k$（$m\in\mathbb{Z}$）だから，$(\alpha+rp^k)^2=a+mp^k+2\alpha rp^k+r^2p^{2k}\equiv a+p^k(m+2\alpha r) \mod p^{k+1}$ となる．したがって，$m+2\alpha r$ が p の倍数なら，$(\alpha+rp^k)^2\equiv a \mod p^{k+1}$ となる．言い換えると，$m+2\alpha r\equiv 0 \mod p$ となる r が存在すればよい．この r は，p が奇数だから 2 のインバースが存在し，仮定 $a\not\equiv 0 \mod p$ より $\alpha\not\equiv 0 \mod p$ だから α のインバースも存在することから $r\equiv -2^{-1}\alpha^{-1}m \mod p$ となり，r の存在と $\mathrm{mod}\ p$ での一意性がわかる．したがって $\mathrm{mod}\ p^{k+1}$ では，$r=-2^{-1}\alpha^{-1}m+jp$（$j=1,\ldots,p^k$）なる p^k 個の可能性があるが，どれにしても $\alpha+rp^k$ は $\mathrm{mod}\ p^{k+1}$ で合同である．よって，α に対して $x^2\equiv a \mod p^{k+1}$ の解が一つ定まる．

さて，$x^2\equiv a \mod p$ の解は二つだから，帰納的に考えることで，任意の e に対して $x^2\equiv a \mod p^e$ の解は二つであることもわかり，平方根だから必ず $\pm\beta$ という形の解となる．□

▶ **注意 11.12** (1) $m+2\alpha r\equiv 0 \mod p$ となる r に対して $m+2(-\alpha)(-r)\equiv 0 \mod p$ だから，$-\alpha$ に対しては，$-p^k$ を何回か足していけば，結局，α に対して求めた解のマイナス版が出てくるだけである．したがって，解は α に対して求めるだけでよく，他の解はそれにマイナスを付けるだけなのである．

(2) $x^2\equiv a \mod p^e$ の解を求める際，常に $x^2\equiv a \mod p$ の解から順次 p のべきをあげる必要はない．たとえばもし，$x^2\equiv a \mod p^{e-1}$ の解がすぐにわかるなら，その解を α として上の操作（p^{e-1} を足していく操作）を行えば，1 ステップで解が得られるのである．

問題 11.10　次を解け．

(1) $x^2\equiv 19 \mod 27$　　(2) $x^2\equiv 19 \mod 675$

(3) $x^2\equiv 126 \mod 625$　　(4) $x^2\equiv 126 \mod 3125$

11.6 mod m での多項式

「mod p（p は素数）において，n 次方程式の解は高々 n 個である」を示すには，mod m での因数定理などが必要となる．それには，mod m での多項式の性質を学習しておく必要がある．

■ 多項式の性質

まずは多項式の復習から始めよう．多項式 $f(x) = a_0 + a_1x + \cdots + a_nx^n$ および $g(x) = b_0 + b_1x + \cdots + b_mx^m$ に対して（$a_i, b_i \in \mathbb{Z}$），和と積を

和　$f(x) + g(x) = a_0 + b_0 + (a_1 + b_1)x + \cdots$

積　$f(x)g(x) = a_0b_0 + (a_0b_1 + a_1b_0)x + (a_0b_2 + a_1b_1 + a_2b_0)x^2 + \cdots$

と定める．この和・積に関して，数の世界で成り立っていた，結合法則，交換法則，分配法則が成り立つ（証明せよ！）．さらに理論的に重要なことは，次の 0 の定義と，多項式どうしの等号の意味である．

- 多項式が 0 とは，係数がすべて 0 であることである．
- $a_0 + a_1x + \cdots + a_nx^n = b_0 + b_1x + \cdots + b_mx^m$ とは，$n = m$ かつすべての i に対して $a_i = b_i$ であることである．

これらは当たり前に使ってきたことだと思うが，たとえばこれらから，

$$a_0 + a_1x + \cdots + a_nx^n = 0 \quad \Leftrightarrow \quad a_0 = a_1 = \cdots = a_n = 0$$

となる．線形代数学の言葉を使えば，この性質は $\{1, x, x^2, \ldots, x^n\}$ が線形独立であることをいっている．

▶**注意 11.13**　(1) $f(x)$ を x の多項式というわけだが，この x は，数ではなく，**不定元**と考える．不定元とは？ その意味や定義は少し難しいので，ここでは考えないこととする．高校の教科書のように，単に数ではなく「文字」ということでよい．あるいは不定元を変数と考え，$f(x)$ を x の関数と思っても問題ない．重要なことは，多項式どうしに和と積が上のように定義されているということである．

(2) 実数係数（複素数係数でもよい）の多項式 $f(x)$ に対して，実数（複素数でもよい）a を代入することで，$f(a)$ は実数（複素数）になる．特に，多項式 $f(x)$ のすべての係数が整数で，a も整数なら，$f(a)$ も整数である．たとえば，$f(x) = x^4 - 8x^3 + 15x^2$ に対して，$f(2) = 2^4 - 8 \cdot 2^3 + 15 \cdot 2^2 = 16 - 64 + 60 = 12$ となる．一方，$f(x)$ は，三つの多項式の積 $x^2(x-3)(x-5)$ に等しい．すなわち，$f(x) = x^2(x-3)(x-5)$ である．右辺の x に 2 を代入すると，$2^2 \cdot (-1) \cdot (-3) = 12$ となり，$f(2)$ と一致する．なぜか？

より一般に，$f(x)$ を因数分解したとき，因数分解したほうに a を代入したものと $f(a)$ が一致するのはなぜか？

正確に理由を述べることは難しいが，多項式の和と積が結合法則，交換法則，分

配法則を満たすこと，および多項式 $f(x)$ の式変形（因数分解など）はそれらの法則だけを使った変形であることが主な理由である（多項式環の言葉を使うと，代入するという写像が準同形写像であるということ）.

さて，多項式の世界では，整数のときと同様の割り算ができる.

割り算の原理

多項式 $f(x)$ と $g(x)$ に対して，$g(x) \neq 0$ なら，$f(x) = g(x)q(x) + r(x)$ かつ $r(x) = 0$ または $\deg r(x) < \deg g(x)$ となる多項式 $q(x)$, $r(x)$ が存在して，一意的に定まる．ただし，deg は次数（degree）の略であり，0 多項式（すべての係数が 0 の多項式）の次数は定義しない.

[証明]（$q(x)$, $r(x)$ が存在すること）$\deg f(x) < \deg g(x)$ ならば，$q(x) = 0$, $r(x) = f(x)$ とおけばよい．$n := \deg f(x) \geq m := \deg g(x)$ のときは，n に関する帰納法で証明する.

a を $f(x)$ の最高次の係数，b を $g(x)$ の最高次の係数とする．もし $n = 0$ なら（$f(x)$ も $g(x)$ も定数となる），$f(x) - (a/b)g(x)$ は 0 である．よって，$q(x) = a/b$, $r(x) = 0$ とすればよい.

$n > 0$ とし，n より小さいときは正しいとする．$f(x) - (a/b)x^{n-m}g(x)$ の次数は，$f(x)$ の次数より小さい．よって帰納法の仮定より，$f(x) - (a/b)x^{n-m}g(x) = g(x)q'(x) + r(x)$ かつ $\deg r(x) < \deg g(x)$ となる $q'(x)$, $r(x)$ が存在する．そこで，$q(x) := q'(x) + (a/b)x^{n-m}$ とすればよい.

（$q(x)$, $r(x)$ の一意性）$g(x)q(x) + r(x) = g(x)a(x) + b(x)$ かつ $\deg b(x) < \deg g(x)$ ならば，$g(x)(q(x) - a(x)) = b(x) - r(x)$ となる．もし $q(x) - a(x) \neq 0$ なら，左辺の次数は m 以上となる．ところが，右辺の次数は m より小さいから矛盾である．よって，$q(x) - a(x) = 0$ である．したがって，$b(x) = r(x)$ となる．□

■ mod m での多項式

高校数学では，次の三つの定理をよく使った.

(1) 剰余の定理：　多項式 $f(x)$ に対して，$f(x)$ を $x - a$ で割った余りは $f(a)$ である.

(2) 因数定理：　$f(a) = 0$ なら，$f(x)$ は $x - a$ で割り切れる.

(3) 簡約の原理：　0 でない多項式 $f(x)$ に対して，$f(x)g(x) = 0$ となる多項式

$g(x)$ は，0 に限る．

これらの定理はみな，mod m での多項式でも同様のことが成り立つ．まずは，mod m での多項式とは何かを定義しよう．

定義 11.1 整数係数の多項式 $f(x)$, $g(x)$ および $m \in \mathbb{N}$ に対して，$f(x) - g(x)$ の係数がすべて m の倍数であるとき，$f(x) \equiv g(x) \mod m$ で表し，$f(x)$ **と** $g(x)$ **は** m **を法として合同**であるという．

● **例 11.2** $3x^2 - 2x + 1 \equiv 15x^2 + 6x - 3 \mod 4$, $8x^2 - 4x + 24 \equiv 0 \mod 4$ etc.（0 は，係数がすべて 0 の多項式である．） ●

「割り算の原理」は，少し条件を入れることで，mod m の世界でも成り立つ．すなわち，次式が成り立つ．

mod m での割り算の原理

$g(x)$ **の最高次の係数が** m **と互いに素ならば**, $f(x) \equiv g(x)q(x)+r(x) \mod m$ かつ $\deg r(x) < \deg g(x)$ となる多項式 $q(x)$, $r(x)$ が，mod m で一意的に定まる．

mod m の世界でも，$q(x)$ を**商**，$r(x)$ を**余り**とよぶ．

問題 11.11 前述の「割り算の原理」の証明を参考に，「mod m での割り算の原理」を証明せよ．

さらに，次の三つも証明できる．

(1)′ mod m での剰余の定理： 多項式 $f(x)$ に対して，$f(x)$ を $x - a$ で割った余りは $f(a) \mod m$ である．

(2)′ mod m での因数定理： $f(a) \equiv 0 \mod m$ なら，$f(x)$ は $x - a$ で割り切れる．

(3)′ mod m での簡約原理： $m \in \mathbb{N}$ とする．最高次の係数が m と互いに素な多項式 $f(x)$ に対して，$f(x)g(x) \equiv 0 \mod m$ となる多項式 $g(x)$ は，$g(x) \equiv 0 \mod m$ に限る．

問題 11.12 (1)′〜(3)′ をすべて証明せよ．

さて，次が証明できる．

定理 11.6　p を素数とすれば，mod p での n 次方程式 $f(x) \equiv 0 \mod p$ は高々 n 個の解をもつ．

この定理の証明に $(3)'$ は不要であり，必要なのは $(2)'$ と，整数における mod p での簡約原理（注意 11.4）である．

［証明］　n に関する帰納法で証明する．$n = 1$ のとき，$f(x) = ax + b$（$a \not\equiv 0 \mod p$）だから，解は $x \equiv -a^{-1}b$ ただ一つである．$n > 1$ に対して，$(n-1)$ 次方程式の解は高々 $(n-1)$ 個と仮定する．ここで，もし $f(x) \equiv 0 \mod p$ が解 $x \equiv \alpha$ をもてば，$f(\alpha) \equiv 0 \mod p$ だから，因数定理より，$f(x) = (x-\alpha)g(x)$ となる $(n-1)$ 次の多項式 $g(x)$ が存在する．

もし $f(x) \equiv 0 \mod p$ が $x \equiv \alpha$ しか解をもたないなら，解は 1 個ということでよい．そうでなければ，$f(x) \equiv 0 \mod p$ が $x \equiv \alpha$ 以外の解 $x \equiv \beta$ をもつことになるから，$(\beta - \alpha)g(\beta) \equiv 0 \mod p$ となり，$\beta \not\equiv \alpha \mod p$ より $g(\beta) \equiv 0 \mod p$（mod p での簡約原理）となる．すなわち，$x \equiv \beta$ は $g(x) \equiv 0$ の解である．ここで帰納法の仮定より，$g(x) \equiv 0$ の解は高々 $(n-1)$ 個だから，$f(x) \equiv 0$ の解は高々 n 個となる．もちろん，$f(x) \equiv 0$ の解がない場合は，解は 0 個ということで，依然高々 n 個といってよい．　□

定理をもう一つ紹介する．まず，二項定理「$(A+B)^n = A^n + {}_n\mathrm{C}_1\, A^{n-1}Ba + {}_n\mathrm{C}_2\, A^{n-2}B^2 + \cdots + {}_n\mathrm{C}_{n-1}\, AB^{n-1} + B^n$」を思い出そう．ただし，

$$ {}_n\mathrm{C}_i = \frac{n(n-1)\cdots(n-i+1)}{i!} = \frac{n!}{(n-i)!\,i!} $$

は n 個から i 個をとる組み合わせの個数である．特に，A, B **は多項式でもよい！** したがって，$i = 1, 2, \ldots, p-1$ に対して，${}_p\mathrm{C}_i = p!/((p-i)!\,i!) \equiv 0 \mod p$ が成り立つ（p が素数だから，分子の p は約分で消えない！）こと（補題 2.1）を思い出せば，次を得る．

定理 11.7　整数係数の多項式 $f(x), g(x)$ および任意の素数 p に対して，

$$ \bigl(f(x) \pm g(x)\bigr)^p \equiv f(x)^p \pm g(x)^p \mod p $$

が成り立つ．

▶**注意 11.14** p が奇数なら $(-g(x))^p = -g(x)^p$ だが，$p=2$ なら $(-g(x))^p = g(x)^p$ である．ところが，$-1 \equiv 1 \mod 2$ だから，二つの場合を分けなくても問題ない．

系 11.1 任意の素数 p と $a \in \mathbb{Z}$ に対して，x の多項式 $x^p - a$ は，$x^p - a \equiv (x-a)^p \mod p$ のように因数分解できる．

［証明］ 定理 11.7 より，$(x-a)^p \equiv x^p - a^p \mod p$ であり，フェルマーの小定理 $a^p \equiv a \mod p$ より，$(x-a)^p \equiv x^p - a \mod p$ となる． □

▶**注意 11.15** (1) x を整数と思ってしまえば，フェルマーの小定理より $x^p - a \equiv x - a \mod p$ であり，$(x-a)^p \equiv x - a \mod p$ だから，当たり前の式となる．

(2) 第 3 講において，mod p での二項定理 $(a+b)^p \equiv a^p + b^p \mod p$ を使ってフェルマーの小定理を証明したことも思い出しておこう．

問題 11.13 a は任意の整数，p は素数のとき，$x^p \equiv a \mod p$ を解け．

この講の練習問題として，次を解いておこう．

問題 11.14 (1) 次の方程式は解をもつか，ルジャンドル記号とガウスの平方剰余の定理を使って調べよ．

① $x^2 \equiv 33 \mod 241$　② $x^2 \equiv -33 \mod 241$　③ $x^2 \equiv -1121 \mod 241$
④ $x^2 \equiv 1293633 \mod 241$　⑤ $x^2 \equiv 38081 \mod 241$
⑥ $x^2 \equiv -38081 \mod 241$

(2) 次の方程式を解け．

① $3x^2 \equiv 15 \mod 33$　② $x^2 \equiv 36 \mod 385$　③ $x^2 \equiv 28 \mod 343$
④ $x^2 \equiv 30 \mod 343$　⑤ $x^{10} \equiv -1 \mod 35$　⑥ $x^{10} \equiv 2 \mod 7$
⑦ $x^4 - 5x^3 + 5x^2 + 5x - 6 \equiv 0 \mod 29$　⑧ $x^2 \equiv 17 \mod 32$
⑨ $x^4 \equiv 9 \mod 61$　⑩ $x^{10} \equiv 1 \mod 61$　⑪ $x^{10} \equiv -1 \mod 61$

第12講 その他の $x^2 \equiv a$

* * *

この講では，合同方程式 $x^2 \equiv a \mod p^e$（p は素数）について，まだ考察していないケースを解説する．

12.1 $x^2 \equiv a \mod 2^e$ で a が奇数の場合

mod 2 の世界は偶数か奇数だから，そこでの方程式は簡単である．ところが，mod 2^e（$e \in \mathbb{N}$）は意外に面倒である．少し考察してみよう！（ただし，考察は不要という方は，すぐに補題 12.1 へ飛ぼう．）

(1) $x^2 \equiv a \mod 2$ は常に「解あり」である．

(2) $x^2 \equiv a \mod 4$ が「解あり」なら，$0^2 = 0$, $(\pm 1)^2 = 1$, $(\pm 2)^2 \equiv 0$ より，$a \equiv 0, 1 \mod 4$

(3) $x^2 \equiv a \mod 8$ が「解あり」なら，$0^2 = 0$, $(\pm 1)^2 = 1$, $(\pm 2)^2 = 4$, $(\pm 3)^2 \equiv 1$, $(\pm 4)^2 \equiv 0$ より，$a \equiv 0, 1, 4 \mod 8$

(4) $x^2 \equiv a \mod 16$ が「解あり」なら，$0^2 = 0$, $(\pm 1)^2 = 1$, $(\pm 2)^2 = 4$, $(\pm 3)^2 \equiv 9$, $(\pm 4)^2 \equiv 0$, $(\pm 5)^2 \equiv 9$, $(\pm 6)^2 \equiv 4$, $(\pm 7)^2 \equiv 1$, $(\pm 8)^2 \equiv 0$ より，$a \equiv 0, 1, 4, 9 \mod 16$

まずは (1)〜(4) からわかる解法を定理としてまとめておく．

定理 12.1 (1) $x^2 \equiv a \mod 2$ は常に「解あり」で，$a \equiv 0 \mod 2$ なら解は $x \equiv 0$ であり，$a \equiv 1 \mod 2$ なら解は $x \equiv 1$ である．

(2) 「$x^2 \equiv a \mod 4$ が『解あり』$\Leftrightarrow a \equiv 0, 1 \mod 4$」が成り立つ．このとき，

$$a \equiv 0 \mod 4 \text{ なら解は } x \equiv 0, 2 \mod 4$$

$$a \equiv 1 \mod 4 \text{ なら解は } x \equiv \pm 1 \mod 4$$

となる $(-2 \equiv 2 \mod 4)$.

(3) 「$x^2 \equiv a \mod 8$ が『解あり』$\Leftrightarrow a \equiv 0, 1, 4 \mod 8$」が成り立つ. このとき,

$$a \equiv 0 \mod 8 \text{ なら解は } x \equiv 0 \mod 8$$

$$a \equiv 1 \mod 8 \text{ なら解は } x \equiv \pm 1, \pm 3 \mod 8$$

$$a \equiv 4 \mod 8 \text{ なら解は } x \equiv \pm 2, 4 \mod 8$$

となる.

(4) 「$x^2 \equiv a \mod 16$ が『解あり』$\Leftrightarrow a \equiv 0, 1, 4, 9 \mod 16$」が成り立つ. このとき,

$$a \equiv 0 \mod 16 \text{ なら解は } x \equiv 0, \pm 4, 8 \mod 16$$

$$a \equiv 1 \mod 16 \text{ なら解は } x \equiv \pm 1, \pm 7 \mod 16$$

$$a \equiv 4 \mod 16 \text{ なら解は } x \equiv \pm 2, \pm 6 \mod 16$$

$$a \equiv 9 \mod 16 \text{ なら解は } x \equiv \pm 3, \pm 5 \mod 16$$

となる $(-4 \equiv 4 \mod 8,\ -8 \equiv 8 \mod 16)$.

このあと, $x^2 \equiv a \mod 2^e$ (a は奇数) についての定理を紹介する前に, $a = 1$ の場合を各自で考えてみよう!

問題 12.1 $x^2 \equiv 1 \mod 2^e$ を解け.

■ $x^2 \equiv a \mod 2^e$ (a は奇数) の解法

一般に, 次が成り立つ.

補題 12.1 a を奇数とするとき,「$x^2 \equiv a \mod 2^e$ $(e > 2)$ が『解あり』$\Leftrightarrow a \equiv 1 \mod 8$」が成り立つ. さらに, 解は常に 4 個あり, x_0 を一つの解とすれば,

$$x \equiv \pm x_0, \pm(x_0 + 2^{e-1}) \mod 2^e$$

となる.

[証明]　($\Rightarrow$) a が奇数だから x も奇数である．奇数の2乗を8で割ると1余る（よくある練習問題なので証明せよ）．よって，$a \equiv 1 \mod 8$ である．

($\Leftarrow$) 定理12.1で $e = 3, 4$ の場合は証明済みだが，そのカラクリを確認しておくと，$e = 3$ なら，$x^2 \equiv a \equiv 1 \mod 8$ より，$x \equiv \pm 1, \pm 3 \mod 2^3$ が解である．よって $x^2 \equiv a \mod 2^4$ の解の可能性は，あれば $x \equiv \pm 1, \pm 3, \pm 9, \pm 11 \mod 2^4$ のどれかである．また，a は，$\mathrm{mod}\ 2^4 = 16$ では1か9のどちらかである．

もし $a \equiv 1 \mod 2^4$ なら $x \equiv \pm 1, \pm 9 \mod 2^4$ の4個が解であり，$a \equiv 9 \mod 2^4$ なら $x \equiv \pm 3, \pm 11 \mod 2^4$ の4個が解である．このように，2のべき e が一つ上がるごとに，x の候補が8個，a の可能性が2通り出るが，どちらであっても，常に4個が解になることを帰納法で証明する（特に「解あり」である）．

「$e > 3$ に対して，$x^2 \equiv a \mod 2^{e-1}$ ($a \equiv 1 \mod 8$) の解は4個あり，それらの一つを x_0 とすれば，$x \equiv \pm x_0, \pm(x_0 + 2^{e-2}) \mod 2^{e-1}$ となる」という主張が正しいと仮定する．このとき，$x^2 \equiv a \mod 2^e$ の解があれば，それらは

$$x \equiv \pm x_0, \pm(x_0 + 2^{e-2}), \pm(x_0 + 2^{e-1}), \pm(x_0 + 2^{e-2} + 2^{e-1}) \mod 2^e$$

の中にある．まず，$x_0^2 \equiv a \mod 2^{e-1}$ より，$x_0^2 - a = 2^{e-1}t$ ($t \in \mathbb{Z}$) と書ける．よって，もし $x \equiv \pm x_0$ が $x^2 \equiv a \mod 2^e$ の解なら，$x_0^2 - a$ は 2^e で割り切れるから，t は偶数である．同様に，$x \equiv \pm(x_0 + 2^{e-1})$ が $x^2 \equiv a \mod 2^e$ の解なら，$(x_0 + 2^{e-1})^2 - a = x_0^2 + 2^e x_0 + 2^{2e-2} - a$ は 2^e で割り切れるから ($e > 3$ より)，$x_0^2 - a$ は 2^e で割り切れる．よって，t は偶数である．逆にたどれば，t が偶数であることを仮定しても，$x \equiv \pm x_0$ および $x \equiv \pm(x_0 + 2^{e-1})$ が解であることがわかる．

次に，もし $x \equiv \pm(x_0 + 2^{e-2})$ が解なら，$(x_0 + 2^{e-2})^2 - a = x_0^2 + 2^{e-1}x_0 + 2^{2e-4} - a \equiv x_0^2 - a + 2^{e-1}x_0 \mod 2^e$ となるが，x_0 は奇数だから，$2^{e-1}x_0$ は 2^e で割り切れない．よって，$(x_0 + 2^{e-2})^2 - a$ が 2^e で割り切れるためには，$x_0^2 - a$ が 2^e で割り切れないことが必要である．したがって，$x \equiv \pm(x_0 + 2^{e-2})$ が解なら，t は奇数である．逆に t が奇数なら，$(x_0 + 2^{e-2})^2 - a \equiv x_0^2 + 2^{e-1}x_0 - a = 2^{e-1}t + 2^{e-1}x_0 = 2^{e-1}(t + x_0) \equiv 0 \mod 2^e$ となるから，$x \equiv \pm(x_0 + 2^{e-2})$ は解である．

同様に，もし $x \equiv \pm(x_0 + 2^{e-2} + 2^{e-1})$ が解なら，$(x_0 + 2^{e-2} + 2^{e-1})^2 = x_0^2 + 2^{2e-4} + 2^{2e-2} + 2^{e-1}x_0 + 2^e x_0 + 2^{2e-2} \equiv x_0^2 + 2^{e-1}x_0 \mod 2^e$ となり，$x_0^2 - a$ は 2^e で割り切れない．よって，$x \equiv \pm(x_0 + 2^{e-2} + 2^{e-1})$ が解であるためには，t が奇数であることが必要である．逆に t が奇数なら，$(x_0 + 2^{e-2} + 2^{e-1})^2 - a \equiv x_0^2 + 2^{e-1}x_0 - a = 2^{e-1}(t + x_0) \equiv 0 \mod 2^e$ となるから，$x \equiv \pm(x_0 + 2^{e-1} + 2^e)$

は解である．ゆえに，主張が証明された． □

▶**注意 12.1** 補題 12.1 から，$x^2 \equiv a \mod 2^e$ を解く際，一つでも解がわかれば，それを x_0 とすることで，すぐに「解は $x \equiv \pm x_0, \pm(x_0 + 2^{e-1}) \mod 2^e$」と答えればよいわけである．問題は，すぐには一つ目の解が見つからない場合である．補題 12.1 の証明を見れば，その見つけ方が得られるが，いちいち証明を思い出すのは面倒なので，次にその手法を述べておく．

$x^2 \equiv a \mod 2^e$ の解の見つけ方

$x^2 \equiv a \mod 2^{e-1}$ の解を見つける．もし見つかれば，それを y_0 とする．このとき，y_0 または $y_0 + 2^{e-2}$ のどちらかが，$x^2 \equiv a \mod 2^e$ の解となる！

もし $x^2 \equiv a \mod 2^{e-1}$ の解も見つからない場合は，$x^2 \equiv a \mod 2^{e-2}$ の解を見つけてから，上の手法を繰り返す．

○**例題 12.1** 次を解け．

(1) $x^2 \equiv 41 \mod 2^7$　　(2) $x^2 \equiv 57 \mod 2^7$ ○

［解］ (1) $41 + 64 = 105,\ 105 + 64 = 169 = 13^2$ だから，$x = 13$ は $x^2 \equiv 41 \mod 2^6 = 64$ の解である．さらに，$169 - 128 = 41$ だから，$x = 13$ は $x^2 \equiv 41 \mod 2^7 = 128$ の解でもある．よって，$13 + 64 = 77 \equiv -51 \mod 128$ も解である．ゆえに解は，$x \equiv \pm 13, \pm 51 \mod 128$ である．

(2) $57 + 64 = 121$ だから，$x = 11$ は $x^2 \equiv 57 \mod 64$ の解である．さらに，$121 \not\equiv 57 \mod 128$ だから，$x = 11$ は $x^2 \equiv 57 \mod 128$ の解ではない．よって注意 12.1 より，$11 + 32 = 43$ が解である．したがって，$43 + 64 = 107 \equiv -21 \mod 128$ も解である．ゆえに解は，$x \equiv \pm 21, \pm 43 \mod 128$ である．

問題 12.2 次を解け．

(1) $x^2 \equiv 1 \mod 2^7$　　(2) $x^2 \equiv 17 \mod 2^7$　　(3) $x^2 \equiv 5 \mod 2^7$

12.2　$x^2 \equiv p^f \mod p^e$（$f \leq e$）の場合

■ $f = e$ すなわち $x^2 \equiv 0 \mod p^e$ の場合

$x^2 \equiv p^e \equiv 0 \mod p^e$ の場合は，p が奇素数の場合に限らず，$p = 2$ の場合でも同様に論じることができる．まずは次の問題を解いてみよう．

問題 12.3　次を解け．

(1) $x^2 \equiv 0 \mod 2^{10}$　　(2) $x^2 \equiv 0 \mod 2^{11}$

上の問題は，$p = 2$ に限らず，次のように一般化できる．

定理 12.2　p を素数とすれば，$x^2 \equiv 0 \mod p^e$ の解は，以下のようになる．

(1) e が偶数なら，$t := e/2$ とおくとき，

$$x \equiv 0, p^t, p^t \cdot 2, p^t \cdot 3, \ldots, p^t \cdot (p^t - 1) \mod p^e$$

の p^t 個である．

(2) e が奇数なら，$t := (e+1)/2$ とおくとき，

$$x \equiv 0, p^t, p^t \cdot 2, p^t \cdot 3, \ldots, p^t \cdot (p^{t-1} - 1) \mod p^e$$

の p^{t-1} 個である．

［証明］　(1) の解が異なる解であることは，e が偶数なら明らか．

(2) のように e が奇数でも，$t = (e+1)/2$ だから，$(p^t)^2 = p^{e+1} \equiv 0 \mod p^e$ より，主張の p^{t-1} 個はすべて解である．また，$p^e - p^t \cdot (p^{t-1} - 1) = p^e - p^e + p^t = p^t > 0$ より，主張の p^{t-1} 個はすべて異なる．

あとは，ほかに解がないことをいえばよい．e が偶数なら，$x^2 = p^e s$（$s \in \mathbb{N}$）と書けることから，x は $p^{e/2}$ の倍数となるからよい．e が奇数なら，$x^2 = p^e s$ の s は p の倍数だから，x は $p^{(e+1)/2} = p^t$ の倍数となる．さらに，$p^t \cdot p^{t-1} = p^e \equiv 0 \mod p^e$ だから，ほかにもう解はない．□

$x^2 \equiv p^f \mod p^e$ ($f < e$) の解法

それでは，$x^2 \equiv p^f \mod p^e$ の $f < e$ の場合を考察しよう．まずは次の例題を解いてみよう．

例題 12.2　次を解け．

(1) $x^2 \equiv 2^3 \mod 2^5$　(2) $x^2 \equiv 2^4 \mod 2^5$　(3) $x^2 \equiv 2^4 \mod 2^7$
(4) $x^2 \equiv 5^2 \mod 5^4$

[解]　(1) を等式で書けば，$x^2 = 2^3 + 2^5 t = 2^3(1 + 2^2 t)$ ($t \in \mathbb{Z}$) だから，「解なし」である．

(2) を等式で書けば，$x^2 = 2^4 + 2^5 t = 2^4(1 + 2t)$ だから，x は $2^2 \cdot$ (奇数) となる．逆に，任意の奇数 m に対して $(2^2 m)^2 = 2^4 m^2$ となるが，m^2 も奇数だから，$m^2 = 2s + 1$ ($s \in \mathbb{Z}$) と書ける．よって，$(2^2 m)^2 = 2^4 m^2 = 2^4(2s+1) = 2^5 s + 2^4 \equiv 2^4 \mod 5$ となる．すなわち，任意の奇数 m に対して，$x \equiv 2^2 m$ は解である．そのうち，mod 2^5 で異なるものは，$m = 1, 3, 5, 7$ だけである．よって解は，$x \equiv 4, 12, 20, 28 \mod 32$ の 4 個である．

[別解 1]　書き方を少し変える程度だが，上と同様，$x^2 = 2^4(1 + 2t)$ だから，$1 + 2t = k^2$ となる k が存在し，$x = 2^2 k$ と書ける．ここで，$1 + 2t = k^2$ より k は奇数だから，$k = 1 + 2u$ ($u \in \mathbb{Z}$) と書ける．よって，$x = 2^2 + 2^3 u$ となる．このとき，mod 2^5 で $2^3 u$ が異なるのは，$u = 0, 1, 2, 3 = 2^2 - 1$ だけである．よって解は，$x \equiv 2^2, 2^2 + 2^3, 2^2 + 2^3 \cdot 2, 2^2 + 2^3 \cdot 3 = 4, 12, 20, 28 \mod 32$ の 4 個となる．

[別解 2]　$x^2 \equiv 2^4 \equiv 0 \mod 2^4$ であり，この解は定理 12.2 より，$x \equiv 0, 2^2, 2^2 \cdot 2, 2^2 \cdot 3 = 0, 4, 8, 12 \mod 2^4$ の四つである．よって mod 2^5 での解の候補は，$x \equiv 0, 4, 8, 12, 2^4, 4 + 2^4, 8 + 2^4, 12 + 2^4 = 0, 4, 8, 12, 16, 20, 24, 28 \mod 32$ の八つである．これらを 2 乗して 16 と合同になる数は，$x = 4, 12, 20, 28$ の 4 個である（この方法は 2 乗して調べる部分があるので，一般公式を作るときには役立たないだろう）．

(3) を等式で書けば，$x^2 = 2^4 + 2^7 t = 2^4(1 + 2^3 t)$ となる．よって $1 + 2^3 t = k^2$ となる k が存在し，$x = 2^2 k$ と書ける．ここで，$k^2 - 1 = (k+1)(k-1) = 2^3 t$ であり，k は奇数だから，$k+1$ も $k-1$ も偶数である．よって，$k+1$ が 2^2 の倍数か，あるいは $k-1$ が 2^2 の倍数である（両方でもよい）．前者の場合，$k = -1 - 2^2 u$

と書けるから $x = -2^2 - 2^4 u$ となる．このとき，mod 2^7 で $2^4 u$ が異なるのは，$u = 0, 1, 2, 3, 4, 5, 6, 7 = 2^3 - 1$ だけである．後者の場合，$k = 1 + 2^2 u$ と書けるから $x = 2^2 + 2^4 u$ となる．このとき，mod 2^7 で $2^4 u$ が異なるのは，上と同じく $u = 0, 1, 2, 3, 4, 5, 6, 7$ だけである．ゆえに解は，

$$\begin{aligned} x &\equiv \pm 2^2, \pm(2^2 + 2^4), \pm(2^2 + 2 \cdot 2^4), \pm(2^2 + 3 \cdot 2^4), \pm(2^2 + 4 \cdot 2^4), \\ &\quad \pm(2^2 + 5 \cdot 2^4), \pm(2^2 + 6 \cdot 2^4), \pm(2^2 + 7 \cdot 2^4) \\ &= \pm 4, \pm 20, \pm 36, \pm 52, \pm 68, \pm 84, \pm 100, \pm 116 \mod 128 \end{aligned}$$

の 16 個である．これらはすべて異なる．実際，もし $2^2 + 2^4 u \equiv -2^2 - 2^4 v \mod 2^7$ なら $2^4(u+v) \equiv -2^2 - 2^2 = -2^3$ となるから，$2^4(u+v) = -2^3 + 2^7 s$ となる．よって，$2(u+v) = -1 + 2^4 s$ となり矛盾．したがって，上記 16 個はすべて異なる．

(4) を等式で書けば，$x^2 = 5^2 + 5^4 t = 5^2(1 + 5^2 t)$ となる．よって $1 + 5^2 t = k^2$ となる k が存在し，$x = 5k$ と書ける．ここで，$k^2 - 1 = (k+1)(k-1) = 5^2 t$ であり，$\gcd(k-1, k+1) = 1$ または 2 だから，$k+1$ が 5^2 の倍数かあるいは $k-1$ が 5^2 の倍数である．前者の場合，$k = -1 - 5^2 u$ と書けるから $x = -5 - 5^3 u$ となる．このとき，mod 5^4 で $5^3 u$ が異なるのは，$u = 0, 1, 2, 3, 4$ だけである．後者の場合，$k = 1 + 5^2 u$ と書けるから $x = 5 + 5^3 u$ となる．このとき，mod 5^4 で $5^3 u$ が異なるのは，上と同じく $u = 0, 1, 2, 3, 4$ だけである．ゆえに解は，

$$\begin{aligned} x &\equiv \pm 5, \pm(5 + 5^3), \pm(5 + 2 \cdot 5^3), \pm(5 + 3 \cdot 5^3), \pm(5 + 4 \cdot 5^3) \\ &= \pm 5, \pm 130, \pm 255, \pm 380, \pm 505 \mod 625 \end{aligned}$$

の 10 個である．これらはすべて異なる．実際，もし $5 + 5^3 u \equiv -5 - 5^3 v \mod 5^4$ なら $5^3(u+v) \equiv -5 - 5 = -10$ となるから，$5^3(u+v) = -10 + 5^4 s$ となる．よって，$5^2(u+v) = -2 + 5^3 s$ となり矛盾．したがって，上記 10 個はすべて異なる．

上の例題の解答を参考にすれば，容易に次の定理に行き着く．

定理 12.3　p を素数とする．$x^2 \equiv p^f \mod p^e$ $(1 \le f < e)$ の解は，f が奇数なら「解なし」である．

f が偶数の場合の解は，$t := f/2$ とおくとき以下のようになる．

(1) $p \neq 2$ のときは，$x \equiv \pm p^t, \pm(p^t + p^{e-t}), \pm(p^t + 2p^{e-t}), \ldots, \pm\{p^t + (p^t - 1)p^{e-t}\} \mod p^e$ の $2p^t$ 個である．

(2) $p = 2$ のときは，

(a) $e = f + 1$ なら，$x \equiv 2^t, 2^t + 2^{t+1}, 2^t + 2 \cdot 2^{t+1}, \ldots, 2^t + (2^t - 1)2^{t+1} \mod 2^e$ の 2^t 個である．

(b) $e = f + 2$ なら，$x \equiv 2^t, 2^t + 2^{t+1}, 2^t + 2 \cdot 2^{t+1}, \ldots, 2^t + (2^{t+1} - 1)2^{t+1} \mod 2^e$ の 2^{t+1} 個である．

(c) $e > f + 2$ なら，$x \equiv \pm 2^t, \pm(2^t + 2^{e-t-1}), \pm(2^t + 2 \cdot 2^{e-t-1}), \ldots, \pm\{2^t + (2^{t+1} - 1)2^{e-t-1}\} \mod 2^e$ の 2^{t+2} 個である．

［証明］ $x^2 \equiv p^f \mod p^e$ を等式で書けば $x^2 = p^f + p^e s = p^f(1 + p^{e-f}s)$ $(s \in \mathbb{Z})$ となる．ここで $1 + p^{e-f}s$ は p で割り切れないから，f は偶数でなければならない．よって，f が奇数なら「解なし」である．そこで f が偶数の場合を考えれば，$t = f/2$ に対して $p^t \mid x$ だから，$x = p^t k$ と書ける．さらに，$x^2 = p^f(1 + p^{e-f}s) = p^f k^2$ から $1 + p^{e-f}s = k^2$ となる．よって $(k-1)(k+1) = p^{e-f}s$ であり，$\gcd(k-1, k+1) = 1$ または 2 である．

(1) $p \neq 2$ なら $p^{e-f} \mid k-1$ または $p^{e-f} \mid k+1$ である．すなわち，$k = 1 + up^{e-f}$ または $k = -1 - up^{e-f}$ となる．したがって，$x = p^t + up^{e-t}$ または $x = -p^t - up^{e-t}$ となる．前者も後者も，$\mod p^e$ で up^{e-t} が異なるのは，$u = 0, 1, \ldots, p^t - 1$ のときだから主張の解を得る．さらに，もし $p^t + up^{e-t} \equiv -p^t - vp^{e-t} \mod p^e$ なら $p^{e-t}(u+v) \equiv -p^t - p^t = -2p^t$ となるから，$p^{e-t}(u+v) = -2p^t + p^e s$ $(s \in \mathbb{Z})$ となる．よって，$p^{e-f}(u+v) = -2 + p^{e-t}s$ となり矛盾．ゆえに主張の解は，$\mod p^e$ ですべて異なる．

(2) $p = 2$ なら k は奇数である．よって $\gcd(k-1, k+1) = 2$ だから，$2^{e-f-1} \mid k-1$ または $2^{e-f-1} \mid k+1$ となるが，$e - f = 1$ の場合は，何も制約がなく，k が奇数であればよい．すなわち，$k = 1 + 2u$ となり，$x = 2^t + 2^{t+1}u$ となる．ここで，$\mod 2^e$ で $2^{t+1}u$ が異なるのは $u = 0, 1, \ldots, 2^t - 1$ のときだから（$u = 2^t$ のとき，$2^{t+1}u = 2^{2t+1} = 2^{f+1} = 2^e$ だから），主張 (a) の解を得る．

そして $e - f \neq 1$ の場合は前と同様，$x = \pm(2^t + u2^{e-t-1})$ となる．ただし，$u = 0, 1, \ldots, 2^{t+1} - 1$ となるが，もし $2^t + 2^{e-t-1}u \equiv -2^t - 2^{e-t-1}v \mod 2^e$ なら $2^{e-t-1}(u+v) \equiv -2^t - 2^t = -2^{t+1}$ となるから，

$$2^{e-t-1}(u+v) = -2^{t+1} + 2^e s \quad (s \in \mathbb{Z}) \tag{12.1}$$

となる．ここで，$e-t-1 > t+1$，すなわち，$e > f+2$ のときは，式 (12.1) の両辺を 2^{t+1} で割れば，$2^{e-2}(u+v) = -1 + 2^{e-t-1}s$ となり矛盾．ゆえに主張 (c) の解は，$\bmod\ 2^e$ ですべて異なる．

最後に，$e-t-1 = t+1$，すなわち $e = f+2$ のときは，$v = 2^{t+1} - 1 - u$ とおけば，$0 \leq v \leq 2^{t+1} - 1$ である．さらに，

$$\begin{aligned}(2^t + u2^{t+1}) + (2^t + v2^{t+1}) &= (2^t + u2^{t+1}) + \{2^t + (2^{t+1} - 1 - u)2^{t+1}\} \\ &= 2^t + 2^t + 2^e - 2^{t+1} \equiv 0 \mod 2^e\end{aligned}$$

だから，

$$2^t + v2^{t+1} \equiv -(2^t + u2^{t+1}) \mod 2^e$$

となる．ゆえに，主張 (b) のように ± が不要となる．　□

問題 12.4　次を解け．

(1) $x^2 \equiv 2^4 \mod 2^6$　　(2) $x^2 \equiv 5^2 \mod 5^3$

12.3　$x^2 \equiv a \mod 2^e$ で a が偶数の場合

$x^2 \equiv a \mod 2^e$ に関しては，a が奇数の場合は補題 12.1 で考察済みだが，a が偶数なら次のようになる．

定理 12.4　$e > 2$，a は偶数，$0 < a < 2^e$ とする．このとき，

$$x^2 \equiv a \mod 2^e \text{ が「解あり」}$$
$$\Leftrightarrow \quad a = 4^t b \text{ かつ } e - 2t \geq 3 \text{ で } b \equiv 1 \mod 8 \ (t \geq 1)$$

が成り立つ．具体的な解の記述は，$b = 1$ の場合については定理 12.3 (2) で述べたので，$b \neq 1$ とする．このとき，$y^2 \equiv b \mod 2^e$ の一つの解を y_0 とすれば，

$$x \equiv \pm(2^t y_0 + u2^{e-t-1}) \mod 2^e$$

となる．ただし，解 x は $u = 0, 1, \ldots, 2^{t+1} - 1$ に対応する 2^{t+2} 個である．

［証明］　(⇒) $x^2 = a - k2^e$ ($k \in \mathbb{Z}$) より，aが2を素因数にもつなら，偶数個必要である．よって$a = 4^t b$と書け，bは奇数である．ここで，$0 < a < 2^e$より，$e > 2t$である．さらに，$x^2 = 4^t b - k2^e = 4^t(b - k2^{e-2t})$かつ$\gcd(4^t, b - k2^{e-2t}) = 1$だから，$b - k2^{e-2t} = y^2$となる$y \in \mathbb{Z}$が存在する．すなわち，$y^2 \equiv b \bmod 2^{e-2t}$が解をもつ．ここで，$y$も奇数であり，奇数の2乗は8で割ると1余るから，$e - 2t \geq 3$なら$b \equiv 1 \bmod 8$でなければならない．さらに，$e - 2t = 2$なら$b \equiv 1 \bmod 4$となるが，$b \neq 1$より，$4^t b \geq 4^t \cdot 5 > 2^{2t+2}$だから仮定に反する．同様に，$e - 2t = 1$なら$b$は奇数だが，$b \neq 1$より，$4^t b \geq 4^t \cdot 3 > 2^{2t+1}$だから仮定に反する．

(⇐) $x^2 \equiv 4^t \bmod 2^e$に対しては，$x = 2^t$となる解が存在し，$x^2 \equiv b \bmod 2^e$ ($b \equiv 1 \bmod 8$) に対しても，$e > 2$だから，補題12.1より解が存在するからよい．あとは具体的な解の記述である．

まず，$x^2 \equiv 4^t \bmod 2^e$の解は，定理12.3より$x \equiv \pm(2^t + u2^{e-t-1}) \bmod 2^e$，ただし，$u = 0, 1, \ldots, 2^{t+1} - 1$に対応する$2^{t+2}$個である．次に，$x^2 \equiv b \bmod 2^e$の解は，補題12.1より，$y_0$を$x^2 \equiv b \bmod 2^{e-1}$の解とすれば，$x \equiv \pm y_0, y_0 + 2^{e-1} \bmod 2^e$である．したがって，$x^2 \equiv 4^t b \bmod 2^e$の解は，$\pm(2^t y_0 + uy_0 2^{e-t-1})$および$\pm(2^t y_0 + uy_0 2^{e-t-1} + 2^{e+t-1} + u2^{2e-t-2}) \equiv \pm(2^t y_0 + uy_0 2^{e-t-1}) \bmod 2^e$である．ここで，$y_0$は奇数だから，$\gcd(y_0, 2^e) = 1$より

$$M := \{u2^{e-t-1} \mid u = 0, 1, \ldots, 2^{t+1} - 1\}$$

に補題5.2を適用すれば，$y_0 M \equiv M \bmod 2^e$が成り立つ．つまり，$x^2 \equiv 4^t b \bmod 2^e$の解は$\pm(2^t y_0 + M)$である．ここでもし，$2^t y_0 + uy_0 2^{e-t-1} \equiv -2^t y_0 - vy_0 2^{e-t-1} \bmod 2^e$ならば$2^{t+1} y_0 + y_0 2^{e-t-1}(u + v) \equiv 0 \bmod 2^e$となる．そこで，仮定$e - 2t \geq 3$より両辺を$2^{t+1}$で割れば，$y_0 + y_0 2^{e-2t-2}(u + v) \equiv 0 \bmod 2^{e-t-1}$となり矛盾である．ゆえに，解の個数は$2^{t+2}$個である．　□

問題 12.5　次を解け．

(1) $x^2 \equiv 18 \bmod 2^7$　　(2) $x^2 \equiv 272 \bmod 2^7$　　(3) $x^2 \equiv 272 \bmod 2^{10}$

12.4　$x^2 \equiv a \bmod p^e$（pは奇素数）で$a \equiv 0 \bmod p$の場合

pが奇素数の場合の$x^2 \equiv a \bmod p^e$は11.5節で考察したが，そこでは$a \not\equiv 0 \bmod p$を仮定していた．この仮定を外すと次のようになる．

定理 12.5　p を奇素数とし，$e \geq 1$, $a \equiv 0 \bmod p$, $0 < a < p^e$ とする．このとき，

$$x^2 \equiv a \bmod p^e \text{ が「解あり」}$$
$$\Leftrightarrow \quad a = p^{2t}b, \gcd(p, b) = 1 \text{ かつ } \left(\frac{b}{p}\right) = 1 \ (t \geq 1)$$

が成り立つ．具体的な解の記述は，$b = 1$ の場合については定理 12.3 (1) で述べたので，$b \neq 1$ とする．このとき，$y^2 \equiv b \bmod p^e$ の一つの解を y_0 とすれば，

$$x \equiv \pm(p^t y_0 + up^{e-t}) \bmod p^e$$

となる．ただし，解 x は $u = 0, 1, \ldots, p^t - 1$ に対応する $2p^t$ 個である．

[証明]　(⇒) $x^2 = a - kp^e$ より，a が p を素因数にもつなら，それは偶数個必要である．よって $a = p^{2t}b$ と書け，b は p の倍数ではない．ただし，仮定より $e > 2t$ である．さらに，$x^2 = p^{2t}b - kp^e = p^{2t}(b - kp^{e-2t})$ かつ $\gcd(p^{2t}, b - kp^{e-2t}) = 1$ だから，$b - kp^{e-2t} = y^2$ となる $y \in \mathbb{Z}$ が存在する．すなわち，$y^2 \equiv b \bmod p^{e-2t}$ は解をもつ．よって，$\left(\frac{b}{p}\right) = 1$ である．

(⇐) $x^2 \equiv b \bmod p^e$ に対して，$\left(\frac{b}{p}\right) = 1$ から（定理 11.5 より）解が存在するので，それを y_0 とすれば，$x = p^t y_0$ は $x^2 \equiv p^{2t}b \bmod p^e$ の解となる．あとは具体的な解の記述である．

まず，$x^2 \equiv p^{2t} \bmod p^e$ の解は，定理 12.3 より，$x \equiv \pm(p^t + up^{e-t}) \bmod p^e$，ただし，$u = 0, 1, \ldots, p^t - 1$ に対応する $2p^t$ 個である．さらに，$x^2 \equiv b \bmod p^e$ の解は，$x \equiv \pm y_0 \bmod p^e$ である．したがって，$x^2 \equiv p^{2t}b \bmod p^e$ の解は $\pm(p^t y_0 + uy_0 p^{e-t})$ である．ここで $\gcd(y_0, p^e) = 1$ より，$M := \{up^{e-t} \mid u = 0, 1, \ldots, p^t - 1\}$ に補題 5.2 を適用すれば，$y_0 M \equiv M \bmod p^e$ が成り立つ．つまり，$x^2 \equiv p^{2t}b \bmod p^e$ の解は $\pm(p^t y_0 + M)$ である．ここでもし，$p^t y_0 + uy_0 p^{e-t} \equiv -p^t y_0 - vy_0 p^{e-t} \bmod p^e$ ならば，$2p^t y_0 + y_0 p^{e-t}(u + v) \equiv 0 \bmod p^e$ となる．両辺を p^t で割れば，$2y_0 + y_0 p^{e-2t}(u + v) \equiv 0 \bmod p^{e-t}$ となり矛盾である．ゆえに，解の個数は $2p^t$ 個である．　□

問題 12.6 次を解け.

(1) $x^2 \equiv 45 \mod 81$ (2) $x^2 \equiv 425 \mod 625$ (3) $x^2 \equiv 225 \mod 625$

問題 12.7 $x^2 \equiv 6137 \mod 6859$ の解は何個か？

第13講 位　数

＊　＊　＊

「a と m が互いに素のとき，$a^{\varphi(m)} \equiv 1 \mod m$」がオイラーの定理であった．ただ，$\varphi(m)$ より小さい自然数 r で $a^r \equiv 1 \mod m$ となることもある．この講ではこのような r について学習する．

13.1 位数の定義とその性質

$a \in \mathbb{Z}$ を $a^2, a^3, \ldots$ のように順次べき乗していくとき，**初めて** $a^r \equiv 1 \mod m$ となる r を，mod m での（積に関する）a の**位数**（order）とよぶ．

▶**注意 13.1**　これまでの考察から，a の位数が存在するなら，自動的に a と m は互いに素である（したがって a^{-1} も存在する）ことがわかるだろう．

以前にも注意したが，オイラーの定理を使うと，$5^{12} \equiv 1 \mod 21$ となる．だが，5 を 12 乗すると**初めて** $1 \mod 21$ **になるとまではいっていない**．したがって，5 の mod 21 での位数が 12 かどうかは，この時点ではわからない．実は，$5^2 = 25 \equiv 4 \mod 21$, $5^3 \equiv 20 \equiv -1 \mod 21$, $5^4 \equiv -5 \mod 21$, $5^5 \equiv -25 \equiv -4 \mod 21$, $5^6 \equiv -20 \equiv 1 \mod 21$ となるので，位数は 6 である．

ここで，位数の 6 は 12 の約数になっていることに注目しよう！　これは偶然か？偶然ではないことを下の定理 13.1 で証明するが，その前に各自，次を解いておこう．

問題 13.1　次を求めよ．

(1) mod 7 での 2 の位数　(2) mod 7 での 3 の位数　(3) mod 9 での 5 の位数
(4) mod 13 での 10 の位数 (5) mod 17 での 10 の位数

定理 13.1　$a^n \equiv 1 \mod m$ ならば，mod m での a の位数は存在し，位数 r は n の約数である．逆に，n が a の位数 r の倍数ならば，$a^n \equiv 1 \mod m$ である．

[証明] $a^n \equiv 1 \mod m$ ならば，もちろん位数 r は存在する（位数は n か，または n より小さい自然数となる）．ここで，n を r で割った余り k を利用する．すなわち，$n = rq + k$ $(q, k \in \mathbb{Z})$ とし，$0 \leq k < r$ とする．示したいことは，$k = 0$ である．

もし $k \neq 0$ ならば，$a^n \equiv 1 \mod m$ および $a^r \equiv 1 \mod m$ から，$1 \equiv a^n = a^{rq+k} = a^{rq}a^k = (a^r)^q a^k \equiv a^k \mod m$ となり，結局 $a^k \equiv 1 \mod m$ となる．ところが，これは r が位数であることに反する（r 乗で初めて 1 にならなければならない！）．ゆえに $k = 0$，すなわち，r は n の約数である．

逆は，指数法則より明らかである． □

▶**注意 13.2** a と m が互いに素ならば，オイラーの定理より $a^{\varphi(m)} \equiv 1 \mod m$ だから，この定理 13.1 より，a の $\mathrm{mod}\ m$ での位数は存在する．したがって，「$\mathrm{mod}\ m$ での a の位数が存在する $\Leftrightarrow \gcd(a, m) = 1$」が成り立つ．

問題 13.2 $r \in \mathbb{N}$ が $a^r \equiv 1 \mod m$ を満たし，さらに $a^s \equiv 1 \mod m$ となる任意の $s \in \mathbb{N}$ に対して $r \mid s$ を満たすならば，r は a の $\mathrm{mod}\ m$ での位数であることを示せ．

位数に関して次の有用な性質を証明しておこう．

命題 13.1 $\mathrm{mod}\ m$ での a の位数を r とするとき，$a^i \equiv a^j \mod m \Leftrightarrow i \equiv j \mod r$ が成り立つ．特に，$a, a^2, \ldots, a^r$ $(\equiv 1)$ の r 個の整数はすべて，$\mathrm{mod}\ m$ で異なる．

[証明] まず，$a^i \equiv a^j \mod m \Leftrightarrow a^{i-j} \equiv 1 \mod m$ はよい（a^{-1} が存在しているので）．さらにこれは，定理 13.1 より，$r \mid i - j$ と同値である．よって，$i \equiv j \mod r$ と同値となる．特に，$1 \leq i, j \leq r$ ならば，$|i - j| < r$ および $r \mid i - j$ から，$i = j$ である．よって最後の主張も正しい． □

▶**注意 13.3** 命題 13.1 より，$a, a^2, \ldots, a^r$ $(\equiv 1)$ の r 個の整数はすべて，$\mathrm{mod}\ m$ で異なる．さらに，これら整数はすべて $\mathrm{mod}\ m$ で位数をもつから，m と互いに素である．したがって，1 から $m - 1$ までで，m と互いに素なもの（それらは $\varphi(m)$ 個ある）のうちの r 個の整数と，$\mathrm{mod}\ m$ で合同である．

特に，**もし a の $\mathrm{mod}\ p$ での位数が $p - 1$ ならば，**

$$\{a, a^2, \ldots, a^{p-1}\} \equiv \{1, 2, \ldots, p - 1\} \mod p$$

が成り立つ．

問題 13.3 次を求めよ.

(1) mod 17 での 2 の位数　　(2) mod 17 での 2^{12} の位数

次の命題が示すように，a の位数がわかれば a^k の位数もわかる.

命題 13.2 mod m での a の位数が r のとき，a^k の位数は $r/\gcd(r,k)$ である.

[証明] $d = \gcd(r,k)$ とすれば，$r = dr'$ および $k = dk'$ となる $r', k' \in \mathbb{N}$ がある．さらに，d は gcd だから，r' と k' は互いに素である．したがってこの命題の主張は，「r' が a^k の位数である」と同値である．まず，$(a^k)^{r'} = a^{kr'} = a^{dk'r'} = a^{rk'} = (a^r)^{k'} \equiv 1^{k'} \equiv 1 \mod m$ はよい．したがって，$(a^k)^s = a^{ks} \equiv 1 \mod m$ としたとき，s は r' の倍数であることを示せばよい．実際，r は a の位数だから，$r \mid ks$ である．よって $dr' \mid dk's$ から，$r' \mid k's$ となる．ここで，r' と k' は互いに素であったから，$r' \mid s$ を得る．　□

問題 13.4 一般に，mod m での a の位数と $-a$ の位数は等しいといえるか？

問題 13.5 p を奇素数とする．このとき，$p \mid 2^{2^n} + 1 \Rightarrow 2^{n+1} \mid p - 1$ を示せ.

▶ **注意 13.4** 「フェルマーは任意の $n \in \mathbb{N}$ に対して，フェルマー数 F_n は素数だろうと推測したが，オイラーが F_5 は素数でないことを注意した」という話を思い出そう．問題 13.5 を使うと，5 番目のフェルマー数 $F_5 = 2^{2^5} + 1 = 2^{32} + 1 = 4294967297$ が素数でないことがわかる．実際，もし素数 p が F_5 を割るなら，問題 13.5 より $2^6 = 64 \mid p - 1$ となるから，$p = 64k + 1$ となる素数でなければならない．$k = 1$ から順に調べていくと，$k = 10$ のとき，$p = 640 + 1 = 641$ が素数となり，F_5 を割ることがわかる.

問題 13.6 $2019^8 + 1$ の最小の奇素因数を求めよ．（2019 年 AIME の問題）

13.2 オイラーの定理の精密化

$m = p_1^{e_1} \cdot \cdots \cdot p_r^{e_r}$ を m の素因数分解とする．このとき，$\varphi(m) = \varphi(p_1^{e_1}) \cdot \cdots \cdot \varphi(p_r^{e_r})$ だから，m と互いに素である任意の a に対して，$a^{\varphi(p_1^{e_1}) \cdot \cdots \cdot \varphi(p_r^{e_r})} \equiv 1 \mod m$ が成り立つ（オイラーの定理）.

ここで，$\ell := \operatorname{lcm}\left(\varphi(p_1^{e_1}), \ldots, \varphi(p_r^{e_r})\right)$ とすれば，$\ell \mid \varphi(p_1^{e_1}) \cdot \cdots \cdot \varphi(p_r^{e_r})$ だから，$a^{\ell} \equiv 1 \mod m$ が成り立てばより嬉しい．実は，これが正しいことはすぐにわ

かる．

定理 13.2（オイラーの定理の精密化） m の素因数分解から ℓ を上のように定めたとき，m と互いに素である任意の $a \in \mathbb{Z}$ に対して，$a^{\ell} \equiv 1 \mod m$ が成り立つ．

［証明］ オイラーの定理より $\begin{cases} a^{\varphi(p_1^{e_1})} \equiv 1 \mod p_1^{e_1} \\ \vdots \\ a^{\varphi(p_r^{e_r})} \equiv 1 \mod p_r^{e_r} \end{cases}$ が成り立つ．よって，

$\begin{cases} a^{\ell} \equiv 1 \mod p_1^{e_1} \\ \vdots \\ a^{\ell} \equiv 1 \mod p_r^{e_r} \end{cases}$ が成り立つ．ここですべての i, j に対して，$\gcd(p_i^{e_i}, p_j^{e_j}) = 1$

だから，$m = p_1^{e_1} \cdot \cdots \cdot p_r^{e_r} \mid a^{\ell} - 1$ となる．すなわち，$a^{\ell} \equiv 1 \mod m$ を得る． □

● **例 13.1** $105 = 3 \cdot 5 \cdot 7$ だから，$\varphi(105) = 2 \cdot 4 \cdot 6 = 48$ である．よってオイラーの定理より，105 と互いに素である任意の $a \in \mathbb{Z}$ に対して $a^{48} \equiv 1 \mod 105$ である．ここで，$\mathrm{lcm}(2, 4, 6) = 12$ だから，オイラーの定理の精密化により，105 と互いに素である任意の $a \in \mathbb{Z}$ に対して $a^{12} \equiv 1 \mod 105$ が成り立つ． ●

問題 13.7 (1) $x^{12} \equiv 1 \mod 105$ の解は何個あるか？

(2) mod 105 で，位数が 12 であるものは，1 から 105 までの中に何個あるか？ それらをすべて求めよ．

第 14 講
原始根

＊ ＊ ＊

この講では，素数を法とするときの原始根について，その性質を調べる．

14.1 原始根

まず，オイラー関数 $\varphi(m) = \#\{1$ から m までの自然数で m と互いに素なもの$\}$ に関する重要な定理を証明する．

定理 14.1 任意の $n \in \mathbb{N}$ に対して，

$$n = \sum_{d|n} \varphi(d)$$

が成り立つ．

ここで，右辺の $\sum_{d|n} \varphi(d)$ は，n のすべての約数 d に対して $\varphi(d)$ を足すという意味である．

証明の前に，まず $n = 20$ のとき，本当に正しいか調べてみよう．20 の約数は，1, 2, 4, 5, 10, 20 である．そこで，

$$\varphi(1) + \varphi(2) + \varphi(4) + \varphi(5) + \varphi(10) + \varphi(20) = 1 + 1 + 2 + 4 + 4 + 8 = 20$$

となるから，確かにこの場合は正しい．この例を次のようにカウントすることで，一般の場合の証明を考えよう．

1 から 20 までの数で，

(1) 20 との gcd が 1 の数は 1, 3, 7, 9, 11, 13, 17, 19 で，その個数は $\varphi(20)$ 個である．

(2) 20 との gcd が 2 の数は 2, 6, 14, 18 で，その個数は $\varphi(20/2) = \varphi(10)$ 個である．

(3) 20 との gcd が 4 の数は 4, 8, 12, 16 で，その個数は $\varphi(20/4) = \varphi(5)$ 個である．

(4) 20 との gcd が 5 の数は 5, 15 で，その個数は $\varphi(20/5) = \varphi(4)$ 個である．

(5) 20 との gcd が 10 の数は 10 で，その個数は $\varphi(20/10) = \varphi(2)$ 個である．

(6) 20 との gcd が 20 の数は 20 で，その個数は $\varphi(20/20) = \varphi(1)$ 個である．

（20 の約数でない数，たとえば，20 との gcd が 3 の数は，0 個である．）

たとえば (2) をより詳しく説明すると，20 との gcd が 2 の数は，$2\cdot 1, 2\cdot 2, \ldots, 2\cdot 10$ の 10 個のうち，$2\cdot k$ の k が 2 と互いに素なものである．したがって，個数は $\varphi(10)$ となるのである．

この考察をただ一般化すれば，定理 14.1 が証明できる．ここで記号を確認しておく．$\bigsqcup$ は交わりのない和集合のことであり，$|A|$ は集合 A の要素（元）の個数のことである（注意 5.1）．

[定理 14.1 の証明]　まず，1 から n までの自然数の集合を N とする．また，n の約数 d に対して，$N_d = \{k \in N \mid \gcd(n, k) = d\}$ とすれば，$N = \bigsqcup_{d|n} N_d$ が成り立つ．実際，$\supset$ は明らか．一方，$\subset$ は，$k \in N$ と n との gcd はもちろん n の約数だからよい．さらに，gcd は一意的だから，共通部分がないことも明らか．

次に，$|N_d| = \varphi(n/d)$ を示す．

$$
\begin{aligned}
k \in N_d \quad &\Leftrightarrow \quad k \in N \text{ かつ } d \mid k \text{ かつ } d \mid n \text{ かつ「}\frac{k}{d} \text{ と } \frac{n}{d} \text{ は互いに素」} \\
&\Leftrightarrow \quad k \in N \text{ かつ } k = td \ (t \in \mathbb{N}) \text{ かつ } d \mid n \text{ かつ「} t \text{ と } \frac{n}{d} \text{ は互いに素」} \\
&\Leftrightarrow \quad k = td \text{ かつ } d \mid n \text{ かつ「} t \text{ と } \frac{n}{d} \text{ は互いに素」かつ } t \leq \frac{n}{d} \\
&\qquad (k = td \leq n \text{ より})
\end{aligned}
$$

となるから，$|N_d| = \varphi(n/d)$ である．

したがって，$n = |N| = \sum_{d|n} |N_d| = \sum_{d|n} \varphi(n/d)$ がいえた．ところで，n/d は n の約数であり，d が n の約数をすべて動くとき，n/d も n の約数をすべて動く．ゆえに，$\sum_{d|n} \varphi(n/d) = \sum_{d|n} \varphi(d)$ だから，$n = \sum_{d|n} \varphi(d)$ が成り立つ．　□

それでは原始根の定義を述べる．

定義 14.1　素数 p に対して，$a \in \mathbb{Z}$ の mod p での位数が $p-1$ のとき，a を mod p での**原始根**（primitive root）とよぶ（フェルマーの小定理より，「a が p の倍数でなければ $a^{p-1} \equiv 1 \mod p$」はすでにわかっているが，$p-1$ が位数とは限らない！）．特に $p=2$ なら，すべての奇数が mod 2 での原始根である．

● **例 14.1**　(1) $2^3 \equiv 1 \mod 7$ より，2 は mod 7 での原始根ではない．

(2) $3^2 \equiv 2 \mod 7$ および $3^3 \equiv 4 \mod 7$，$3^6 \equiv 1 \mod 7$ より，3 は mod 7 での原始根である（位数の候補として，$7-1=6$ の約数だけ調べればよい．すると，上記のとおり 2 も 3 も位数でないから，6 が位数となる）． ●

14.2 原始根の存在

上の考察により，原始根の存在を証明する準備が整った．原始根の存在は以下の証明ではっきりするが，大きな素数 p に対して，2 から $p-1$ までのどの自然数が原始根になるかは，いまだよくわかっていない．

定理 14.2　任意の素数 p に対して，mod p での原始根は $\varphi(p-1)$ 個存在する．

[証明]　まず，$p=2$ ならば 1 が原始根となるから，p は奇素数とし，1 から $p-1$ までの自然数の集合を N とする．mod p での位数は $p-1$ の約数だから，$p-1$ の約数 d に対して，$N_d = \{k \in N \mid k \text{ の位数が } d\}$ と定義すれば，$N = \bigsqcup_{d|p-1} N_d$ が成り立つ．

さらに，$|N_d| \leq \varphi(d)$ が成り立つ．実際，$N_d = \emptyset$ ならば，$|N_d| = 0$ だからよい．もし $a \in N_d$ ならば，$a, a^2, \ldots, a^{d-1}$ は，命題 13.1 よりすべて異なる．また，$(a^i)^d = (a^d)^i \equiv 1^i = 1 \mod p$ だから，$a, a^2, \ldots, a^{d-1}$ は，定理 11.6 より $x^d \equiv 1$ のすべての解となる．これらの中で位数が d となるものは，命題 13.2 より $d/\gcd(i,d) = d$ となるものだから，$\gcd(i,d) = 1$ となるものである．よって，これらは $\varphi(d)$ 個ある．すなわち，この場合は，$|N_d| = \varphi(d)$ が成り立つ．

ここで定理 14.1 より，$p-1 = \sum_{d|p-1} |N_d| \leq \sum_{d|p-1} \varphi(d) = p-1$ となるから，実は，すべての d に対して $|N_d| = \varphi(d)$ が成り立つことになる．特に，$|N_{p-1}| = \varphi(p-1)$ だから，主張が示された． □

○例題 14.1 mod 7での原始根をすべて求めよ. ○

[解] $2^3 \equiv 1 \mod 7$, $3^2 \not\equiv 1 \mod 7$, $3^3 \not\equiv 1 \mod 7$, $4^2 \not\equiv 1 \mod 7$, $4^3 \equiv 1 \mod 7$, $5^2 \not\equiv 1 \mod 7$, $5^3 \not\equiv 1 \mod 7$, $6^2 \equiv 1 \mod 7$から, 原始根は3と5の2個である ($\varphi(6) = 2$個である).

問題 14.1 mod 11およびmod 13での原始根をそれぞれすべて求めよ.

原始根の存在がわかると, いろいろな定理の証明に利用できる. たとえば, すでに8.3節で証明済みだが, ウィルソンの定理の証明に使える.

ウィルソンの定理 (定理 8.2)

pを素数とすれば, $(p-1)! \equiv -1 \mod p$が成り立つ.

[証明] $p=2$なら明らかだから, $p \neq 2$とする. mod pでの原始根をaとすれば, 注意13.3より$\{1, 2, \ldots, p-1\} \equiv \{a, a^2, \ldots, a^{p-1}\} \mod p$が成り立つ. よって,

$$(p-1)! \equiv a^{1+2+\cdots+p-1} = a^{p(p-1)/2} = (a^p)^{(p-1)/2} \equiv a^{(p-1)/2} \mod p$$

が成り立つ. ところで, $\{a^{(p-1)/2}\}^2 = a^{p-1} \equiv 1 \mod p$だから, $a^{(p-1)/2}$は1か-1に合同であるが, aが原始根だから1ではない. ゆえに, $(p-1)! \equiv a^{(p-1)/2} \equiv -1 \mod p$となる. □

14.3 $x^n \equiv a \mod p$の解

pを奇素数, $p \nmid a$とするとき, $x^2 \equiv a \mod p$の解が存在する条件を原始根を使って記述してみよう. まず, mod pでの原始根をgとすれば, $a \equiv g^k$と書ける. もしkが偶数なら, $\ell = k/2$とすれば, $x = g^\ell$が解となる. もしkが奇数で解が存在するなら, $a \equiv g^k \equiv x^2 = g^{2j} \mod p$となる$j$が存在する. ところが, 命題13.1より$k \equiv 2j \mod p-1$となり, $p-1$は偶数だから矛盾である. よって, kが奇数なら「解なし」である. ゆえに, kが偶数 $\Leftrightarrow$「解あり」が示された.

さらに, kが偶数 $\Leftrightarrow a^{(p-1)/2} \equiv 1 \mod p$が成り立つ. 実際, ($\Rightarrow$) は明らか. ($\Leftarrow$) は定理13.1より, $k(p-1)/2$が$p-1$の倍数だから, kは偶数となる. したがって, 次の定理を証明したことになる.

定理 14.3　p を奇素数，$p \nmid a$ とするとき，$x^2 \equiv a \mod p$ の解について，$\mathrm{mod}\ p$ の原始根を g とし，$a \equiv g^k$ とすれば，

$$
\begin{aligned}
\text{「解あり」} &\Leftrightarrow\ k\text{ が偶数}\\
&\Leftrightarrow\ a^{(p-1)/2} \equiv 1 \mod p\ \text{（もちろんこのとき解の個数は 2 個）}
\end{aligned}
$$

が成り立つ．

この定理は自然に $x^n \equiv a \mod p$ の解まで拡張できる．実際，$a \equiv g^k \mod p$ とし，$\gcd(n, p-1) = e$ とする．ここで，$n = se$ および $p-1 = te$（$s, t \in \mathbb{N}$）とすれば，$\gcd(s,t) = 1$ である．

さて，$x \equiv g^j \mod p$ となる j が存在するので，「$x^n \equiv a \mod p$ が『解あり』$\Leftrightarrow a \equiv g^k \equiv x^n \equiv g^{nj}$」となる．よって，命題 13.1 より「$\Leftrightarrow k \equiv nj \mod p-1$」となる．このとき，$n$ も $p-1$ も e の倍数だから，k は e の倍数である．そこで，$k = k'e$ として同値関係を再度調べてみよう．

$$
\begin{aligned}
x \equiv g^j \mod p\ \text{が解} &\Leftrightarrow\ x^n = g^{jn} \equiv g^k \mod p\\
&\Leftrightarrow\ jn \equiv k \mod p-1\\
&\Leftrightarrow\ js \equiv k' \mod t\quad\text{（両辺を } e \text{ で割った）}\\
&\Leftrightarrow\ j \equiv s^{-1}k' \mod t\quad\text{（}\gcd(s,t)=1\text{ より）}\\
&\Leftrightarrow\ j \equiv (s^{-1}+ut)k' \mod p-1\\
&\qquad (u = 0, 1, \ldots, e-1)
\end{aligned}
$$

のように，e 個の解を得る．ゆえに，「解あり」$\Leftrightarrow$「k が e の倍数」だけでなく，解の形および解の個数までわかったのである．

念のため，$j = (s^{-1}+ut)k'$ のとき，$x = g^j$ が $x^n \equiv a \mod p$ の解であることを確認しておく．まず，$ss^{-1} \equiv 1 + wt \mod p-1$ となる $w \in \mathbb{Z}$ が存在するから，$v := w + su$ とおくことで，$s(s^{-1}+ut) = ss^{-1} + sut \equiv 1 + (w+su)t = 1 + vt \mod p-1$ となる．よって，$x^n = g^{nj} = g^{se(s^{-1}+ut)k'} \equiv g^{e(1+vt)k'} = g^{ek'+evtk'} = g^{ek'}g^{evtk'} = g^k(g^{vk'})^{p-1} \equiv g^k \equiv a \mod p$ となる．

最後に，k が e の倍数であることは，$a^{(p-1)/e} \equiv 1 \mod p$ と同値である．実際，（$\Rightarrow$）は明らか．（$\Leftarrow$）は定理 13.1 より，$k(p-1)/e$ が $p-1$ の倍数だから，k は e の倍数となる．したがって，次の定理を証明したことになる．

定理 14.4 p を奇素数, $p \nmid a$ とするとき, $x^n \equiv a \mod p$ の解について, mod p の原始根を g とし, $a \equiv g^k$, $\gcd(n, p-1) = e$, $n = se$, $p - 1 = te$ とすれば,

$$\text{「解あり」} \quad \Leftrightarrow \quad k \text{ が } e \text{ の倍数} \quad \Leftrightarrow \quad a^{(p-1)/e} \equiv 1 \mod p$$

が成り立つ. このとき, 解の個数は e 個である.

14.4 平方剰余の定理の証明

原始根の存在を使って, 証明していなかったガウスの平方剰余に関する以下の定理も証明できる.

定理 11.3（ガウス, 再掲）

p, q は相異なる正の奇素数とするとき, 次が成り立つ.

(1) $\left(\dfrac{-1}{p}\right) = (-1)^{\frac{p-1}{2}}$　　(2) $\left(\dfrac{2}{p}\right) = (-1)^{\frac{p^2-1}{8}}$

(3) $\left(\dfrac{ab}{p}\right) = \left(\dfrac{a}{p}\right)\left(\dfrac{b}{p}\right)$ $(a, b \in \mathbb{Z})$

(4) $\left(\dfrac{q}{p}\right)\left(\dfrac{p}{q}\right) = (-1)^{\frac{p-1}{2}\frac{q-1}{2}}$

まずは (3) を証明しよう. mod p での原始根を α とすれば, $a \equiv \alpha^k$, $b \equiv \alpha^\ell \mod p$ と書けるから, $ab \equiv \alpha^{k+\ell} \mod p$ である. ここで, $\left(\dfrac{a}{p}\right)$ の定義を思い出すと,

$$\left(\frac{a}{p}\right) = 1 \quad \Leftrightarrow \quad x^2 \equiv a \mod p \text{ が「解あり」}$$

$$\left(\frac{a}{p}\right) = -1 \quad \Leftrightarrow \quad x^2 \equiv a \mod p \text{ が「解なし」}$$

である. したがって, 定理 14.3 より,「$\left(\dfrac{a}{p}\right) = 1 \Leftrightarrow k$ が偶数」および「$\left(\dfrac{a}{p}\right) = -1 \Leftrightarrow k$ が奇数」が成り立つ. よって, $\left(\dfrac{ab}{p}\right) = 1 \Leftrightarrow k + \ell$ が偶数 $\Leftrightarrow$「k, ℓ がともに偶数または k, ℓ がともに奇数」$\Leftrightarrow \left(\dfrac{a}{p}\right)\left(\dfrac{b}{p}\right) = 1$ となり, (3) は正しい.

次に，(1) を証明しよう．これは，**平方剰余の第 1 補充法則**ともよばれ，他分野でもよく使われる．ルジャンドル記号を使わずに記述するなら，次のようになる．

> **定理 14.5**　奇素数 p に対して，
>
> $$x^2 \equiv -1 \mod p \text{ が解をもつ} \quad \Leftrightarrow \quad p \text{ が } (4k+1) \text{ 型}（k \in \mathbb{N}）\text{の素数}$$
>
> が成り立つ．したがって，p が $(4k-1)$ 型の素数なら「解なし」である．

[証明]　(⇐) mod p での原始根を α とすれば，注意 13.3 より $\{1, 2, \ldots, p-1\} \equiv \{\alpha, \alpha^2, \ldots, \alpha^{p-1}\} \mod p$ が成り立つ．そこで，$h = (p-1)/2$ とおくと，$\alpha^h \not\equiv 1 \mod p$ だから，$\alpha^h \equiv -1 \mod p$ である．

もし $p = 4k+1$ ならば，h は偶数だから，$x = \alpha^{h/2}$ は $x^2 \equiv -1 \mod p$ の解となる（もう一つの解は $x = -\alpha^{h/2}$ である）．

(⇒) $x^2 \equiv -1 \mod p$ が解 $x = b$ をもつとする．このとき，$b \equiv \alpha^i \mod p$ と書けるので，$\alpha^{2i} \equiv -1 \mod p$ となる．よって $\alpha^{2i} \equiv \alpha^h \mod p$ だから，命題 13.1 より $2i \equiv h = (p-1)/2 \mod p-1$ となる．

ここでもし $p = 4k-1$ なら，$2i \equiv 2k-1 \mod p-1$ となるが，これは矛盾である（$2i - 2k + 1$ は奇数なので，偶数である $p-1$ の倍数になることはない）．ゆえに，p は $(4k+1)$ 型の素数である．□

最後に，残りの (2) と (4) を証明しよう．前者は「**平方剰余の第 2 補充法則**」，後者は「**平方剰余の相互法則**」とよばれている．

■ 証明の準備 1

まず，mod p での原始根を α とすれば，注意 13.3 より $\{1, 2, \ldots, p-1\} \equiv \{\alpha, \alpha^2, \ldots, \alpha^{p-1}\} \mod p$ が成り立つが，

$$\left\{\pm 1, \pm 2, \ldots, \pm \frac{p-1}{2}\right\} \equiv \{\alpha, \alpha^2, \ldots, \alpha^{p-1}\}$$

も成り立つ．たとえば，$\{1, 2, 3, 4, 5, 6\} \equiv \{\pm 1, \pm 2, \pm 3\} \mod 7$ である．

ここで簡略化のため，$s := (p-1)/2$ とおき，$R := \{1, 2, \ldots, s\}$ とおく．さらに，$a \not\equiv 0 \mod p$ および $1 \leq i \leq s$ に対して，$ia \equiv r_i$ または $ia \equiv -r_i$ となる $r_i \in R$ が存在するから，ϵ_i を 1 または -1 とすることで，$ia \equiv \epsilon_i r_i \mod p$ と書

ける．このとき，次の補題が成り立つ．

補題 14.1 $a \not\equiv 0 \mod p$ ならば，上記の ϵ_i を用いて $\left(\dfrac{a}{p}\right) = \epsilon_1 \cdot \cdots \cdot \epsilon_s$ が成り立つ．

[証明]

$$a \equiv \epsilon_1 r_1, \quad 2a \equiv \epsilon_2 r_2, \quad 3a \equiv \epsilon_3 r_3, \quad \ldots, \quad sa \equiv \epsilon_s r_s \mod p$$

だから，$s!\,a^s \equiv \epsilon_1\epsilon_2 \cdot \cdots \cdot \epsilon_s r_1 r_2 \cdot \cdots \cdot r_s \mod p$ が成り立つ．ここでもし $i \neq j$ に対して，$r_i = r_j$ ならば，$ia \equiv ja$ または $ia \equiv -ja$ である．前者の場合，$i-j$ は p で割れないから，a が p で割れることになり，仮定である $a \not\equiv 0 \mod p$ に矛盾する．後者の場合も，$0 < i+j < p$ だから，$i+j$ は p で割れない．よって，a が p で割れることになり，再び仮定に反する．ゆえに，$r_1, \ldots, r_s$ はすべて異なる．よって，$s! \equiv r_1 r_2 \cdot \cdots \cdot r_s \mod p$ であり，$s!$ は p と互いに素だからインバースが存在する．したがって，

$$a^s \equiv \epsilon_1\epsilon_2 \cdot \cdots \cdot \epsilon_s \mod p$$

を得る．ここで原始根 α を使って，$a \equiv \alpha^k \mod p$ とする．

さて，α の位数は $2s = p-1$ だったから，もし $a^s \equiv 1 \mod p$ ならば，$a^s \equiv \alpha^{ks} \equiv 1 \mod p$ より $2s \mid ks$ となるから，k は偶数である．よって $b = \alpha^{k/2}$ とすれば，$b^2 \equiv a \mod p$ となるから，$\left(\dfrac{a}{p}\right) = 1$ となる．

逆に，$\left(\dfrac{a}{p}\right) = 1$ ならば，$b^2 \equiv a \mod p$ となる b が存在する．このとき，$b \equiv \alpha^\ell$ と書けるから，$b^2 \equiv \alpha^{2\ell} \equiv \alpha^k$ となる．よって，$a^s \equiv \alpha^{ks} \equiv \alpha^{2\ell s} = \alpha^{\ell(p-1)} \equiv 1 \mod p$ となる．ゆえに，「$a^s \equiv 1 \mod p \Leftrightarrow \left(\dfrac{a}{p}\right) = 1$」が成り立つ．

さらに，$a^{2s} \equiv 1 \mod p$ だから，$a^s \equiv 1 \mod p$ の否定は $a^s \equiv -1 \mod p$ である．よって，「$a^s \equiv -1 \mod p \Leftrightarrow \left(\dfrac{a}{p}\right) = -1$」も成り立つ．したがって，この補題の主張は正しい． □

証明の準備 2

次のステップに進むのに，**ガウス記号 [　]** について少し考察しておく．まず，$[x]$ とは，x を超えない最大の整数のことである（たとえば，$[3.2]=3$，$[-3.2]=-4$ である．x が正なら，整数部分，あるいは切り捨てといってよい）．

また，$\langle x\rangle := x-[x]$ と定める．このとき $[x]$ の定義から，$1>\langle x\rangle \geq 0$ であることに注意しよう．さらに，任意の $a\in\mathbb{Z}$ と実数 $0\leq y<1$ に対して，$[a+y]=a$ が成り立つので，任意の $x\in\mathbb{R}$ に対して

$$[a+x]=[a+[x]+\langle x\rangle]=a+[x]$$

が成り立つ．たとえば，$[-3.2]=[-4+0.8]=-4$ となる．このようにして次が成り立つ．

補題 14.2　任意の $a\in\mathbb{Z}$ と $x\in\mathbb{R}$ に対して，
(1) $[a+x]=a+[x]$　　(2) $[ax]=a[x]+[a\langle x\rangle]$　　(3) $[ax]\equiv[a\langle x\rangle] \mod a$
が成り立つ．

[証明]　(1) は上で示したとおり．(2) は，$x=[x]+\langle x\rangle$ の両辺を a 倍して，$ax=a[x]+a\langle x\rangle$ となる．ここで $a[x]$ は整数だから，(1) より $[ax]=a[x]+[a\langle x\rangle]$ となる．(3) は (2) より明らか．　□

さて，ϵ_i および $\left(\dfrac{a}{p}\right)$ についての基本的な等式を証明していこう．考察したいのは $\left(\dfrac{a}{p}\right)$ の値なので，このあと a は 1 と $p-1$ の間の自然数とする．

補題 14.3　$\epsilon_i=(-1)^{[2ia/p]}$ が成り立つ．

[証明]　$ia/p\geq 0$ より，補題 14.2 から $[2ia/p]\equiv[2\langle ia/p\rangle] \mod 2$ が成り立つ．ここで，ϵ_i の定義を思い出せば，$\epsilon_i=-1$ なら $ia>p/2$ より $[2\langle ia/p\rangle]=1$ であり，$\epsilon_i=1$ なら $ia<p/2$ より $[2\langle ia/p\rangle]=0$ である．よって，$\epsilon_i=(-1)^{[2\langle ia/p\rangle]}=(-1)^{[2ia/p]}$ となる．　□

補題 14.4 $\left(\frac{a}{p}\right) = (-1)^{\sum_{i=1}^{s}[2ia/p]}$ が成り立つ.

[証明] 補題 14.1 および補題 14.3 より, $\left(\frac{a}{p}\right) = \epsilon_1 \cdots \epsilon_s = (-1)^{[2a/p]} \cdots (-1)^{[2sa/p]} = (-1)^{\sum_{i=1}^{s}[2ia/p]}$ となる. □

補題 14.5 a が奇数のとき, $\left(\frac{2}{p}\right)\left(\frac{a}{p}\right) = (-1)^{\sum_{i=1}^{s}[ia/p]+\frac{p^2-1}{8}}$ が成り立つ.

[証明] ① $x^2 \equiv 2a \equiv 2a + 2p \mod p$

② $x^2 \equiv k^2 \mod p$ なら(解 k をもつから) $\left(\frac{k}{p}\right) = 1$

が成り立つ. これらと補題 14.4 より,

$$\left(\frac{2}{p}\right)\left(\frac{a}{p}\right) = \left(\frac{2a}{p}\right) \overset{①}{=} \left(\frac{2a+2p}{p}\right) = \left(\frac{2^2\,\frac{a+p}{2}}{p}\right) = \left(\frac{2^2}{p}\right)\left(\frac{\frac{a+p}{2}}{p}\right)$$
$$\overset{②}{=} \left(\frac{\frac{a+p}{2}}{p}\right) = (-1)^{\sum_{i=1}^{s}[i(a+p)/p]}$$
$$= (-1)^{\sum_{i=1}^{s}[ia/p]+\sum_{i=1}^{s} i} = (-1)^{\sum_{i=1}^{s}[ia/p]+\frac{s(s+1)}{2}}$$
$$= (-1)^{\sum_{i=1}^{s}[ia/p]+\frac{p-1}{2}\frac{p+1}{2}\frac{1}{2}} = (-1)^{\sum_{i=1}^{s}[ia/p]+\frac{p^2-1}{8}}$$

となる. □

■ (2) と (4) の証明

[(2) 平方剰余の第 2 補充法則 $\left(\frac{2}{p}\right) = (-1)^{\frac{p^2-1}{8}}$ の証明] 補題 14.5 において $a = 1$ とすれば, $\left(\frac{1}{p}\right) = 1$ だから $\left(\frac{2}{p}\right) = (-1)^{\sum_{i=1}^{s}[i/p]+\frac{p^2-1}{8}}$ を得るが, $[i/p] = 0$ だから $\left(\frac{2}{p}\right) = (-1)^{\frac{p^2-1}{8}}$ を得る. □

補題 14.5 と第 2 補充法則を使うことで, 次の補題を示すことができる.

補題 14.6　a が奇数のとき，

$$\left(\frac{a}{p}\right) = (-1)^{\sum_{i=1}^{s}[ia/p]}$$

が成り立つ．特に p と q が異なる奇素数なら，$t := (q-1)/2$ とおけば，

$$\left(\frac{q}{p}\right)\left(\frac{p}{q}\right) = (-1)^{\sum_{i=1}^{s}[iq/p]+\sum_{i=1}^{t}[ip/q]}$$

が成り立つ．

［証明］　補題 14.5 における等式 $\left(\frac{2}{p}\right)\left(\frac{a}{p}\right) = (-1)^{\sum_{i=1}^{s}[ia/p]+\frac{p^2-1}{8}}$ の両辺を $\left(\frac{2}{p}\right) = (-1)^{\frac{p^2-1}{8}}$（第 2 補充法則）で割ることで，$\left(\frac{a}{p}\right) = (-1)^{\sum_{i=1}^{s}[ia/p]}$ を得る．最後の等式はこの等式から従う．□

［(4) 平方剰余の相互法則 $\left(\frac{q}{p}\right)\left(\frac{p}{q}\right) = (-1)^{\frac{p-1}{2}\frac{q-1}{2}}$ の証明］　補題 14.6 の最後の等式および $\dfrac{p-1}{2}\dfrac{q-1}{2} = st$ より，$\sum_{i=1}^{s}[iq/p] + \sum_{i=1}^{t}[ip/q] = st$ を示せばよい．

xy 平面上の格子点 $\{(i,j) \mid 1 \leq i \leq s,\ 1 \leq j \leq t,\ i,j \in \mathbb{N}\}$ を考えれば，この格子点の個数は st である．この格子点を別の方法で数えると左辺の式になる．実際，直線 $y = (q/p)x$ より下にある格子点と上にある格子点を別々に数えることで，左辺の式を得る（図 14.1 参照）．

$$\text{直線より下にある格子点：}\left[\frac{q}{p}\right] + \left[\frac{2q}{p}\right] + \cdots + \left[\frac{sq}{p}\right] = \sum_{i=1}^{s}\left[\frac{iq}{p}\right]$$

$$\text{直線より上にある格子点：}\left[\frac{p}{q}\right] + \left[\frac{2p}{q}\right] + \cdots + \left[\frac{tp}{q}\right] = \sum_{i=1}^{t}\left[\frac{ip}{q}\right]$$

□

▶ **注意 14.1**　$y = (q/p)x$ は，原点から (p,q) まで格子点を通らない．よって，重複して数えられている点はない．

図 14.1 は $(p,q) = (23,17)$ の場合である．したがって，$(s,t) = (11,8)$ である．

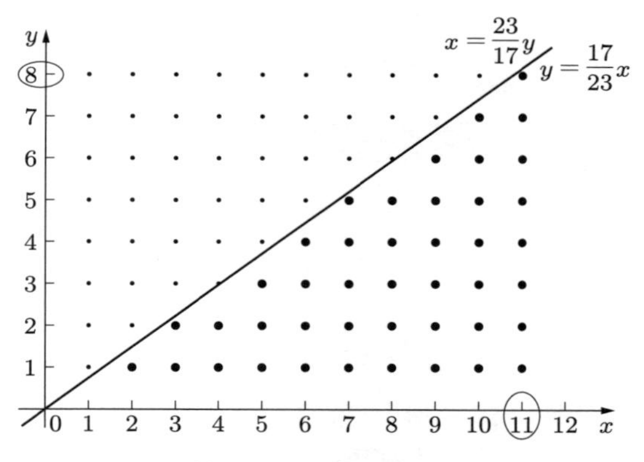

図 14.1　88 個の格子点

第15講 初等整数論の基本定理

＊ ＊ ＊

「すべての整数が一意的に素因数分解できる」という，いわゆる「初等整数論の基本定理」は，中学・高校以来，そしてこれまでの議論でも断りなく使ってきた．ところが，この定理は自明ではない．その証明には，15.3 節の定理 15.3 を使うのが一般的である．定理 15.3 を証明するのに，定理 15.1 を使う方法や，すでに学習した「ユークリッドの補題」を使う方法がある．「ユークリッドの補題」は，$ax + by = \gcd(a, b)$ となる整数解 (x, y) の存在を主張するものだが，われわれはすでにユークリッドの互除法を使って，解の存在だけでなく，解の求め方まで学習した．

なお，解の存在を示すだけなら，現代数学の発展に大きく寄与した「イデアル」という概念を使う方法が有名なので，15.2 節でその証明も紹介する．

15.1 gcd に関する定理

次の定理は，「初等整数論の基本定理」を仮定すれば明らかだが，これを仮定せずに証明してみよう．

定理 15.1　$a, b, m \in \mathbb{Z}$（$m > 0$）について，$\gcd(ma, mb) = m \gcd(a, b)$ が成り立つ．

[証明]　a と b に関するユークリッドの互除法の式をすべて m 倍すれば，

$$\begin{cases} ma = mbq_1 + mr_1, \quad 0 \leq mr_1 < m|b| \\ mb = mr_1q_2 + mr_2, \quad 0 \leq mr_2 < mr_1 \\ \vdots \\ mr_{i-2} = mr_{i-1}q_i + mr_i, \quad 0 \leq mr_i < mr_{i-1} \\ mr_{i-1} = mr_iq \end{cases}$$

となるから，$\gcd(ma, mb) = mr_i = m \gcd(a, b)$ となる．□

次も当たり前のような定理だが，初等整数論の基本定理を使わずに証明できる．

定理 15.2 $a, b, c \in \mathbb{Z}$ について，次が成り立つ．
(1) $\gcd(a, b) = 1$ ならば $\gcd(a, bc) = \gcd(a, c)$
(2) $\gcd(a, b) = 1$ かつ $\gcd(a, c) = 1$ ならば $\gcd(a, bc) = 1$

［証明］ (1) 定理 15.1 より $\gcd(a, ac) = a\gcd(1, c) = a$ である．さらに，定理 15.1 と仮定から，$\gcd(ac, bc) = c\gcd(a, b) = c$ となる．よって，$\gcd(a, bc) = \gcd(a, ac, bc) = \gcd(a, \gcd(ac, bc)) = \gcd(a, c\gcd(a, b)) = \gcd(a, c)$ となる（注意 6.3 参照）．

(2) 定理 15.1 を使って，次のようになる．

$$
\begin{aligned}
1 &= \gcd(a, b) = \gcd(a, \gcd(a, c)b) = \gcd(a, \gcd(ab, bc)) \\
&= \gcd(\gcd(a, ab), bc)) = \gcd(a, bc)
\end{aligned}
$$
□

15.2 ユークリッドの補題の別証

次のユークリッドの補題（定理 5.2）を思い出そう．

任意の $a, b \in \mathbb{Z}$（ただし，両方 0 の場合は除外する）に対して，

$$ax + by = \gcd(a, b)$$

となる $x, y \in \mathbb{Z}$ が存在する．

これについては，具体的に (x, y) を求める方法まで考察したので，この補題は証明済みなわけ（しかも証明に初等整数論の基本定理は使っていない）だが，(x, y) の存在だけなら次のようなアイデアで証明できる．このアイデアは，整数の世界に限らず，より抽象化された代数系でも使えるとても重要な手法となる．証明の最後で定理 15.2 を使っているが，定理 15.2 の証明には素因数分解の一意性などは使っていないことを注意されたい．

証明の前にまず，$\mathbb{Z}$ の「イデアル」という概念を定義し，その性質を補題として証明する．

定義 15.1　$\mathbb{Z}$ の空でない部分集合 I が $\mathbb{Z}$ の**イデアル**（ideal）であるとは，次の二つを満たすことである．

① 任意の $x, y \in I$ に対して　$x \pm y \in I$　　② 任意の $a \in \mathbb{Z}$ に対して　$ax \in I$

▶**注意 15.1**　(1) ①の $x \pm y \in I$ は，$x - y \in I$ に変えてもよく，このとき $x + y \in I$ は導ける．

(2) 実は，①から②も導けるので，②は不要である．ただ，$\mathbb{Z}$ を抽象化した環では，①から②は導けず，②は重要な性質となる．①だけなら，加法群 $\mathbb{Z}$ の部分群とよべばよいのだが，$\mathbb{Z}$ は環でもあるので，環論への準備もかねて「イデアル」の定義を採用した．

(3) $\{0\}$ と $\mathbb{Z}$ も $\mathbb{Z}$ のイデアルである．

問題 15.1　次の $\mathbb{Z}$ の部分集合はイデアルか？

(1) $A = \{6$ の倍数全体$\}$　　(2) $B = \{3x + 5y \mid x, y \in \mathbb{Z}\}$

(3) $C = \{3x^2 \mid x, y \in \mathbb{Z}\}$　　(4) $D = \{3x^2 + y \mid x, y \in \mathbb{Z}\}$

定義 15.2　任意の $g \in \mathbb{Z}$ の倍数全体 $\{kg \mid k \in \mathbb{Z}\}$ は $\mathbb{Z}$ のイデアルである（理由は簡単なので各自確認せよ）．このイデアルは通常，(g) と表し，**単項イデアル**とよばれる．

（注）$\{0\} = (0)$, $\mathbb{Z} = (1)$ である．

補題 15.1　$a, b \in \mathbb{Z}$ に対して，$A = \{ax + by \mid x, y \in \mathbb{Z}\}$ とすれば，A は $\mathbb{Z}$ のイデアルである．

［証明］　$ax + by,\ ax' + by' \in A$ に対して，$(ax + by) \pm (ax' + by') = a(x \pm x') + b(y \pm y') \in A$ となる．さらに，$c \in \mathbb{Z}$ に対して，$c(ax + by) = acx + bcy \in A$ となる．よって A は $\mathbb{Z}$ のイデアルである．□

補題 15.2　$\mathbb{Z}$ のイデアル I はすべて単項イデアルである．特に，$I \neq \{0\}$ ならば，I の元で最小の正の整数が存在し，それを g とすれば，$I = (g)$ となる．

［証明］　まず，$I = \{0\}$ なら $I = (0)$ だからよい．そこで，$I \neq \{0\}$ とする．このとき，I は正の整数を含んでいるから，I の元で最小の正の整数が存在する（$x \in I$

が負なら $-x \in I$ だから）．それを g とすれば，I はイデアルだから $I \supset (g)$ である．よって $I \subset (g)$ を示せばよい．任意の元 $w \in I$ に対して，割り算の原理から，$w = gq + r$ および $0 \leq r < g$ となる $q, r \in \mathbb{Z}$ が存在する．ところが，I はイデアルなので，$gq \in I$ であるから，$r = w - gq \in I$ となる．よって，g の最小性から $r = 0$ となる．すなわち，$w = gq$ となり，$I \subset (g)$ が示され，結局，$I = (g)$ が示された． □

それではユークリッドの補題の証明を始めよう．

［証明］ $d = \gcd(a, b)$ とし，二つの集合 $A = \{ax + by \mid x, y \in \mathbb{Z}\}$ と $B = \{dz \mid z \in \mathbb{Z}\}$（$d$ の倍数全体）を考える．もし $B \subset A$ がいえれば，$d \in B$ だから，これに等しい A の元が存在する，すなわち $d = ax + by$ となる (x, y) が存在することになり，証明が終わる．

まず，補題 15.1 より，A は $\mathbb{Z}$ のイデアルである．仮定から $A \neq \{0\}$ であるから，補題 15.2 より，$A = (g)$ となる正の整数 $g \in A$ が存在する．すなわち，A の元はすべて g の倍数である．特に a も b も g の倍数となり，g は a と b の公約数である．よって $g \mid d$ がいえる（定理 15.2 より）ので，$B = (d) \subset (g) = A$（d の倍数なら g の倍数！）がいえた． □

▶ **注意 15.2** 上の証明において，$A \subset B$ もいえる．実際，a は d の倍数だから ax も d の倍数であり，b も d の倍数だから by も d の倍数である．よって $ax + by$ も d の倍数となるから，$A \subset B$ である．

ゆえに，$A = B$ がいえたわけである．結局，$(d) = (g)$ となる．よって $d \mid g$ かつ $g \mid d$ で，d も g も正だから，$d = g$ となる．

また，$a, b, c \in \mathbb{Z}$ に対して，$J = \{ax + by + cz \mid x, y, z \in \mathbb{Z}\}$ なる集合も $\mathbb{Z}$ のイデアルになる．したがって，$(a, b, c) \neq (0, 0, 0)$ なら，$\gcd(a, b, c) = g$ に対して，上と同様に $J = (g)$ を示すことができる．よって特に，$ax + by + cz = g$ は必ず整数解をもつ（この事実を一般化した次の問題を解こう）．

問題 15.2 (1) $a_1, \ldots, a_n \in \mathbb{Z}$ に対して，集合

$$J_n = \{a_1 x_1 + \cdots + a_n x_n \mid x_1, \ldots, x_n \in \mathbb{Z}\}$$

は $\mathbb{Z}$ のイデアルであることを示せ．

(2) $(a_1, \ldots, a_n) \neq (0, \ldots, 0)$ なら，$a \in \mathbb{Z}$ に対して，

$$n \text{ 元不定方程式 } a_1 x_1 + \cdots + a_n x_n = a \text{ が整数解をもつ} \quad \Leftrightarrow \quad \gcd(a_1, \ldots, a_n) \mid a$$

となることを示せ．

15.3 素因数分解の一意性

15.1 節の定理 15.1 あるいはユークリッドの補題を使うと，素因数分解の一意性を証明するのに役立つ，次の重要な補題が証明できる．

定理 15.3　(1) a と b が互いに素で $a \mid bc$ ならば，$a \mid c$ が成り立つ．

(2) p が素数の場合，$p \mid bc$ ならば $p \mid b$ または $p \mid c$ が成り立つ．

(3) 正の素数 p と r 個の正の素数の積 $p_1 \cdot \cdots \cdot p_r$ に対して，$p \mid p_1 \cdot \cdots \cdot p_r$ ならば $p = p_j$ となる j が存在する．

［証明］　(2) は，$p \nmid b$ なら p と b が互いに素となるから，(1) から従う．(3) は帰納法を使うことで，(2) から，$p \mid p_j$ となる j が存在することから従う．ここで，p も p_j も正の素数だから，$p = p_j$ となる．ゆえに，(1) を示せばよい．

まず，仮定 $\gcd(a, b) = 1$ と定理 15.1 から，$c = c\gcd(a, b) = \gcd(ca, cb)$ である．また，仮定から $bc = ad$ となる $d \in \mathbb{Z}$ が存在する．よって $c = \gcd(ca, ad)$ となるが，再び定理 15.1 から $c = a\gcd(c, d)$ を得る．よって，a は c の約数である．□

［別証］　ユークリッドの補題を使って証明する．$sa + tb = 1$ となる $s, t \in \mathbb{Z}$ が存在するので，$sac + tbc = c$ が成り立つ．この左辺は仮定から a で割れる．よって $a \mid c$ を得る．□

▶**注意 15.3**　合同式を使って (1) を書くと，a と b が互いに素のとき，「$bc \equiv 0 \mod a$ ならば $c \equiv 0 \mod a$ が成り立つ」ということになる．インバースの存在はユークリッドの補題から証明できるので，この定理は $bc \equiv 0 \mod a$ の両辺に b^{-1} を掛けて証明してもよい．実際，11.2 節の最初で，定理 15.3 の (2) をこのように示している．「素因数分解の一意性」を証明するのに必要な定理は定理 15.3 の (3) だけなので，すぐに証明を始めることも可能だったが，ここで，「合同式などは習わずとも素因数分解の一意性は証明できる」ことを強調したかったのである．

定理 15.3 を使うと，次の有用な性質も，素因数分解の一意性を使わずに証明できる．

定理 15.4 a と b が互いに素で $a \mid c$ かつ $b \mid c$ ならば，$ab \mid c$ である．

[証明] $b \mid c$ から $c = bd$ となる $d \in \mathbb{Z}$ が存在する．よって $a \mid bd$ だから，定理 15.3 (1) より $a \mid d$ である．よって，$d = ae$ となる $e \in \mathbb{Z}$ が存在する．ゆえに $c = bae$ となるから，$ab \mid c$ である． □

さて，中学・高校以来普通に使っている素因数分解を想定すれば，上の定理などはほとんど明らかなことである．さらに，これまでも使ってきたわけだが，$a = p_1^{e_1} \cdot \cdots \cdot p_r^{e_r}$ および $b = p_1^{f_1} \cdot \cdots \cdot p_r^{f_r}$ を素因数分解（ただし $e_i, f_i \geq 0$）とすれば，

$$\gcd(a,b) = p_1^{\min\{e_1,f_1\}} \cdot \cdots \cdot p_r^{\min\{e_r,f_r\}} \quad \text{および}$$
$$\mathrm{lcm}(a,b) = p_1^{\max\{e_1,f_1\}} \cdot \cdots \cdot p_r^{\max\{e_r,f_r\}}$$

なる公式も明らかとなる．これより，公倍数は lcm の倍数であることとか，$g = \gcd(a,b)$ とし，$a = a'g$, $b = b'g$ と表せば，a' と b' が互いに素になることや，$\mathrm{lcm}(a,b) = a'b'g = ab/g$ なる公式もすぐにわかる．ただし，上の公式は，素因数分解に現れる素数が一意的であるという，一見自明とも思われる性質に依存している．果たして本当にこれは自明なのだろうか？

たとえば，$173 \cdot 17$ と $197 \cdot 13$（173 や 197 は素数）が同じになったりしないのだろうか？ もちろん計算すれば同じでないことはすぐにわかるが，たくさんの大きな素数の積が，別の素数の積になっていたりしないと，どうして保証できるのか？

実はこれは自明ではなく，この証明に定理 15.3 が使われる．

[素因数分解の一意性の証明] まず，「一意性」とは，偶数個の素因数にマイナスを付けることや，掛け算の順番を変えることを無視しての一意性である．したがって，正の整数について証明しておけば，負の整数についてはただ先頭にマイナスを付けるだけでよいことになり，証明が終わる．

さて，$a > 1$ を整数とし，

$$a = p_1 \cdot \cdots \cdot p_r = q_1 \cdot \cdots \cdot q_s \tag{15.1}$$

を 2 種類の異なる素因数分解とする．ただし，p_i, q_j は正の素数で，常に $p_i \leq p_{i+1}$ かつ $q_j \leq q_{j+1}$ とする（小さい順に並べておくということ）．さらに，$r \leq s$ としても一般性を失わないので，これも仮定する．

二つの素数の列は（異なると仮定しているので），最初から異なるかもしれないし，途中から異なるかもしれない．そこで，最初から異なる場合は $k = 1$，そうでない場合は，k を $p_1 = q_1, p_2 = q_2, \ldots, p_{k-1} = q_{k-1}$ で，$p_k \neq q_k$ となる自然数 $1 \leq k < r$ とする．

▶ **注意 15.4**　二つの素数の列は異なると仮定しているので，このような k は必ず存在する．というのは，もし $p_1 = q_1, p_2 = q_2, \ldots, p_r = q_r$ ならば，両辺を式 (15.1) の $p_1 \cdot \cdots \cdot p_r$ で割れば，$1 = q_{r+1} \cdot \cdots \cdot q_s$ となってしまい，q_i は素数としているので，もし $r < s$ なら矛盾である．よって $r = s$ となるが，これは，二つの素数の列は異なるという仮定に矛盾する．

さて，$k = 1$ の場合は何もしなくてよいので，$k \neq 1$ とする．このとき最初の $(k-1)$ 個の素数で式 (15.1) の両辺を割れば，$p_k \cdot \cdots \cdot p_r = q_k \cdot \cdots \cdot q_s$ となり，$p_k < q_k$ または $p_k > q_k$ となる．

もし $p_k < q_k$ ならば，$p_k \mid q_k \cdot \cdots \cdot q_s$ に定理 15.3 (3) を適用して，$p_k = q_j$（$j \geq k$）となる素数 q_j が存在するが，$p_k < q_k \leq q_j$ だから矛盾である．

よって $p_k > q_k$ となるが，この場合は，$q_k \mid p_k \cdot \cdots \cdot p_r$ に定理 15.3 (3) を適用すれば，$q_k = p_\ell$ となる素数 p_ℓ が存在するが，$q_k < p_k \leq p_\ell$ だから矛盾である．

この矛盾は，異なる素因数分解が存在するとしたことによる．ゆえに，素因数分解は一意的である．□

▶ **注意 15.5**　$a \in \mathbb{N}$ がある素数 p_1 で割り切れれば，a/p_1 は a より小さい自然数になる．次に，a/p_1 を割り切るような素数 p_2 があれば，a/p_1p_2 はさらに小さい自然数となっていくので，有限個の素数で割ることで 1 になる．すなわち，$a/p_1p_2 \cdot \cdots \cdot p_r = 1$ となるので，素因数分解の存在は自明である．

▶ **注意 15.6**　「どんな自然数も素因数分解できて，その分解は，素数の順序を除いて一意的である」ということを証明したわけだが，この性質は，前にも述べたように「初等整数論の基本定理」とよばれている．今後は「初等整数論の基本定理」をどんどん使って議論してもよい（すでにどんどん使ってきたのだが）．ただ，注意しておきたいことは，大きな数の素因数分解（たとえば 210197 の素因数分解）を行うことは難しいのである．したがって，素因数分解しなくても gcd がわかるユークリッドの互除法は，とても有用であることを再確認しておこう．

15.4 休憩：簡単な正誤問題

初等整数論の基本定理を使っているのかどうか，ある程度考えながら，次の正誤問題を解いておこう．

問題 15.3 次の命題が真か偽か答えよ．真なら証明し，偽なら反例をあげよ．ただし，文字は断りがない限り，すべて自然数とする．

(1) $a \mid c$ かつ $b \mid c$ ならば $ab \mid c$
(2) $a \mid bc$ かつ $a \nmid b$ ならば $a \mid c$
(3) $ab \mid c^2$ かつ $\gcd(a,b)=1$ ならば a も b も平方数
(4) $a^2 \mid b^2$ ならば $a \mid b$
(5) $a \mid b^2$ で a が素数ならば $a^2 \mid b^2$
(6) $a \mid bc$ かつ $a \mid d$ かつ $\gcd(c,d)=1$ ならば $a \mid b$
(7) $a \not\equiv 1 \mod b$ ならば $a \not\equiv 1 \mod b^2$
(8) $\gcd(a,b)=1$ ならば $\gcd(2a+b,b)=1$
(9) $d=\gcd(a,b)$ とすれば a/d と b/d は互いに素
(10) $d=\gcd(a,b)$ とすれば a と b/d は互いに素
(11) $c^2=ab$ ならば a も b も平方数
(12) 任意の $a,b \in \mathbb{N}$ に対して，$a_0 \mid a$, $b_0 \mid b$, $\gcd(a_0,b_0)=1$ かつ $\mathrm{lcm}(a,b)=a_0b_0$ となる $a_0,b_0 \in \mathbb{N}$ が存在する．
(13) $\gcd(a,b)=\gcd(a,-b)$
(14) $\gcd(a,bc)=\gcd(a,b)\gcd(a,c)$
(15) $m \in \mathbb{N}$ に対して，m^2-4 が平方数ならば $m=2$
(16) $m \mid ac$ かつ $m \mid bc$ かつ $\gcd(a,b)=1$ ならば $m \mid c$
(17) $m \mid ac$ かつ $m \mid bc$ かつ $\gcd(a,b,m)=1$ ならば $m \mid c$
(18) $a \mid b$ ならば $\gcd(b,m)=\gcd(\gcd(a,m)\,b/a, m)$
(19) $\gcd(a,b,m)=d$ ならば $\gcd(a/d,b/d,m)=1$
(20) 任意の二つの有理数は，a/c, b/c, $\gcd(a,b,c)=1$（$a,b \in \mathbb{Z}$, $c \in \mathbb{N}$）と書くことができる．

第16講 合同式から生まれる図形

＊ ＊ ＊

この講では，加法的位数から生まれる星形多角形および乗法的位数から生まれるジグザグ多角形を紹介する．

16.1 加法的位数

加法に関する「位数」について考察する．位数とは，mod m での掛け算に関する性質であった．足し算に関して類似の概念はないだろうか？ 掛け算における 1 に対応する（似た性質をもつ）数は，以下のように 0 である．

$$a \cdot 1 = 1 \cdot a = a, \quad a + 0 = 0 + a = a$$

そこで，mod m **において，整数** a **を** r **回足して初めて** 0 **になる自然数** r を，a **の** mod m **における加法的位数**とよぶことにする．

● **例 16.1** (1) $2 + 2 + 2\ (= 3 \cdot 2) \equiv 0 \mod 6$ だから，2 の mod 6 での加法的位数は 3 である．

(2) $1 + 1 + 1 + 1 + 1 + 1\ (= 6 \cdot 1) \equiv 0 \mod 6$ だから，1 の mod 6 での加法的位数は 6 である．

(3) $2 + 2 + 2 + 2 + 2 + 2 + 2\ (= 7 \cdot 2) \equiv 0 \mod 7$ だから，2 の mod 7 での加法的位数は 7 である． ●

▶ **注意 16.1** a を r 回足した $a + a + \cdots + a$ は ra に等しいから，a **の** mod m **での加法的位数とは，**$ra \equiv 0 \mod m$ **となる最小の自然数** r といってもよい（掛け算を使って ra と書いたほうが短くなるだけで，あくまで足し算だけの世界で成立する概念であることに注意されたい）．

一般に，mod m での a の加法的位数はどうやって求めればよいだろう？

○ **例題 16.1** $\gcd(a, m) = 1$ のとき，mod m での a の加法的位数を求めよ． ○

[解] a の加法的位数を r とすれば，$ra \equiv 0 \mod m$ が成り立つので，これを等式で書けば $ra = mk$ $(k \in \mathbb{Z})$ となる．ここで，$\gcd(a, m) = 1$ より $m \mid r$，すなわち，r は m の倍数でなければならない．ゆえに，a の加法的位数は m である．

○ **例題 16.2** $\gcd(a, m) = g$ のとき，mod m での a の加法的位数を求めよ． ○

[解] a の加法的位数を r とすれば，$ra \equiv 0 \mod m$ が成り立つので，これを等式で書けば $ra = mk$ $(k \in \mathbb{Z})$ である．ここで，$\gcd(a, m) = g$ より，$a = a'g$, $m = m'g$, $\gcd(a', m') = 1$ と書ける．よって，$ra' = m'k$ より $m' \mid r$，すなわち，r は m' の倍数でなければならない．さらに，$m'a = m'a'g = ma' \equiv 0 \mod m$ より，a の加法的位数は $m' = m/g$ である．

○ **例題 16.3** mod m において，a の加法的位数が m であるための条件を求めよ． ○

[解] 例題 16.2 より，mod m での a の加法的位数は $m/\gcd(a, m)$ である．よって求める条件は，$\gcd(a, m) = 1$ である．

○ **例題 16.4** mod m において，1 から m までの自然数のうち，加法的位数が m であるものは何個あるか？ ○

[解] 例題 16.3 より，$\varphi(m) = \#\{1$ から m までの自然数で m と互いに素なもの$\}$ 個である．

▶ **注意 16.2** 加法的位数が m であるものは，「加法的原始根」とよんでもよい代物だが，前に考察した原始根を乗法的原始根といったりする必要も出てくるので，通常はこのようにはいわない．

16.2 星形多角形

図 16.1 のような図形を星形 15/6 角形とよぶ（「星形」を略して「15/6 角形」とよぶこともある）．ただし，まわりの円や数字は単に補助で描いたものである．

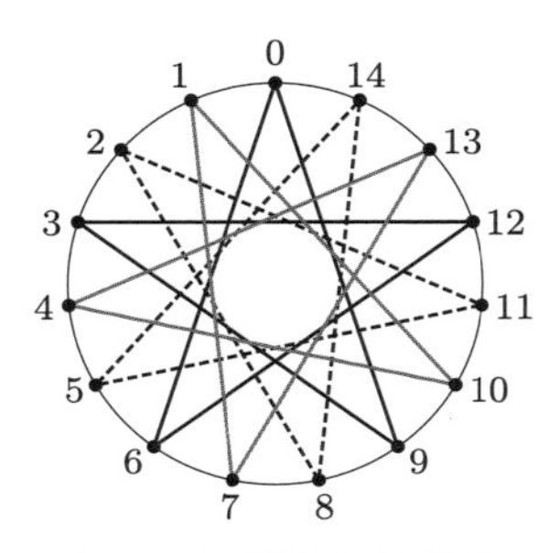

図 16.1　星形 15/6 角形

〈図 16.1 の描き方〉円周に 15 個の点を描き，0 から 14 まで番号を振る．0 から 6, 12, ... と 6 個飛びで線を結んでいき，mod 15 で 0 に戻るまで続ける．次に，1, 7, 13, ... とまた 6 個飛びで線を結んでいく．さらに，2, 8, 14, ... とまた 6 個飛びで線を結んでいく．

一般に，円周に等間隔で m 個の点（$m \geq 3$）を描き，0 から $m-1$ まで番号を振る．0 から $a, 2a, \ldots$ と a 個飛び（$1 \leq a < m$）で線を結んでいき，mod m で 0 に戻るまで続ける．もしまだ通っていない点があれば，$1, 1+a, 1+2a, \ldots$ と a 個飛びで線を結んでいく．これですべて点を通っていれば終わりとなるが，そうでなければ次は，$2, 2+a, 2+2a, \ldots$ と a 個飛びで線を結んでいく．この操作を繰り返して，通っていない点がなくなるまで続けてできた図形を**正星形 m/a 角形**とよぶ（図 16.1 は微妙に等間隔に点をおいていないので，「正」をとって「星形 15/6 角形」である）．特に $a=1$ なら，通常の多角形（m 角形）である．

例 16.2　図 16.2 は正星形 7/3 角形と正星形 6/2 角形である．

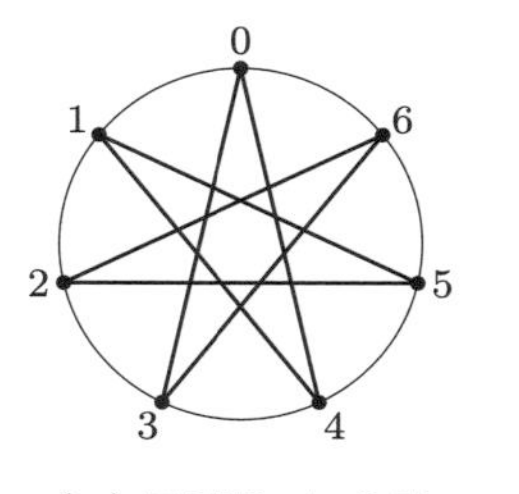

（a）**正星形 7/3 角形**

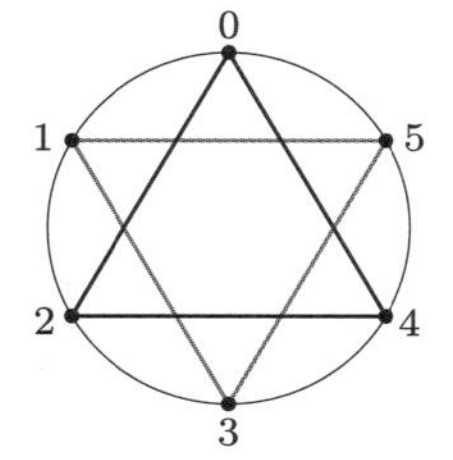

（b）**正星形 6/2 角形**

図 16.2　星形多角形の例

星形多角形は，前節の加法的位数の視覚化といってよい図形である．たとえば，星形 m/a 角形が一筆で書けることと，$\gcd(m,a)=1$ は同値である．その辺も含めて，以降では星形多角形の代数的な考察を行う．

星形 m/a 角形において，$M = \{0, 1, \ldots, m-1\}$, $\gcd(a, m) = g$, $m' = m/g$ とし，

$$
\begin{aligned}
A_0 &\equiv \{0, a, 2a, \ldots, (m'-1)a\} \mod m \quad (m'a = ma/g \equiv 0 \mod m)\\
A_1 &\equiv A_0 + 1 = \{1, a+1, 2a+1, \ldots, (m'-1)a+1\} \mod m\\
A_2 &\equiv A_0 + 2 = \{2, a+2, 2a+2, \ldots, (m'-1)a+2\} \mod m\\
&\vdots\\
A_{g-1} &\equiv A_0 + g - 1\\
&= \{g-1, a+g-1, 2a+g-1, \ldots, (m'-1)a+g-1\} \mod m
\end{aligned}
$$

と定める．ここで，$g = 1$ なら $m = m'$ であり，$|A_0| = m$（a の mod m での加法的位数が m より）だから $M = A_0$ である．$g = 2$ なら $m = 2m'$ であり，$|A_0| = |A_1| = m/2$ だから $M \equiv A_0 \sqcup A_1$ が成り立つ．一般に，$M \equiv A_0 \sqcup \cdots \sqcup A_{g-1}$ が成り立つ（問題 16.1）．

注意してほしいのは，g に対して A_i は，A_0 から A_{g-1} までしか定義していないことである．たとえば，$m = 15$, $a = 6$ のときは，$g = 3$, $m' = 15/3 = 5$, $A_0 \equiv \{0, 6, 12, 18, 24\}$, $A_1 \equiv \{1, 7, 13, 19, 25\}$, $A_2 \equiv \{2, 8, 14, 20, 26\} \mod 15$ となる．

▶**注意 16.3** (1) 図 16.1 について，$\underline{A_0 \equiv \{0, 6, 12, 3, 9\}}$, $\underline{A_1 \equiv \{1, 7, 13, 4, 10\}}$, $\underline{A_2 \equiv \{2, 8, 14, 5, 11\}}$ mod 15 であるが，それぞれの集合内で小さい数順（A_0 の場合 0, 3, 6, 12 の順）に線で結んでいくと，どれも単なる 5 角形を表すことになる．そのままの数順（A_0 の場合 0, 6, 12, 3, 9 の順）で結ぶと，星形になるのである．

(2) 正星形多角形の場合，各 A_i はどれも合同な星形多角形を表し，**「正星形 m/a 角形は，正星形 m'/a' 角形を $g = \gcd(m, a)$ 個，ずらして重ねた図形」**になっている．

問題 16.1 (1) 上で述べた，$M \equiv A_0 \sqcup \cdots \sqcup A_{g-1}$ を証明せよ．
(2) g は，A_0 から A_{g-1} のうちのどの集合に属しているか？

《余談》 群論を習ったことがある人のために，$m = 15$, $a = 6$ のときの上記 A_i の群論的解釈を二つ述べておく．標準的な記号や概念を説明なしで使う（第 20 講で，群や剰余群，巡回群などについて解説する）．

(1) A_0 は，加法群 $G = \mathbb{Z}_{15}$ の 6 で生成される部分群 $\langle 6 \rangle$ と考えてよい．このとき，剰余群 $G/\langle 6 \rangle$ は $\{A_0, A_1, A_2\}$ となる．

(2) 加法群 $A_0 = 6\mathbb{Z}$ は，集合 $\mathbb{Z}_{15}$ へ，加法により作用している．この作用の軌道は，A_0, A_1, A_2 の三つである．どの軌道も大きさ（元の個数）は 5 になっている．

(2) について，群論で習う，

$$(\text{軌道の大きさ}) = \left| \frac{\text{作用する群}}{\text{その軌道内の 1 点の固定群}} \right|$$

という公式で確認してみよう．この場合の固定群は 30（6 と 15 の最小公倍数）の倍数を足すことだから，各軌道の大きさは，確かに $|6\mathbb{Z}/30\mathbb{Z}| = 5$ となる．

一般に群が集合に作用する場合，軌道の大きさが一定とは限らないが，この例ではすべての軌道の大きさが等しい．さらに，それだけではなく，6 を足すという作用を，等間隔においた円上の 15 点を中心のまわりに $6 \cdot 2\pi/15$ 回転させ，回した点と前の点を結ぶことと定めるなら，すべての軌道内の点を結んだ図形が合同な図形（正多角形または正星形多角形）になるのである．

● **例 16.3**　(1) 星形 7/3 角形は，$\gcd(7,3) = 1$ より軌道は一つ，すなわち，$A_0 \equiv \{0,3,6,9,12,15,18\} \equiv \{0,1,2,3,4,5,6\} \mod 7$ である（図 16.2 (a)）．

(2) 星形 6/2 角形は，$\gcd(6,2) = 2$ より軌道は二つ，すなわち，$A_0 \equiv \{0,2,4\}$ および $A_1 \equiv \{1,3,5\}$ であり，$A_0 \sqcup A_1 \equiv \{0,1,2,3,4,5\} \mod 6$ である（図 16.2 (b)）．●

問題 16.2　(1) 次の星形多角形を描き，気づいたことを述べよ．5/2 角形，5/3 角形，7/2 角形，7/4 角形，8/3 角形，6/4 角形，8/2 角形，9/6 角形，10/4 角形，15/9 角形，18/4 角形，28/8 角形．

(2) 正星形 5/2 角形の内角（先端の角）は 36° であることの理由を考えよ．一般に，正星形 m/a 角形の内角を求めよ．

16.3 ジグザグ多角形

図 16.3 のように，等間隔においた円上の 6 点を，$\{1,2,3,4,5,6\} \mod 7$ で考え，1 からスタートして 3 へ，次は 3 倍して $9 \equiv 2$ へ，次はまた 3 倍して $27 \equiv 6$ へと進み，1 に戻るまで続ける．

同じ設定で，3 倍ではなく 2 倍していくとどうなるだろう？ 図 16.4 (a) のように，全部の点を通らず戻ってしまう．これはもちろん，2 が mod 7 での原始根では

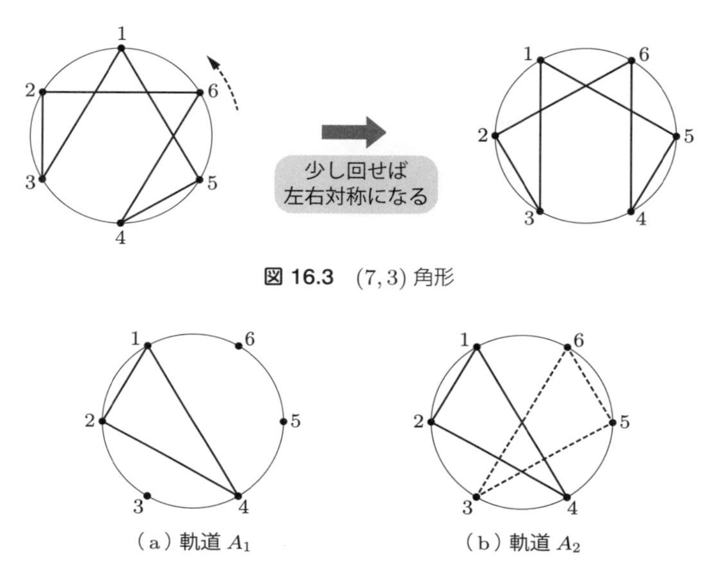

図 16.3　$(7,3)$ 角形

図 16.4　$(7,2)$ 角形

ないからである（3 は mod 7 での原始根である）．

ここで，前節の余談で使った「作用」や「軌道」という言葉を使うので，知らない人は先に 20.6 節を読んでから戻っていただきたい．上記の 2 倍していく作用による軌道を A_1 とすれば，$A_1 \equiv \{1,2,4\}$ mod 7 である．図 16.4 (b) のように，3 を通る軌道を A_2 とすれば $A_2 \equiv \{3,6,5\}$ mod 7 であり，$A_1 \sqcup A_2 \equiv \{1,2,3,4,5,6\}$ mod 7 となる．これは加法的作用のときと同様の現象である．乗法的作用（同じ数を繰り返し掛けていくこと）の場合は，**0 を除いていることに注意しよう！**

> **定義 16.1**　奇素数 p に対して，集合 $\{1,2,\ldots,p-1\}$ mod p に a 倍していく作用から生まれる軌道図形を**ジグザグ (p,a) 多角形**（zigzag polygon），または単に **(p,a) 角形**とよぶ．ジグザグ (p,a) 多角形の頂点の数は，$\varphi(p) = p-1$ である．

図 16.3 は $(7,3)$ 角形，図 16.4 (b) は $(7,2)$ 角形である．

○ **例題 16.5**　$(11,2)$ 角形，$(11,9)$ 角形，$(17,3)$ 角形，$(17,4)$ 角形を描け．　○

[解]　$(11, 2)$ 角形は図 16.5 (a)，$(11, 9)$ 角形は図 (b) のようになる．mod 11 において，2 は原始根だが，9 の位数は 5 であり，原始根ではない．

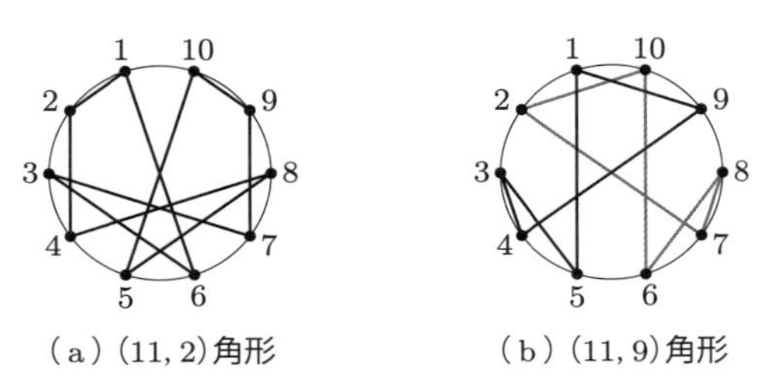

(a) $(11, 2)$角形　　(b) $(11, 9)$角形

図 16.5　mod 11

また，$(17, 3)$ 角形は図 16.6 (a)，$(17, 4)$ 角形は図 (b) のようになる．mod 17 において，3 は原始根だが，4 の位数は 4 であり，原始根ではない．

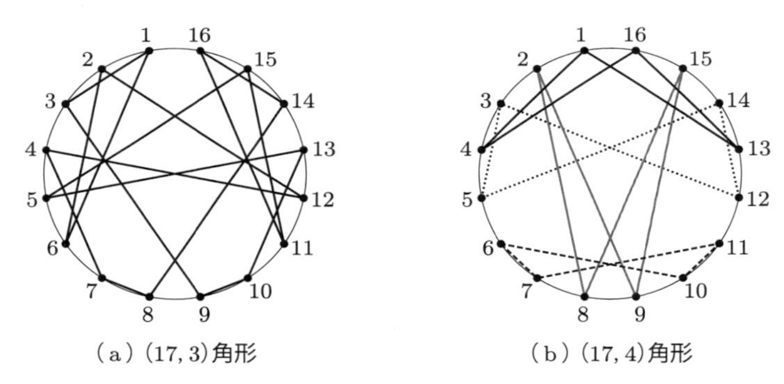

(a) $(17, 3)$角形　　(b) $(17, 4)$角形

図 16.6　mod 17

問題 16.3　次の図形を描き，気づいたことを述べよ．

(1) $(13, 2)$ 角形　　(2) $(13, 10)$ 角形　　(3) $(17, 2)$ 角形　　(4) $(19, 7)$ 角形

第17講 循環小数

* * *

循環小数は小学校で習ったきりで，その後，それについて深く考えたことがないという人が多いと思う．実は，分数の分母を法として考えることで，循環小数の性質が見えてくる．

17.1 循環小数と巡回数

有理数 a/b（$a, b \in \mathbb{N}$）を小数に直すときの仕組みはどうなっているだろう？ $a/b = q_0.q_1q_2\cdots$ ならば，次のように考えられる．

$$\begin{aligned} a &= q_0b + r_0 \\ 10r_0 &= q_1b + r_1 \\ 10r_1 &= q_2b + r_2 \\ &\vdots \end{aligned} \tag{17.1}$$

ただし，q_i および r_i は 0 以上の整数で，q_0 以外は $0 \leq q_i \leq 9$ であり，$r_i < b$ である．

このように，余りを 10 倍して，b で割った余りを求めることを繰り返しているのである．そして，もし $r_i = 0$ となれば，そこでこの操作を終え，**有限小数**を得る．たとえいつまでも r_i が 0 にならなくても，$0 \leq r_i < b$ だから，b 回以下の操作で同じ余りが出る．したがってそのあとは，同じ q_i および r_i が繰り返される．これが**循環小数**が現れるカラクリである．

さて，有限小数となるのはどんな分数だろう？ a/b を既約分数としておけば，その判定はとてもシンプルである．

定理 17.1　既約分数 a/b が有限小数であるための必要十分条件は，b の素因数が 2 と 5 に限ることである．よって，「既約分数 a/b が循環小数 $\Leftrightarrow$ b は 2 と 5 以外の素因数をもつ」がいえる．

［証明］　$a/b = q_0.q_1q_2\cdots q_i$ ならば $a/b = m/10^i$，ただし $m = (q_0q_1q_2\cdots q_i)_{10}$（十進表示）となる．よって $10^i a = bm$ となるが，a と b は互いに素だから，$b \mid 10^i$ となる．したがって，b の素因数は 2 と 5 に限る．逆に，$b = 2^s 5^t$（s, t は 0 以上の整数）ならば，$a/b = a/2^s5^t = 5^s \cdot 2^t a/10^{s+t}$ より，a/b は有限小数である．よって主張の必要十分性がいえた．最後の主張は，同値命題があれば否定命題どうしも同値であるからよい．□

ここで，循環小数に関する基本用語を確認する．

定義 17.1　(1) 小数第 1 位から循環が始まる小数を**純循環小数**（purely periodic decimal）という．

(2) 小数第 m 位（$m \geq 2$）から循環が始まる循環小数を**混循環小数**という（英語ではこのような言い回しはせず，delayed-repeating decimal という）．

(3) 循環小数の循環節の長さを**周期**（period）という．ただし，**循環節**とは，繰り返される数字の列の長さが最小である部分のことである．

● **例 17.1**　$2/3 = 0.666\cdots = 0.\overline{6}$ や $1/7 = 0.\overline{142857}$ は純循環小数であり，2/3 の循環節は 6，周期は 1 で，1/7 の循環節は 142857，周期は 6 である．$22/7 = 3.\overline{142857}$ の循環節は 142857，周期は 6 である（22/7 は円周率の近似分数として有名である）．$3/140 = 0.02\overline{142857}$ は混循環小数であり，循環節は 142857，周期は 6 である．混循環小数は，10 を何回か掛けることで純循環小数になる．●

▶ **注意 17.1**　$0.\overline{6}$ を $0.\dot{6}$，$0.\overline{142857}$ を $0.\dot{1}4285\dot{7}$ と書く本も多いが，本書では上側ラインで統一する．

ところで，22/7 や 3/140 の循環節が 1/7 の循環節に一致しているのは偶然だろうか？ 22/7 の場合は，$22/7 = 3 + 1/7$ だから当然である．3/140 の場合は，

$$\frac{3}{140} = \frac{15}{700} = \frac{1}{700} + \frac{14}{700} = \frac{1}{700} + \frac{2}{100}$$

$$= 0.00\overline{142857} + 0.02 = 0.02\overline{142857}$$

というカラクリである．

○**例題 17.1** $1/7 = 0.\overline{142857}$ を使って，$2/7$, $3/7$, $4/7$, $5/7$, $6/7$ の小数展開を，計算せずに求める方法はないか？ ○

[解] $10/7 = 1.\overline{428571}$ であるから，$3/7 = 10/7 - 1 = 0.\overline{428571}$ である．$3/7$ を 10 倍して，$30/7 = 4.\overline{285714}$ であるから，$2/7 = 0.\overline{285714}$ である．同様に，$20/7 = 2.\overline{857142}$ であるから，$6/7 = 0.\overline{857142}$ である．$60/7 = 8.\overline{571428}$ であるから，$4/7 = 0.\overline{571428}$ である．$40/7 = 5.\overline{714285}$ であるから，$5/7 = 0.\overline{714285}$ である．すなわち，$a/7$ を 10 倍して，整数部分をとればよい．結果として，$1/7$ の循環節 142857 を巡回させた並びになる．

また，$1/7$ に 10 を掛けていくことで現れる分子は，$\{1, 2, 3, 4, 5, 6\} \bmod 7$ のどれかであることと，$10 \equiv 3 \mod 7$ であることを考慮すれば，出てきた分子 3, 2, 6, 4, 5 は，まさに 16.3 節の冒頭でも描いた $(7, 3)$ 角形（図 17.1）の数字の順番にほかならない．

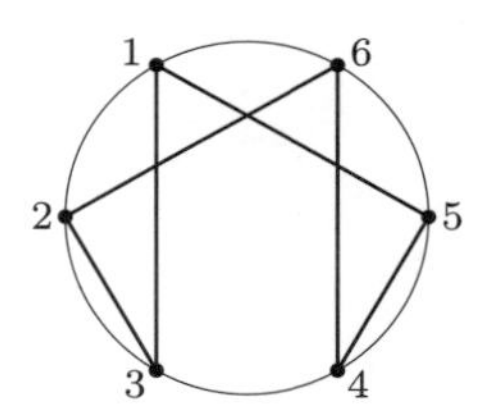

図 17.1 $(7, 3)$ 角形

例題 17.1 での考察から，$10^6 \cdot 1/7 - 1/7 = 142857$（$1/7$ の循環節）は特別な数といえる．実際，上の巡回する循環節を暗記していれば，たとえば，$142857 \cdot 3 = 10^6 \cdot 3/7 - 3/7 = 428571$（$3/7$ の循環節）となる．同様にして，$142857 \cdot 2 = 285714$（$2/7$ の循環節），$142857 \cdot 6 = 857142$（$6/7$ の循環節），$142857 \cdot 4 = 571428$（$4/7$ の循環節），$142857 \cdot 5 = 714285$（$5/7$ の循環節）となる．以上のように，142857 に 2 から 6 までの数を掛けると，数字が巡回することから，このような数は**巡回数**とよばれている．

ちなみに，$142857 \cdot 7 = 10^6 - 1 = 999999$ であり，$142857 \cdot 8 = 142857 \cdot 1 + 142857 \cdot 7 = 1142856$，$142857 \cdot 9 = 142857 \cdot 2 + 142857 \cdot 7 = 1285713$ となるか

ら，もはや巡回していない．

ただし，$n = 7q + r$（$0 \leq r < 7$）のとき，$142857 \cdot 7 = 10^6 - 1$ を使って，

$$142857n = 142857r + q(142857 \cdot 7) = 142857r + 10^6 q - q$$

となる．したがって，142857 を a 倍（$2 \leq a \leq 6$）したときの巡回の仕方を覚えていれば，たとえば，$142857 \cdot 9 = 142857 \cdot 2 + 10^6 - 1 = 285714 + 1000000 - 1 = 1285713$ であり，$142857 \cdot 17 = 142857 \cdot 3 + 2(10^6 - 1) = 428571 + 2000000 - 2 = 2428569$ である（このように循環節とその巡回の仕方を思い出すより，普通に計算したほうが手っ取り早いかもしれないが，手品のように使えるのではと思い書いてみた）．

問題 17.1　巡回数 142857 の性質を利用することで，次を求めよ．

(1) $142857 \cdot 13$　(2) $142857 \cdot 25$　(3) $13/140$　(4) $11/350$

17.2 純循環小数と 10 の位数

ここで，純循環小数についての定理を証明する．

定理 17.2　a/b（$a, b \in \mathbb{N}$, $b \neq 1$）を既約分数とする．

(1)「a/b が純循環小数 $\Leftrightarrow$ $\gcd(10, b) = 1$」が成り立つ．このとき，周期は，$\bmod\ b$ における 10 の位数に等しい．

(2) $a/b = q_0.\overline{q_1 q_2 \cdots q_k}$ のとき，$(q_1 q_2 \cdots q_k)_{10} \cdot b = (10^k - 1) r_0$ が成り立つ．ただし，r_0 は a を b で割った余りとする．特に，$r_0 = 1$ なら，$(q_1 q_2 \cdots q_k)_{10} \cdot b = 10^k - 1 = 99 \cdots 9$ である．

[証明]　(1)（$\Leftarrow$）前節冒頭の，分数を小数に変える式 (17.1) を思い出そう．$a/b = q_0.q_1 q_2 \cdots$ における q_i は，10 倍してから割っていく商であった．すなわち，$a = q_0 b + r_0$, $10r_0 = q_1 b + r_1$, $10r_1 = q_2 b + r_2$, ... において，q_i および r_i は 0 以上の整数で，q_0 以外は $0 \leq q_i \leq 9$ であり，$r_i < b$ である．これを $\bmod\ b$ での合同式で書けば，$a \equiv r_0$, $10r_0 \equiv r_1$, $10r_1 \equiv r_2$, ..., $10r_i \equiv r_{i+1}$, ... となるから，

$$r_1 \equiv 10r_0, \quad r_2 \equiv 10^2 r_0, \quad \ldots, \quad r_{i+1} \equiv 10^{i+1} r_0, \quad \ldots$$

を得る（すなわち，余りの列は，初項 r_0，公比 10 の $\bmod\ b$ での等比数列である）．ここで，$\gcd(10, b) = 1$ より，$\bmod\ b$ での 10 の位数が存在する．それを k とすれ

ば，r_k が初めて mod b で r_0 と合同になる．すなわち，$r_0 \equiv 10^k r_0 \equiv r_k \mod b$ となる．

さらに，任意の r_i について $0 \leq r_i < b$ を満たしているので，$r_k = r_0$ となり，$r_{k+1} = r_1$ となって，以下余りは繰り返される．したがって，$a/b = q_0.q_1q_2 \cdots q_k q_1 q_2 \cdots q_k \cdots = q_0.\overline{q_1q_2\cdots q_k}$ となる．ゆえに，$\gcd(10, b) = 1$ ならば，a が何であっても a/b は純循環小数となり，その周期も a に関係なく，mod b での 10 の位数に一致する．

（⇒）a/b が周期 k の純循環小数ならば，$m := 10^k a/b - a/b$ は，小数部分が消えるので整数である．よって，$(10^k - 1)a = mb$ となり，a/b が既約であることから，$b \mid 10^k - 1$ を得る．ここで，$10^k - 1 = 99\cdots9$ より，b は 2 の倍数でも 5 の倍数でもない．よって，$\gcd(b, 10) = 1$ となる．

(2) $a/b = q_0.\overline{q_1q_2\cdots q_k}$ とすれば，$r_0/b = 0.\overline{q_1q_2\cdots q_k}$ より，$10^k r_0/b - r_0/b = (q_1q_2\cdots q_k)_{10}.\overline{q_1q_2\cdots q_k} - 0.\overline{q_1q_2\cdots q_k} = (q_1q_2\cdots q_k)_{10}$ となる．ゆえに，$(q_1q_2\cdots q_k)_{10} \cdot b = (10^k - 1)r_0$ を得る． □

前節での考察と合わせることで，既約分数の小数展開は次のようにまとめることができる．

定理 17.3 a/b（$a, b \in \mathbb{N}$, $b \neq 1$）を既約分数とする．

(1) 「a/b は小数第 $(m+1)$ 位（$m \geq 1$）から循環 ⇔ $b = 2^s 5^t c$（s, t は 0 以上の整数），$\gcd(c, 10) = 1$, $c \neq 1$, $\max\{s, t\} = m$」が成り立つ．このとき，周期は，mod c における 10 の位数に等しい．

(2) 「a/b は小数第 m 位で止まる ⇔ $b = 2^s 5^t$, $\max\{s, t\} = m$」が成り立つ．

［証明］ (1)（⇒）まず，既約分数 a/b が循環するなら，定理 17.1 より，$\gcd(c, 10) = 1$ となる自然数 $c \neq 1$ が存在して，$b = 2^s 5^t c$ と書ける．次に，$m' := \max\{s, t\}$ とし $10^{m'}(a/b)$ を約分すれば，分母が c となるから，定理 17.2 (1) より $10^{m'}(a/b)$ は純循環小数である．したがって，a/b は小数第 $(m'+1)$ 位から循環する．よって，仮定より $m' = m$ でなければならない．

（⇐）$b = 2^s 5^t c$ が上の条件を満たせば，$10^m(a/b)$ を約分すれば分母が c となる．よって，定理 17.2 (1) より $10^m(a/b)$ は純循環小数である．したがって，a/b は小数第 $(m+1)$ 位から循環する．

最後の主張は，$10^m(a/b)$ に定理 17.2 (1) を適用させればよい．

(2)（⇒）a/b が小数第 m 位で止まるならば，定理 17.1 より，分母に 2 と 5 以外の素因数があってはならない．ゆえに $b = 2^s5^t$ となり，$m' := \max\{s, t\}$ とすれば，$10^{m'}(a/b)$ は 2^ka または 5^ka（$k \geq 0$）となる．よって，a/b は小数第 m' 位以下で止まる有限小数である．ところが，a/b は既約分数だから $\gcd(a, 10) = 1$ であり，もし $2^ka \equiv 0 \mod 10$ あるいは $5^ka \equiv 0 \mod 10$ ならば，$2^k \equiv 0 \mod 10$ あるいは $5^k \equiv 0 \mod 10$ となり矛盾．よって，$2^ka \not\equiv 0 \mod 10$ および $5^ka \not\equiv 0 \mod 10$ だから（したがって $10^{m'}(a/b)$ の 1 の位はゼロでないから），a/b は小数第 m' 位で止まる有限小数である．ゆえに $m' = m$ である．

（⇐）$b = 2^s5^t$ が上の条件を満たせば，$10^m(a/b) = 2^ka$ または 5^ka（$k \geq 0$）となるから，上と同じ議論で，a/b は小数第 m 位で止まる有限小数となる． □

《余談》 p が 5 以外の奇素数なら，既約分数 a/p の周期，すなわち 10 の $\mathrm{mod}\ p$ での位数は，フェルマーの小定理と定理 13.1 より，$p-1$ の約数である．この位数がちょうど $p-1$ となるのは，どんな素数だろう？ 別の言い方をすれば，10 が $\mathrm{mod}\ p$ での原始根となるのはどんな p だろう？

7, 17, 19 などはこの範疇だが，11 や 13 はこの範疇ではない．この範疇に入る素数 p については，1/7 の循環節が巡回数であったように，$1/p$ の循環節も巡回数となる．

この範疇の素数 p，すなわち 10 が $\mathrm{mod}\ p$ で原始根となるものは，以下のようにたくさん見つかっている．

$$p = 7, 17, 19, 23, 29, 47, 59, 61, 97, 109, 113, 131, \ldots$$

しかし，無数にあるかどうかは未解決問題である．ただ，無数にあるだろうと予想され，この予想は**アルティン予想**とよばれている．ちなみに，リーマン予想が正しければ，アルティン予想も正しいことが証明されている．

17.3 ミディの定理

1836 年，フランスの数学者ミディ（E. Midy）は，2, 3, 5 以外の素数 p に対して，a/p の周期が偶数ならば，循環節を半分に分けて足すと $99\cdots9$ になること（ミディの定理）を示した．以下に例をあげる．

● **例 17.2** (1) $1/7 = 0.\overline{142857}$（周期 6），　$142 + 857 = 999999$

(2) $5/7 = 0.\overline{714285}$（周期 6），　$714 + 285 = 999999$

(3) $1/11 = 0.\overline{09}$（周期 2），　$0 + 9 = 9$

(4) $2/13 = 0.\overline{153846}$（周期 6）， $153 + 846 = 999999$

(5) $1/17 = 0.\overline{0588235294117647}$（周期 16）， $5882352 + 94117647 = 99999999$

(6) $15/19 = 0.\overline{789473684210526315}$（周期 18）， $789473684 + 210526315 = 999999999$ ●

ミディの定理は，既約分数の周期が偶数でないと駄目だが，分母が素数でなくても成り立つことが多い．実際，次のように特徴付けられる．

定理 17.4（ミディの定理） 既約分数 a/b の小数展開が純循環小数（よって $\gcd(b, 10) = 1$）であり，周期は偶数 $k = 2\ell$ であるとする．このとき，

$$10^\ell \equiv -1 \mod b \quad \Leftrightarrow \quad \text{循環節を半分に分けて足すと } 99\cdots9 \text{ になる}$$

が成り立つ．

[証明] （$\Rightarrow$）$a/b = q_0.\overline{q_1q_2\cdots q_{2\ell}}$ とするとき，$(q_1\cdots q_\ell)_{10} + (q_{\ell+1}\cdots q_{2\ell})_{10} = 99\cdots9$ を示せばよい．ここで余りを mod b で書けば，$10r_0 \equiv r_1$, $10^2r_0 \equiv r_2$, ..., $10^{i+1}r_0 \equiv r_{i+1}$, ... となるが，$10^\ell \equiv -1 \mod b$ を使うと，$-r_1 \equiv 10^\ell r_1 \equiv r_{\ell+1}$, $-r_2 \equiv 10^\ell r_2 \equiv r_{\ell+2}$, ..., $-r_\ell \equiv 10^\ell r_\ell \equiv r_{2\ell}$ となる．よって，$r_i + r_{\ell+i} \equiv 0 \mod b$ $(1 \le i \le \ell)$ を得る．ところが，$0 < r_i + r_{\ell+i} < 2b$ だから，実は $r_i + r_{\ell+i} = b$ $(1 \le i \le \ell)$ である．ゆえに，

$$\begin{aligned} q_i + q_{\ell+i} &= \frac{10r_i - r_{i+1}}{b} + \frac{10r_{\ell+i} - r_{\ell+i+1}}{b} = \frac{10(r_i + r_{\ell+i}) - (r_{i+1} + r_{\ell+i+1})}{b} \\ &= 10 - 1 = 9 \end{aligned}$$

となる．

（$\Leftarrow$）定理 17.2 (2) より，$(q_1q_2\cdots q_{2\ell})_{10}\cdot b = (10^{2\ell}-1)r_0 = (10^\ell+1)(10^\ell-1)r_0$ となる．ここで，等式

$$\begin{aligned} (q_1q_2\cdots q_{2\ell})_{10} &= 10^\ell(q_1\cdots q_\ell)_{10} + (q_{\ell+1}\cdots q_{2\ell})_{10} \\ &= (q_1\cdots q_\ell)_{10} + (q_{\ell+1}\cdots q_{2\ell})_{10} + (10^\ell - 1)(q_1\cdots q_\ell)_{10} \end{aligned}$$

および，仮定から $(q_1\cdots q_\ell)_{10} + (q_{\ell+1}\cdots q_{2\ell})_{10} = 99\cdots9 = 10^\ell - 1$ となることから，$(q_1q_2\cdots q_{2\ell})_{10}$ は $10^\ell - 1$ で割り切れる．ゆえに，$b \mid (10^\ell + 1)r_0$ となるが，$\gcd(r_0, b) = 1$ だから（a と b が互いに素より），$b \mid 10^\ell + 1$ を得る．よって，$10^\ell \equiv -1 \mod b$ である． □

定義 17.2　定理 17.4 の条件を満たす分数（循環節を半分に分けて足すと $99\cdots9$ になる分数）を，**ミディ分数**とよぶことにしよう．

問題 17.2　次の分数がミディ分数かどうかを調べよ．

(1) 3/11　(2) 5/7　(3) 2/13　(4) 1/17　(5) 15/19　(6) 1/27
(7) 1/37　(8) 1/81

▶**注意 17.2**　p が奇素数なら，定理 11.5 より，任意の $e \in \mathbb{N}$ に対して，$x^2 \equiv 1 \mod p^e$ の解は $x \equiv \pm 1 \mod p^e$ である（解は2個しかない！）．したがって，$p \neq 2, 5$ で，もし $\mathrm{mod}\ p^e$ での 10 の位数 k が偶数ならば，$\ell := k/2$ に対して，$10^\ell \equiv -1 \mod p^e$ が成り立つ（$(10^\ell)^2 \equiv 1 \mod p^e$ かつ $10^\ell \not\equiv 1 \mod p^e$ だから）．ゆえに，**周期が偶数の分数 a/p^e（$p \neq 2, 5$）は，常にミディ分数である．**

●**例 17.3**　(1)　$1/7^2 = 1/49$

$$= 0.\overline{020408163265306122448979591836734693877551}$$

で，周期は 42 である．よって，1/49 はミディ分数である．実際，次が成り立つ．

$$020408163265306122448 + 979591836734693877551$$
$$= 999999999999999999999$$

(2) $1/11^2 = 1/121 = 0.\overline{0082644628099173553719}$ で，周期は 22 である．よって，1/121 はミディ分数である．実際，次が成り立つ．

$$00826446280 + 9173553719 = 99999999999$$ ●

■原始根の一般化

例 17.3 において，$\varphi(49) = 7^2 - 7 = 42$ だから，1/49 の周期が 42 を超えないことは，オイラーの定理よりわかっている．同様に $\varphi(121) = 110$ より，1/121 の周期が 110 を超えないことはわかっているが，実際は 110 の約数である 22 だったということである．実は，定義 14.1 で述べた原始根という概念は，$\mathrm{mod}\ p$（p は素数）に限らず，次のように $\mathrm{mod}\ m$ へ自然に拡張できる．

定義 17.3　$m \in \mathbb{N}$ に対して，$a \in \mathbb{Z}$ の $\mathrm{mod}\ m$ での位数が $\varphi(m)$ のとき，a を $\mathrm{mod}\ m$ での**原始根** (primitive root) とよぶ（位数が存在するためには，a と m が

互いに素であることが必要十分であり，このときオイラーの定理より，$a^{\varphi(m)} \equiv 1 \mod m$ はすでにわかっている）．

▶ **注意 17.3** p が奇素数なら，任意の $e \in \mathbb{N}$ に対して，$\bmod\ p^e$ での原始根が存在する（下の定理 17.5 参照）．原始根が存在すると，巡回群（20.2 節参照）の性質を使うことで，$x^2 \equiv 1 \mod p^e$ の解は 2 個だけ！ ということがわかる（ただ，このことはすでに注意 17.2 で述べたので，わざわざ巡回群なる概念を持ち込まなくてもよい）．

原始根について，次が成り立つ（第 21 講で証明する）．

定理 17.5 $\bmod\ m$ において，

位数が $\varphi(m)$ となる $a \in \mathbb{Z}$ が存在する（すなわち，$\bmod\ m$ **での原始根が存在する**）

$\Leftrightarrow \quad m \in \{2, 4, p^e, 2p^e \mid p$ は奇素数，$e \in \mathbb{N}\}$

が成り立つ．

$\bmod\ p$（p は素数）のときの原始根と同様，$\bmod\ m$ での原始根についても図で見ることができる．まず，定義 16.1 と同様，次のように命名しておく．

定義 17.4 自然数 $m \geq 3$ に対して，1 から $m-1$ までで m と互いに素な数の集合を M とする．この集合 $M \bmod m$ に a 倍していく作用から生まれる軌道図形を**ジグザグ** (m, a) **多角形**（zigzag polygon），または単に (m, a) **角形**とよぶ．ジグザグ (m, a) 角形の頂点の数は $\varphi(m)$ である．

たとえば $m = 18$ なら，$\varphi(18) = 6$ だから，6 個の点で始める．このとき，5, $5^2, \ldots$ を線で結んでいけば，すべての点を通って 1 に到達する．したがって，5 は $\bmod\ 18$ での原始根である（図 17.2 (a)）．これが $(18, 5)$ 角形である．また，7, 7^2, $7^3 \equiv 1 \mod 18$ だから，7 は $\bmod\ 18$ で原始根ではない．さらに，7 倍していく作用を考えると，もう一つの軌道ができる（図 (b) のグレー）．これが $(18, 7)$ 角形である．

同様にして，10 は $\bmod\ 49$ での原始根だが，2 は原始根ではない．$(49, 10)$ 角形と $(49, 2)$ 角形を図に描くと，図 17.3 のようになる．

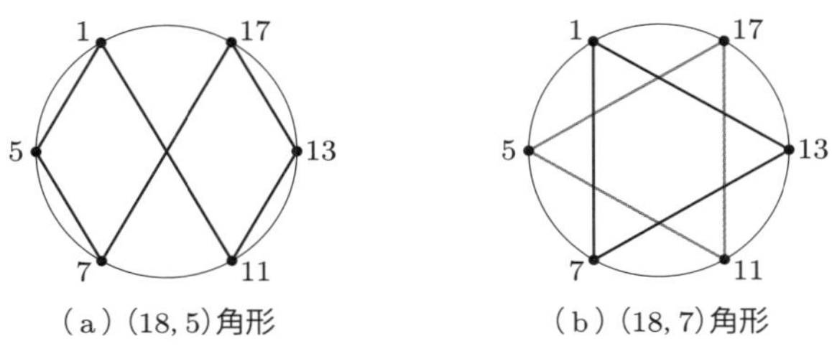

図 17.2　ジグザグ多角形の例（$m = 18$）

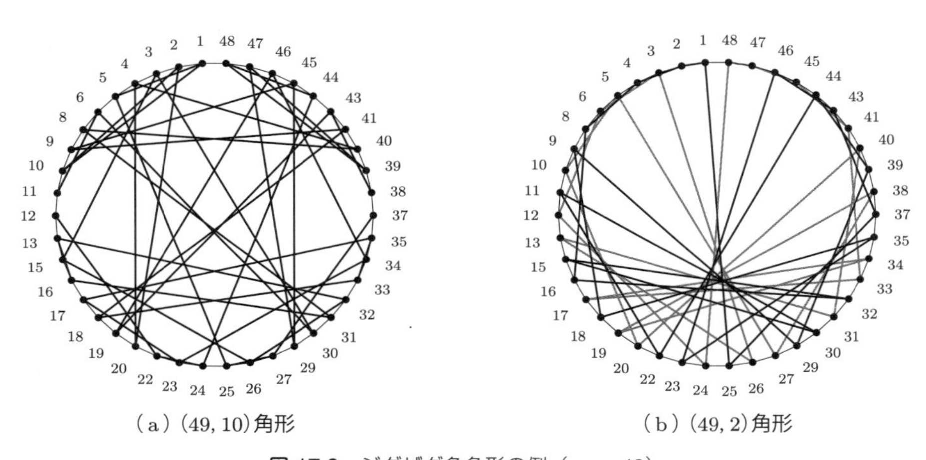

図 17.3　ジグザグ多角形の例（$m = 49$）

問題 17.3　次のジグザグ多角形を描け（(6)〜(8) はコンピュータの助けを借りよう．プログラミングのよい練習となるだろう）．気づいたことを述べよ．

(1) $(16, 3)$ 角形　(2) $(21, 5)$ 角形　(3) $(21, 10)$ 角形　(4) $(27, 5)$ 角形
(5) $(27, 10)$ 角形　(6) $(49, 3)$ 角形　(7) $(71, 10)$ 角形　(8) $(81, 10)$ 角形

ミディの定理，深掘り

この際，もう少しだけミディの定理について深掘りしよう！

$\gcd(b, 10) = 1$ の既約分数 a/b の周期が偶数で，b が素数または素数べきでないミディ分数は存在するか？ たとえば，$1/21 = 0.\overline{047619}$ の周期は 6 だが，$047 + 619 = 666$ である（これも興味深いが）．10^ℓ を計算すると，$10^3 \equiv 13 \not\equiv -1 \mod 21$ である．ところが，$1/77 = 0.\overline{012987}$ や $25/77 = 0.\overline{324675}$ は周期 6 で，$12+987 = 324+675 = 999$ となる．10^ℓ を計算すると，確かに $10^3 \equiv -1 \mod 77$ である．定理 17.4 より，$10^\ell \equiv -1 \mod b$（ただし ℓ は 10 の位数の半分）を満た

せばよいわけである.

2007 年の Harold W. Martin による論文 “Generalizations of Midy's theorem on repeating decimals”, Elec. J. of com. num. theory 7, #A03 (2007) によれば, 二つの素数 c, d（どちらも 10 と互いに素）に対して,

$$\frac{1}{c} \text{ および } \frac{1}{d} \text{ の周期がそれぞれ } 2^s r \text{ と } 2^s t \quad (\text{ただし } s, r, t \in \mathbb{N},\ r, t \text{ は奇数}) \tag{17.2}$$

であれば, $b = cd$ について, 分数 $1/cd$ は定理 17.4 を満たす.

たとえば, $11 \cdot 13 = 143$ で, $1/11$ の周期は 2 で, $1/13$ の周期は 6 だから, 条件 (17.2) を満たす. 実際, $1/143 = 0.\overline{006993}$（周期 6）で $6 + 993 = 999$ となる. また, $11 \cdot 19 = 209$ で, $1/19$ の周期は 18 だから, 条件 (17.2) を満たす. 実際, $1/209 = 0.\overline{004784688995215311}$（周期 18）で $4784688 + 995215311 = 999999999$ となる.

上記の論文では, さらに深い考察がなされている. まず, 分母 b について定理 17.4 が成立すれば, b^i（$i \in \mathbb{N}$）についても定理 17.4 が成立すること. そして, b の任意の異なる素因数 p, q に対して, それらの周期が条件 (17.2) を満たせば, 定理 17.4 が成立することなどが示されている.

問題 17.4　次の分数がミディ分数かどうかを調べよ.

(1) $1/91$　　(2) $1/133$

《余談》　ガウスは $1/71$ の周期が 35 であることを少年時代に発見している（もちろん当時, 電卓などはない）. 分母が素数のとき, その周期は, 奇数の場合のほうが偶数の場合より少なく, ほぼ $1/2$ のようである.

17.4　循環小数から分数へ

循環小数についての最後の話題として, 高校でも習う内容だが,「循環小数を分数に変える方法」を復習しておく.

$x = 0.\overline{q_1 q_2 \cdots q_k}$ とすれば, $10^k x = q_1 q_2 \cdots q_k.\overline{q_1 q_2 \cdots q_k}$ であり, $10^k x - x = q_1 q_2 \cdots q_k$ だから, $99 \cdots 9x = q_1 q_2 \cdots q_k$ から $x = q_1 q_2 \cdots q_k / 99 \cdots 9$ を得る.

また, $x = q_0.\overline{q_1 q_2 \cdots q_k}$ ならば, $x = q_0 + q_1 q_2 \cdots q_k / 99 \cdots 9$ であり, $x = s_0.s_1 s_2 \cdots s_t \overline{q_1 q_2 \cdots q_k}$ ならば,

$$x = \frac{s_0 s_1 s_2 \cdots s_t}{10^t} + \frac{q_1 q_2 \cdots q_k}{99 \cdots 9 \cdot 10^t}$$

となる．

●例 17.4　(1) $0.\overline{213} = 213/999 = 71/333$（71 は素数）

(2) $3.4\overline{213} = 34/10 + 71/3330 = (34 \cdot 333 + 71)/3330 = 11393/3330$（$3330 = 2 \cdot 3^2 \cdot 5 \cdot 37$，11393 は素数）

(3) $0.\overline{1067} = 1067/9999$ を約分したいので，ユークリッドの互除法を使うと，

$$9999 = 1067 \cdot 9 + 396, \quad 1067 = 396 \cdot 2 + 275, \quad 396 = 275 \cdot 1 + 121,$$
$$275 = 121 \cdot 2 + 33, \quad 121 = 33 \cdot 3 + 22, \quad 33 = 22 \cdot 1 + 11, \quad 22 = 11 \cdot 2$$

より $\gcd(1067, 9999) = 11$ となり，$1067/9999 = 97/909$ となる．

あるいは，$1067 \equiv 7 - 6 - 1 = 0 \mod 11$, $9999 \equiv 9 - 9 + 9 - 9 = 0 \mod 11$ であり（9999 が 11 で割れることは自明だが），97 が素数であることに気づけば，わざわざユークリッドの互除法を使う必要はない．

ちなみに，$99 \cdots 9$ の素因数分解は，$999 = 3^3 \cdot 37$, $9999 = 3^2 \cdot 11 \cdot 101$, $99999 = 3^2 \cdot 41 \cdot 271$, $999999 = 3^3 \cdot 7 \cdot 11 \cdot 13 \cdot 37$ である．●

問題 17.5　次の小数を分数に変えよ．

(1) $0.01\overline{259}$　　(2) $0.\overline{00813}$

第18講

2元1次合同方程式

＊ ＊ ＊

第7講で学んだような2元1次不定方程式 $ax + by = c$ についてはどの初等整数論の本でも考察しているが，2元1次合同方程式 $ax + by \equiv c \mod m$ についてはあまり見かけない．ここではその基本的な性質をまとめておくことにする．

18.1 $\gcd(a, b, m) = 1$ の場合

具体例を調べながら，2元1次合同方程式の性質を解明していこう！

一般に，右辺が0の方程式を**斉次**，0でない場合を**非斉次**という．

■ 斉次の場合

例題 18.1 $2x + y \equiv 0 \mod 4$ を解け．

[解] たとえば，$(x, y) = (0, 0)$ や $(1, 2)$ は解である．ほかには？ mod 4 なので，$x = 0, 1, 2, 3$, $y = 0, 1, 2, 3$ なる範囲で調べればよい．$(1, 2)$ を2倍した，$(2, 4) \equiv (2, 0) \mod 4$ も解である．$(1, 2)$ を3倍した，$(3, 6) \equiv (3, 2) \mod 4$ も解である．ほかには？

実はこれだけである．すなわち解は，$(0, 0)$, $(1, 2)$, $(2, 0)$, $(3, 2)$ mod 4 の四つである（図18.1参照）．

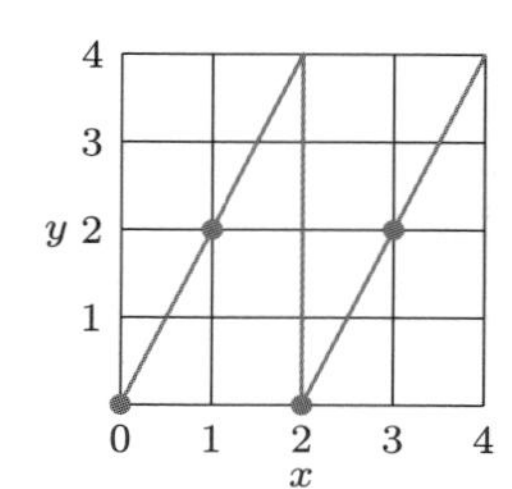

原点からスタートして，$(x, y) = (1, 2)$ へ向かって直線を引き，壁にぶつかったら向かいの壁に行って，また同じ傾きで進む．直線が通る点が解である（詳しくは注意18.1を参照）．

図 18.1 $2x + y \equiv 0 \mod 4$ の解

理由は以下のとおりである．まず，$2x+y \equiv 0 \mod 4$ は $2x+y=4k$（$k \in \mathbb{Z}$）と同値である．第7講で学習した不定方程式の解法を思い出せば，$(x,y)=(0,4k)$ が特殊解となるから，一般解は $(x,y)=(t,4k-2t)$（$t \in \mathbb{Z}$）となる．ゆえに解は $(x,y) \equiv (t,-2t) \equiv t(1,2) \mod 4$（$t=0,1,2,3$）となる．

一般に，次が成り立つ．

定理 18.1　$ax+by \equiv 0 \mod m$ の解は，$\gcd(a,b,m)=1$ ならば m 個である．

［証明］　与式は，$ax+by=mk$（$k \in \mathbb{Z}$）と同値である．そこで，$g=\gcd(a,b)$ とし，$a'=a/g, b'=b/g$ とすれば，$ax+by=0$ の一般解は，$(x,y)=(b't,-a't)$（$t \in \mathbb{Z}$）となる．

次に，$ax+by=1$ の特殊解を (x_0,y_0) とすれば，$ax+by=mk$ の特殊解 (mkx_0,mky_0) を得る．したがって，$ax+by=mk$ の一般解は，$(x,y)=(b't+mkx_0,-a't+mky_0)$ となる．ゆえに与式の解は，$(x,y) \equiv (b't,-a't) \equiv t(b',-a') \mod m$（$t=0,1,\ldots,m-1$）となる．さらに，これら m 個の解は異なる．実際，もし $(b't,-a't) \equiv (b's,-a's) \mod m$（$s \in \mathbb{Z}$）ならば，$m \mid b'(t-s)$ かつ $m \mid a'(t-s)$ であるが，$\gcd(a',b')=1$ より，$m \mid t-s$ となる．ゆえに $t \equiv s \mod m$ である．すなわち，m 個の解は異なる．□

▶**注意 18.1**　定理 18.1 の証明は，解の求め方および解の構造を明らかにしている．すなわち，$ax+by \equiv 0 \mod m$ の解は，$(b',-a')$ を 0 倍, 1 倍, 2 倍, $\ldots$, $(m-1)$ 倍することですべて求められる（群論の言葉を使えば，解全体は巡回群をなす）．これを図示するには，$(b',-a') \equiv (x_1,y_1) \mod m$ となる $0 \leq x_1 < m$ および $0 \leq y_1 < m$ に対して，xy 平面上の原点から (x_1,y_1) へ直線を引いていき，この直線が通る格子点がすべての解となる．ただし，$\mathrm{mod}\ m$ なので，どちらかの座標が m となった時点で 0 に変えるというルール設定で，$m \times m$ の格子点上で解を見ることができる．

さらに，解 $(b',-a')$ にこだわらなくても，$(0,0)$ 以外の解 (x_0,y_0) が $\gcd(x_0,y_0,m)=1$ を満たせば（たとえ $\gcd(x_0,y_0) \neq 1$ でも），$t(x_0,y_0)$, $t=0,1,\ldots,m-1$ が解であることもいえる．実際，もし $t(x_0,y_0) \equiv s(x_0,y_0) \mod m$（$s,t=0,1,\ldots,m-1$）ならば，$m \mid x_0(s-t)$ かつ $m \mid y_0(s-t)$ が成り立つ．ここで $\gcd(x_0,y_0,m)=1$ より，$m \mid s-t$ となる．よって，s,t の範囲から $s=t$ である．すなわち，上記 m 個はすべて異なり，解が m 個であることは証明済みなので，これら m 個が解である．

○**例題 18.2** 次を解き，解を図示せよ．

(1) $3x+2y\equiv 0 \mod 4$ (2) $2x-4y\equiv 0 \mod 5$ ○

[解] (1) $(2,1)$ が解だから，$(x,y)\equiv(0,0),(2,1),(0,2),(2,3) \mod 4$ が解である（図 18.2 (a)）．

(2) $(1,3)$ が解だから，$(x,y)\equiv(0,0),(1,3),(2,1),(3,4),(4,2) \mod 5$ が解である（図(b)）．

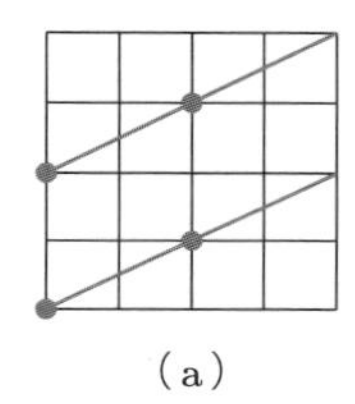
(a)

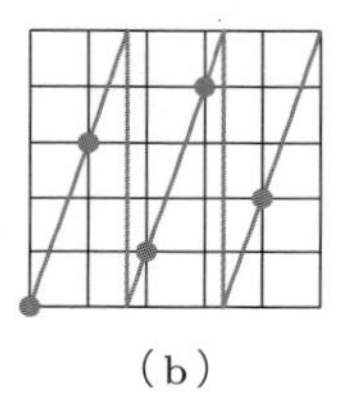
(b)

図 18.2 $3x+2y\equiv 0 \mod 4$ と $2x-4y\equiv 0 \mod 5$ の解

▶**注意 18.2** 図(b) は，原点から $(1,3)$ へ直線を引いていく図だが，原点と $(2,1)$ を結んでいっても解が出る．あるいは，原点と $(4,2)$ を結んでいっても解が出る．実際，原点から $(4,2)$ でスタートすれば，次は $2(4,2)\equiv(3,4)$，次は $3(4,2)\equiv(2,1)$，次は $4(4,2)\equiv(1,3) \mod 5$ となるからである．

非斉次の場合

○**例題 18.3** $2x+y\equiv 1 \mod 4$ を解き，解を図示せよ． ○

[解] mod 4 なので，$x=0,1,2,3$, $y=0,1,2,3$ なる範囲で調べればよい．ただ，斉次の場合同様，まずは不定方程式 $2x+y=1$ を解いてから，mod 4 を考えればすぐに見つかる．すなわち，一つの解（特殊解）を見つければ，他の解は，その特殊解に例題 18.1 で求めた $2x+y\equiv 0 \mod 4$ の解 $t(1,2)$ $(t=0,1,2,3)$ を加えることで得られる．たとえば特殊解 $(0,1)$ を使って，$(0,1)+(0,0)=(0,1)$, $(0,1)+(1,2)=(1,3)$, $(0,1)+(2,0)=(2,1)$, $(0,1)+(3,2)=(3,3)$ と解が四つ得られる．

幾何学的な表現をすれば，これらの解は「$2x+y\equiv 0 \mod 4$ の解を $(0,1)$ だけ平行移動させた解」となる．

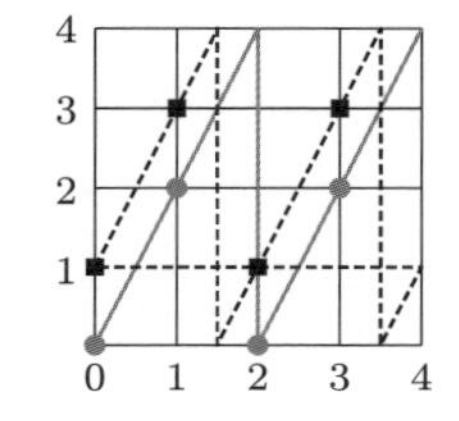

図 18.3
$2x+y\equiv 1 \mod 4$ の解

図18.3で，丸の点は $2x+y\equiv 0 \mod 4$，四角の点は $2x+y\equiv 1 \mod 4$ の解を表す．

▶**注意 18.3**　図18.1，18.2と同様，図18.3の上下の枠は同一視し，左右の枠も同一視している．

上下を同一視すると円柱になり，その円柱の二つの底円を同一視するとトーラス（浮き輪面）になる．図のグレーの線も破線も，トーラス上の**単純閉曲線**（円と同相な図形）と考えることができる．そして，格子点はそのまま，トーラス上の格子点となる．

問題 18.1　次を解き，解を図示せよ．

(1) $3x+2y\equiv 2 \mod 4$　　　(2) $2x-4y\equiv 3 \mod 5$

▶**注意 18.4**　(2) の $2x-4y\equiv 3 \mod 5$ に対して，たとえば $(4,0)$ が解だとすぐにわかる．ところが，不定方程式 $2x-4y=3$ は「解なし」である．合同 $\equiv$ を $=$ に変えて，mod 5を無視した不定方程式に解があれば，その解はもとの合同方程式の解でもある．ただ，この逆は成り立たないのである．特殊解がすぐに見つからないとき，たとえば次の二つの（本質的には同じ）方法は有効である．

(i) $2x-4y\equiv 3 \mod 5$ に対して，$2x-4y=3$ は「解なし」だが，もとの合同方程式は $2x-4y\equiv 8 \mod 5$ と同値で，$2x-4y=8$ なら「解あり」である．

(ii) 両辺に $2^{-1}\equiv 3 \mod 5$ を掛けることで，もとの合同方程式は $x-2y\equiv 4 \mod 5$ と同値になり，$x-2y=4$ なら「解あり」である．

○**例題 18.4**　次を解け．

(1) $18x+16y\equiv 7 \mod 33$　　　(2) $30x+21y\equiv 13 \mod 70$

(3) $33x+55y\equiv 4 \mod 195$　　　(4) $33x+55y\equiv 5 \mod 195$　○

[解]　(1) $16\cdot(-2)=-32\equiv 1 \mod 33$ だから，$-2\equiv 16^{-1} \mod 33$ である．よって，与式は $-36x+y\equiv -14 \mod 33$ と同値である．ゆえに，$-3x+y\equiv -14 \mod 33$ とも同値である．したがって，$(x,y)=(4,-2)$ は特殊解である．また，$18x+16y\equiv 0 \mod 33$ は $9x+8y\equiv 0 \mod 33$ と同値だから，この解は $(x,y)\equiv t(8,-9) \mod 33$（$t=0,1,\ldots,32$）である．ゆえに解は，$(x,y)\equiv(4,-2)+t(8,-9) \mod 33$（$t=0,1,\ldots,32$）の33個となる．

（注）与式は $18x+16y\equiv 40 \mod 33$ と同値だから，$9x+8y=20$ の解 $(20,-20)$ を見つけてもよい．

(2) $\gcd(30,21)=3$ から，$3^{-1}\equiv -23 \mod 70$ である．与式の両辺に -23

を掛けて，$-690x-483y \equiv -299 \mod 70$ となる．これは，$10x+7y \equiv -19 \mod 70$ と同値である．ここで，$10x+7y=-19$ の特殊解として $(-4,3)$ をとればよい．また，$30x+21y \equiv 0 \mod 70$ は $10x+7y \equiv 0 \mod 70$ と同値だから，この解は $(x,y) \equiv t(7,-10) \mod 70$（$t=0,1,\ldots,69$）である．ゆえに解は，$(x,y) \equiv (-4,3)+t(7,-10) \mod 70$（$t=0,1,\ldots,69$）の 70 個となる．

[別解] 右辺の 13 に 140 を足して，$30x+21y=153$ を解けば，$10x+7y=51$ からすぐに特殊解 $(3,3)$ が見つかる．よって解は，$(x,y) \equiv (3,3)+t(7,-10) \mod 70$（$t=0,1,\ldots,69$）の 70 個となる（この解は上の解と一見違うが，実は同じである）．

(3) $\gcd(33,55)=11$ から，まず $11^{-1} \mod 195$ を求める．$195s+11t=1$ を解くと，$[17,1,2,1]=71/4$ から $(s,t)=(-4,71)$ を得る．よって，$11^{-1} \equiv 71 \mod 195$ である．与式の両辺に 71 を掛けて，$2343x+3905y \equiv 283 \mod 195$ となる．これは，$3x+5y \equiv 89 \mod 195$ と同値である．ここで，$3x+5y=89$ の特殊解として $(8,13)$ をとればよい．また，$33x+55y \equiv 0 \mod 195$ は $3x+5y \equiv 0 \mod 195$ と同値だから，この解は $(x,y) \equiv t(-5,3) \mod 195$（$t=0,1,\ldots,194$）である．ゆえに解は，$(x,y) \equiv (8,13)+t(-5,3) \mod 70$（$t=0,1,\ldots,194$）の 195 個となる．

(4) (3) と同じようにすれば解けるが，$x=0$ のとき $55y \equiv 5 \mod 195$ が解をもつことに気づけば，特殊解はより早く見つかる．実際，$11y \equiv 1 \mod 39$ を解くと，$y \equiv -7$ となるから，(3) の結果を使えば，解は $(x,y) \equiv (0,-7)+t(-5,3) \mod 70$（$t=0,1,\ldots,194$）の 195 個となる．

一般の場合でも上と同じようにすれば解けるので，定理としてまとめておく．

定理 18.2 $ax+by \equiv c \mod m$ は，$\gcd(a,b,m)=1$ ならば必ず m 個の解をもつ（解は常に存在する，たとえ $\gcd(a,b) \nmid c$ でも！）．

[証明] 解の存在は後回しにして，まず，解 (x_0,y_0) があれば，解は m 個あることを示す．もし (x,y) が解ならば，$ax+by \equiv c \mod m$ および $ax_0+by_0 \equiv c \mod m$ が成り立つので，$a(x-x_0)+b(b-y_0) \equiv 0 \mod m$ が成り立つ．定理 18.1 より，これは m 個の解をもち，それらの解を (x_0,y_0) だけ平行移動したものが，与式の解となる．

さて，解の存在を示そう．まず，$g = \gcd(a, b)$ とし，$a' = a/g$, $b' = b/g$ とすると，$\gcd(g, m) = 1$ より $g^{-1} \bmod m$ が存在する．そこで与式に g^{-1} を掛ければ，$a'x + b'y \equiv g^{-1}c \bmod m$ となる．ここで，$\gcd(a', b') = 1$ より $a'x + b'y = g^{-1}c$ の解は存在する．その一つを (x_0, y_0) とすれば，(x_0, y_0) は，$a'x + b'y \equiv g^{-1}c \bmod m$ の解でもある．さらにその解は与式の解でもあるから，解の存在が示された．　□

定理 18.2 の証明は，m 個の解が存在することを示しただけでなく，その求め方も述べている．念のため，その手順をもう一度簡潔に述べておく．

$ax + by \equiv c \bmod m$, $\gcd(a, b, m) = 1$ の解

特殊解が見つかれば，それに $ax + by \equiv 0 \bmod m$ の解を加えればよい．特殊解は，$g = \gcd(a, b)$ とするとき，両辺に $g^{-1} \bmod m$ を掛けた $a'x + b'y = g^{-1}c$ の解をとればよい．

18.2　$\gcd(a, b, m) \neq 1$ の場合

この場合も具体例から定理を導いていこう！

■ 斉次の場合

○例題 18.5　$18x + 12y \equiv 0 \bmod 8$ を解き，解を図示せよ．　○

[解]　これは 2 で割った $9x + 6y \equiv 0 \bmod 4$ と同値だから，前節の方法で解けばよい．3 と 4 が互いに素だから，$3x + 2y \equiv 0 \bmod 4$ とも同値である．よって，$3x + 2y = 0$ から，解は，$(2, -3) \equiv (2, 1) \bmod 4$ より $(x, y) \equiv t(2, 1)$ $(t = 0, 1, 2, 3)$ となる．ただ，問題が mod 8 なので，答えも mod 8 で答えたい．

8.2 節を思い出そう

$ax \equiv 0 \bmod m$ の解は，$d = \gcd(a, m)$, $m' = m/d$ とおくと，$x \equiv 0 \bmod m'$ である．よって解は，$x \equiv 0, m', 2m', \ldots, (d-1)m' \bmod m$ の d 個となる．

$18x + 12y \equiv 0 \bmod 8 \Leftrightarrow 3x + 2y \equiv 0 \bmod 4$ はさらに，$3x + 2y \equiv$

$0, 4 \mod 8$ とも同値である．したがって，$3x + 2y \equiv 0 \mod 8$ の解 8 個と，$3x + 2y \equiv 4 \mod 8$ の解 8 個を合わせたものが mod 8 での解となる．ゆえに，図 18.4 のような 2 本の折れ線が通る格子点となる．すなわち，$(x, y) \equiv$ $(0,0)$, $(2,1)$,$(4,2)$,$(6,3)$,$(0,4)$,$(2,5)$,$(4,6)$,$(6,7)$, $(4,0)$,$(6,1)$,$(0,2)$,$(2,3)$,$(4,4)$,$(6,5)$, $(0,6)$,$(2,7)$ の 16 個である．

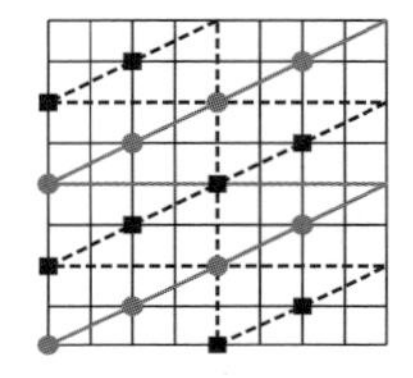

図 18.4　$18x + 12y \equiv 0 \mod 8$ の解

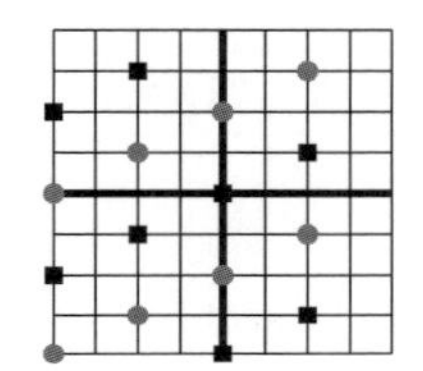

図 18.5　$3x + 2y \equiv 0 \mod 4$ の解の四つのコピー

ちょっと気になるのは，原点と四角の点 $(2,3)$ を結んでいっても大丈夫かということ．実は，四角の点でも丸の点でも，解 (x_0, y_0) が $\gcd(x_0, y_0, 8) = 1$ である限り大丈夫である．すなわち，点を結んでできる折れ線は，8 個の解を通り，それ以外のどの解からでも，その折れ線に平行に折れ線を引いていけば，さらに 8 個の解を通って，結局すべての解を通るのである．

実際，四角の点も丸の点も，与式 $18x+12y \equiv 0 \mod 8$ の解だから，それらを足しても解である．たとえば，$k(2,3)$ は解であり，$\gcd(2,3) = 1$ だから，$k = 0, 1, \ldots, 7$ はすべて異なる点となる．これら 8 点は，$3x - 2y \equiv 0 \mod 8$ の解である．ところで，与式の解はすべて $3x - 2y \equiv 0 \mod 4$ の解であることに注意すれば，解は $3x - 2y \equiv 0 \mod 8$ と $3x - 2y \equiv 4 \mod 8$ の解との和集合であることがわかる．ゆえに残った点は，$3x - 2y \equiv 0 \mod 8$ の解が作る折れ線と平行な折れ線上にあるのである．

[別の見方]　解のはじめに述べたように，$18x + 12y \equiv 0 \mod 8$ は $3x + 2y \equiv 0 \mod 4$ と同値である．後者の解 $k(2,3)$ $(k = 0, 1, 2, 3)$ に対して，$(x, y) \equiv (2k + 4i, 3k+4j) \mod m$ $(i, j = 0, 1)$ は，mod 8 ではすべて異なり，それらは $4 \cdot 2 \cdot 2 = 16$ 個ある．したがって前の考察から，これらがすべての解となる．8×8 の図 18.4 をもう一度見て，4×4 の四つの部分を見ると，図 18.5 のように同じ図が四つ並んでいるのがわかる．

例題 18.6　$4x+6y \equiv 0 \mod 8$ を解き，解を図示せよ．

［解］　$2x+3y \equiv 0 \mod 8$ の解8個と，$2x+3y \equiv 4 \mod 8$ の解8個を合わせたものが mod 8 での解となる．したがって，解は図 18.6 のような2本の折れ線が通る格子点となる．すなわち，$(x,y) \equiv$ $(0,0),(1,2),(2,4),(3,6),(4,0),(5,2),(6,4),(7,6),$ $(2,0),(3,2),(4,4),(5,6),(6,0),(7,2),(0,4),(1,6)$ の16個である．

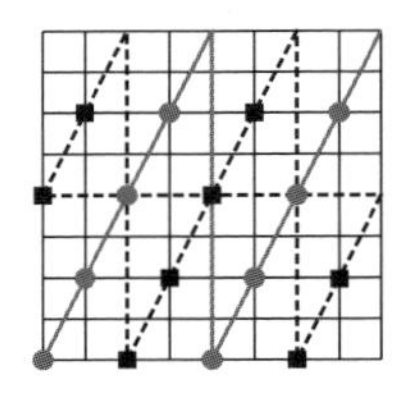

図 18.6
$4x+6y \equiv 0 \mod 8$ の解

$ax+by \equiv 0 \mod m$（$\gcd(a,b,m) \neq 1$）の解について，定理としてまとめておく．

定理 18.3　$ax+by \equiv 0 \mod m$ の解は，$\gcd(a,b,m)=d$, $a'=a/d$, $b'=b/d$, $m'=m/d$ とすれば，$a'x+b'y \equiv 0, m', 2m', \ldots, (d-1)m' \mod m$ の解の和集合である．解は，全部で md 個ある．

［証明］　$ax+by \equiv 0 \mod m \Leftrightarrow a'x+b'y \equiv 0 \mod m' \Leftrightarrow a'x+b'y \equiv 0, m', 2m', \ldots, (d-1)m' \mod m$（$d$ 個の2元方程式）が成り立つ．定理 18.2 より，それぞれの2元方程式の解は m 個であり，これらがすべて異なることは，各方程式を表す直線が平行で交わりがない（解の平行移動である）ことによる．ゆえに，解は全部で md 個である．　□

問題 18.2　次を解き，解を図示せよ．

(1) $6x+10y \equiv 0 \mod 8$　　(2) $6x+9y \equiv 0 \mod 24$

非斉次の場合

例題 18.7　次を解き，解があれば図示せよ．

(1) $4x+6y \equiv 3 \mod 8$　　(2) $4x+6y \equiv 6 \mod 8$

［解］　(1) $4x+6y=3+8k$ となる $k \in \mathbb{Z}$ が存在しないから，「解なし」である．

(2) $4x+6y \equiv 6 \mod 8$ は，$(0,1)$ を特殊解にもつ．よって，例題 18.6 で求めた $4x+6y \equiv 0 \mod 8$ の解に $(0,1)$ を足すことで，解は $(x,y) \equiv (0,1),(1,3),$

$(2,5),(3,7),(4,1),(5,3),(6,5),(7,7)$, $(2,1),(3,3),(4,5),(5,7),(6,1),(7,3),(0,5)$, $(1,7)$ の 16 個である．図示すると，図 18.7 (b) のようになる．

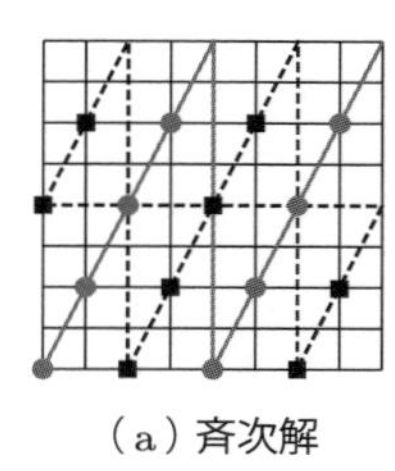

（a）斉次解

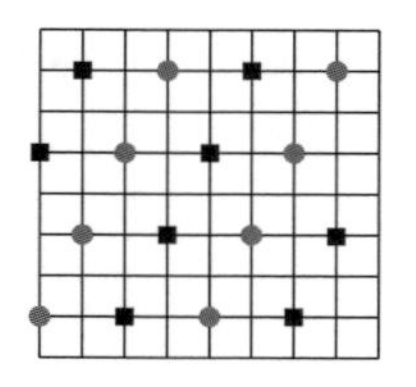

（b）非斉次解（(a)の解に $(0,1)$ を足した）

図 18.7　$4x + 6y \equiv 0 \mod 8$ と $4x + 6y \equiv 6 \mod 8$ の解

一般に，$\gcd(a, b, m) \neq 1$ での非斉次方程式については，例題 18.7 からわかるように，定理 18.3 を使って簡単に解ける．これも定理としてまとめておく．

> **定理 18.4**　$ax + by \equiv c \mod m$ について，次が成り立つ．
> (1) $\gcd(a, b, m) = d$ が c の約数 $\Leftrightarrow$ 「解あり」
> (2)「解あり」のときは，$ax + by \equiv 0 \mod m$ の解に特殊解 (x_0, y_0) を加えたものが解全体となる．

［証明］　(1) $ax + by = c + mk$ $(k \in \mathbb{Z})$ と書けるから，「解あり」$\Rightarrow d \mid c$ である．逆に，$d \mid c$ ならば，$a = a'd$, $b = b'd$, $c = c'd$, $m = m'd$ とおくと $a'x + b'y \equiv c' \mod m'$ となり，$\gcd(a', b', m') = 1$ だから，定理 18.2 より「解あり」となる．

(2) 定理 18.2 の証明で述べたように，斉次方程式と非斉次方程式との関係からすぐにわかるので省略する．□

問題 18.3　次を解け．

(1) $2x + 2y \equiv 2 \mod 4$　　(2) $2x - 4y \equiv 3 \mod 8$

(3) $6x + 10y \equiv 4 \mod 8$　　(4) $6x + 9y \equiv 12 \mod 24$

《余談》　すでに述べたように，$ax + by \equiv 0 \mod m$ の解は，上下の枠と左右の枠を同一視した $m \times m$ 格子の図において，原点 O からある格子点 A（特殊解）に向かってベクトル $\overrightarrow{\mathrm{OA}}$ を引き，そのベクトルに同じベクトルを足していき，壁にぶつかったら向かい側の壁から同じベクトルを足して進んでいったとき通る格子点である．そして，最初に到達するすでに通った点は原点である．たとえば，$6x + 9y \equiv 0 \mod 24$

において，$\mathrm{A} = (8, 16)$ とすれば，3回進んで $(0,0)$ に到達する．$\mathrm{A} = (1,2)$ とすれば，24回進んで $(0,0)$ に到達する．

これは群論の言葉を使うなら，加法群 $\mathbb{Z}_m \times \mathbb{Z}_m$ の任意の元には位数が存在するということである．言い換えると，ある元に何回かそれ自身を加えていけば，単位元 $(0,0)$ になるまで常に異なる元であるということである．すなわち，A から初めて O まで行った点の集合 H は，加法群 $\mathbb{Z}_m \times \mathbb{Z}_m$ の巡回部分群である．また，この場合の位数は必ず m の約数になることもわかる．

さらに，H に入っていない点 B からまたベクトル $\overrightarrow{\mathrm{OA}}$ を足していくと，図形的には，H を通る折れ線に常に平行のまま B に戻ってくる．この集合を H_{B} と書くことにすれば，H_{B} は，ベクトル $\overrightarrow{\mathrm{OA}}$ を足していくという作用を $\mathbb{Z}_m \times \mathbb{Z}_m$ へ施して現れる軌道ととらえることができる．この軌道が作る図形は，16.1 節で説明した星形多角形の例と類似している．この場合も軌道が作る図形は，すべて合同な図形となる．H の点を結んだ線も H_{B} の点を結んだ線もトーラス上の単純閉曲線といってよい．特に，$ax + by \equiv 0 \mod m$ の解全体を K とすれば，K は $\mathbb{Z}_m \times \mathbb{Z}_m$ の部分群であり，「$\gcd(a,b,m) = 1$ の場合，K は $\mathbb{Z}_m \times \mathbb{Z}_m$ の巡回部分群となる」（注意 18.1 参照）．また，$\gcd(a,b,m) = d > 1$ なら，$a' = a/d,\ b' = b/d$ とすれば，（$\gcd(a', b', m) = 1$ より）K は $a'x + b'y \equiv 0 \mod m$ の解である巡回部分群 H を含む．集合としては，H による $\mathbb{Z}_m \times \mathbb{Z}_m$ への作用からできる d 個の軌道を合わせたものになっていて，$K \cong \mathbb{Z}_d \times \mathbb{Z}_m$ も示せる（問題 20.6 参照）．また，K は剰余群 $(\mathbb{Z}_m \times \mathbb{Z}_m)/H$ の d 個の元からなる部分群でもある．

▶ **注意 18.5**　$ax + by \equiv 0 \mod m$ の解の集合は，$\gcd(a,b,m) = d > 1$ なら決して巡回群ではない．理由としては，解の個数は md 個だが，どんな解もその位数は m の約数だから（巡回群になるには位数 md の元が必要！）というだけで十分である．

● **例 18.1**　$x - y \equiv 0 \mod 2$ の解は巡回群だが，$2x - 2y \equiv 0 \mod 4$ の解は巡回群でない（図 18.8 参照）．

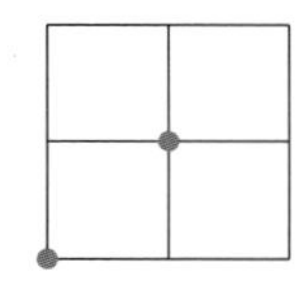

（a）$x - y \equiv 0 \mod 2$ の解

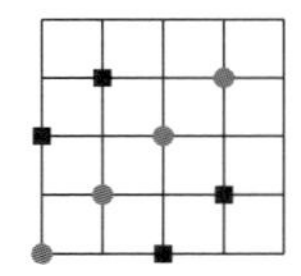

（b）$2x - 2y \equiv 0 \mod 4$ の解

図 18.8　巡回群と非巡回群

第 19 講

2元連立1次合同方程式

＊ ＊ ＊

ここまできたら，２元連立１次合同方程式も考察しておくのが自然であろう．

19.1 中学の延長としての解法

たとえば，$\begin{cases} x+2y \equiv 0 \mod 4 \\ x+y \equiv 0 \mod 4 \end{cases}$ の解は，図を描けばわかるように，$(x,y) \equiv (0,0) \mod 4$ だけである（図 19.1）．

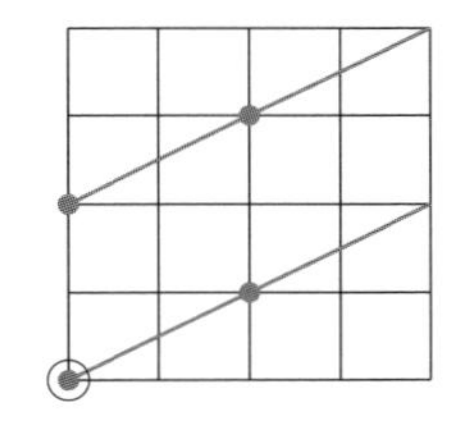

（a）$x+2y \equiv 0 \mod 4$ の解

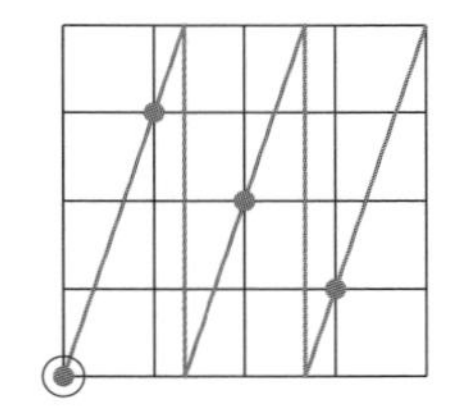

（b）$x+y \equiv 0 \mod 4$ の解

図 19.1 斉次の例

では，$\begin{cases} x+2y \equiv 1 \mod 4 \\ x+y \equiv 2 \mod 4 \end{cases}$ はどうだろう？ 第 1 式は図 19.1 (a) の折れ線に $(1,0)$，第 2 式は図(b) の折れ線に $(2,0)$ を足してできる図 19.2 の破線だから，解

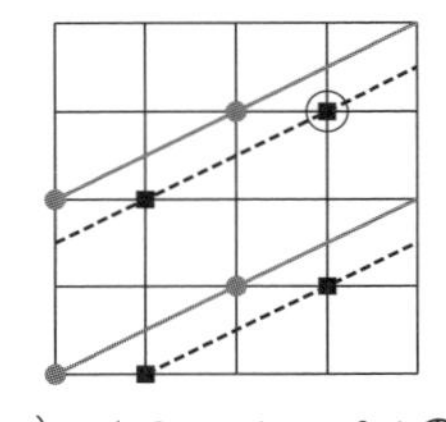

（a）$x+2y \equiv 1 \mod 4$ の解

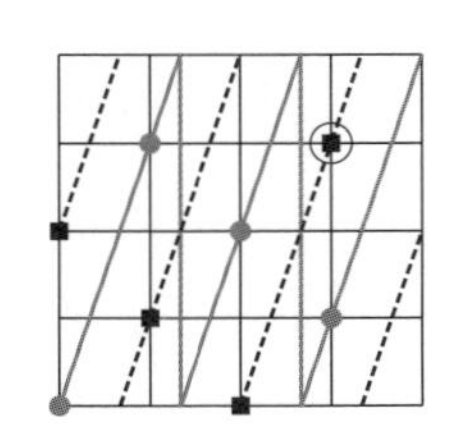

（b）$x+y \equiv 2 \mod 4$ の解

図 19.2 非斉次の例

は $(x, y) \equiv (3, 3) \mod 4$ だけだとわかる．

これらは中学で習った連立方程式のように，以下のように解いてもよい．

$\begin{cases} x + 2y \equiv 1 \mod 4 \\ x + y \equiv 2 \mod 4 \end{cases}$ に対して，たとえば第1式から第2式を引けば，$y \equiv -1 \mod 4$ を得る．これを第2式に代入して，$x \equiv 3 \mod 4$ を得る．ゆえに，$(x, y) \equiv (3, 3) \mod 4$ を得る．

以下の例でもわかるように，連立方程式と合同式の意味を理解していれば，たいていの問題は解けるわけである．まずは「解なし」の例を見てみよう．

○例題 19.1 次を解け．

(1) $\begin{cases} 3x - y \equiv 1 \mod 8 \\ 3x + y \equiv 2 \mod 8 \end{cases}$ (2) $\begin{cases} 2x + y \equiv 2 \mod 8 \\ 2x + 4y \equiv 3 \mod 8 \end{cases}$ ○

[解] (1) 第2式から第1式を引くと，$2y \equiv 1 \mod 8$ となるから，「解なし」である．

(2) 第2式から第1式を引くと，$3y \equiv 1 \mod 8$ となるから，$y \equiv 3 \mod 8$ である．第1式に代入すると，$2x \equiv -1 \mod 8$ となり，これは「解なし」である．よって「解なし」である（y の解があったからといって「解あり」とは限らない！）．

次に，「解あり」の例を見ていこう．

○例題 19.2 $\begin{cases} 3x - y \equiv 6 \mod 8 \\ 3x + y \equiv 2 \mod 8 \end{cases}$ を解け． ○

[解] 第2式から第1式を引くと $2y \equiv -4 \equiv 4 \mod 8$ となるから，$y \equiv 2 \mod 4$ である．すなわち，$y \equiv 2, 6 \mod 8$ である．$y \equiv 2$ ならば第2式より $x \equiv 0$ で，$y \equiv 6$ ならば $3x \equiv 4 \mod 8$ から，$x \equiv 12 \equiv 4 \mod 8$ を得る．したがって，解は $(x, y) \equiv (0, 2), (4, 6) \mod 8$ の二つである．

▶**注意 19.1** トーラス上に二つの単純閉曲線を描けばわかるように，解が複数あるほうが普通である．ただ，絵心がないと描くのはなかなか難しい．

問題 19.1 $\begin{cases} x - 2y \equiv 0 \mod 3 \\ 2x - y \equiv 0 \mod 3 \end{cases}$ の解を格子上で図示し，さらにトーラス上でも交点を図示せよ．

例題 19.3 $\begin{cases} 2x+5y \equiv 1 \mod 20 \\ 4x+15y \equiv 7 \mod 20 \end{cases}$ を解け．

[解] (第2式) − (第1式) × 2 より $5y \equiv 5 \mod 20$ となるから，$y \equiv 1 \mod 4$ である．すなわち，$y \equiv 1, 5, 9, 13, 17 \mod 20$ である．

$y \equiv 1$ ならば第1式より $2x \equiv -4 \mod 20$ だから，$x \equiv -2, 8 \mod 20$ となる．

$y \equiv 5$ ならば第1式より $2x \equiv -24 \equiv -4 \mod 20$ だから，$x \equiv -2, 8 \mod 20$ となる．

$y \equiv 9$ ならば第1式より $2x \equiv -44 \equiv -4 \mod 20$ だから，$x \equiv -2, 8 \mod 20$ となる．

$y \equiv 13$ ならば第1式より $2x \equiv -64 \equiv -4 \mod 20$ だから，$x \equiv -2, 8 \mod 20$ となる．

$y \equiv 17$ ならば第1式より $2x \equiv -84 \equiv -4 \mod 20$ だから，$x \equiv -2, 8 \mod 20$ となる．

したがって，解は $(x, y) \equiv (8, 1), (18, 1), (8, 5), (18, 5), (8, 9), (18, 9), (8, 13), (18, 13), (8, 17), (18, 17) \mod 20$ の10個である．

例題 19.4 $\begin{cases} 3x+2y \equiv 2 \mod 24 \\ 3x+5y \equiv 8 \mod 24 \end{cases}$ を解け．

[解] 第2式から第1式を引くと，$3y \equiv 6 \mod 24$ となるから，$y \equiv 2 \mod 8$ である．よって $y \equiv 2, 10, 18 \mod 24$ である．$y \equiv 2$ を第1式に代入すると，$3x \equiv -2 \mod 24$ となり「解なし」である．$y \equiv 18$ を第1式に代入すると，$3x \equiv -34 \mod 24$ となり「解なし」である．

ところが $y \equiv 10$ を第1式に代入すると，$3x \equiv -18 \mod 24$ となり，$x \equiv -6 \mod 8$ となる．よって $x \equiv 2, 10, 18 \mod 24$ となる．ゆえに，解は $(x, y) \equiv (2, 10), (10, 10), (18, 10) \mod 24$ の3個となる（y の一つの解が駄目でも，他の解なら「解あり」になることもある！）．

19.2 行列の利用

掃き出し法の利用

行列を用いた掃き出し法を使うこともできる（このあとの議論はある程度の線形代数学の知識を必要とするので，まだ不慣れな人は読み飛ばしてかまわない）．上記の例題 19.3 なら，

$$\begin{pmatrix} 2 & 5 & 1 \\ 4 & 15 & 7 \end{pmatrix} \to \begin{pmatrix} 2 & 5 & 1 \\ 0 & 5 & 5 \end{pmatrix} \to \begin{pmatrix} 2 & 0 & -4 \\ 0 & 5 & 5 \end{pmatrix} \quad \text{から} \quad 2x \equiv -4 \text{ と } 5y \equiv 5 \mod 20$$

となる．よって，$x \equiv -2, 8 \mod 20$ と $y \equiv 1, 5, 9, 13, 17 \mod 20$ となり，同じ答えを得る．

● **例 19.1** $\begin{cases} 2x + 3y \equiv 0 \mod 12 \\ 4x + y \equiv 0 \mod 12 \end{cases}$ は，$\begin{pmatrix} 2 & 3 \\ 4 & 1 \end{pmatrix} \to \begin{pmatrix} 2 & 3 \\ 0 & -5 \end{pmatrix}$ から $y \equiv 0 \mod 12$ となる．これを $2x+3y \equiv 0 \mod 12$ に代入すれば x が得られる．すなわち，$2x \equiv 0 \mod 12$ を解いて，$x \equiv 0, 6$ の 2 個である．よって解は，$(x, y) \equiv (0, 0), (6, 0) \mod 12$ の 2 個である． ●

ただし，例題 19.4（前節で解いた）$\begin{cases} 3x + 2y \equiv 2 \mod 24 \\ 3x + 5y \equiv 8 \mod 24 \end{cases}$ のようなものがあるので，この方法では通常の連立方程式より難しくなる．行列を用いて解けば，$\begin{pmatrix} 3 & 2 & 2 \\ 3 & 5 & 8 \end{pmatrix} \to \begin{pmatrix} 3 & 2 & 2 \\ 0 & 3 & 6 \end{pmatrix} \mod 24$ で止まってしまう（成分は整数なので）．2 行目は $y \equiv 2 \mod 8$ と同値だから，あとは例題 19.4 で解いたように調べていくしかない．

逆行列の利用

特別な場合（係数の行列式と mod m の m が互いに素の場合）は，逆行列を使うことができる．まずは，線形代数学で習う基本概念や記号を確認しておく．

正方行列 A の**逆行列** A^{-1} とは，$AA^{-1} = A^{-1}A = I$（単位行列）となるものであり，2 次行列 $A = \begin{pmatrix} a & b \\ c & d \end{pmatrix}$ の場合は簡単な公式がある．すなわち，A の逆行列は，A の行列式（determinant），$\det A = ad - bc$ が 0 でないとき存在し，$A^{-1} = \dfrac{1}{\det A} \begin{pmatrix} d & -b \\ -c & a \end{pmatrix}$ となる．ここで行列 $\tilde{A} = \begin{pmatrix} d & -b \\ -c & a \end{pmatrix}$ は，A の**余因子行列**とよばれている．特に，$A\tilde{A} = \tilde{A}A = \begin{pmatrix} \det A & 0 \\ 0 & \det A \end{pmatrix}$ である．

一般に，n 次行列の成分が実数や複素数のとき，行列式がゼロでないことと，逆行列をもつことは同値で，そのような行列は**正則行列**とよばれる．

整数行列（成分がすべて整数の行列）に限った場合は，行列式が ± 1 のときだけ逆行列をもつ．このような行列を正則行列と区別するためにも，**（整数行列の）可逆行列**とよぶことにする．同様に，mod m の場合でも，行列が可逆，すなわち，**行列式が m と互いに素**であるとき，そのような行列を mod m **での可逆行列**とよぶ．mod m の場合でも逆行列の公式はそのまま使えて，$A^{-1} \equiv (\det A)^{-1}\tilde{A} \equiv (ad-bc)^{-1}\begin{pmatrix} d & -b \\ -c & a \end{pmatrix}$ で $A^{-1}A \equiv I \mod m$ となる．ただし，$\begin{pmatrix} a & b \\ c & d \end{pmatrix} \equiv \begin{pmatrix} x & y \\ z & w \end{pmatrix} \mod m$ とは，$a \equiv x$，$b \equiv y$，$c \equiv z$，$d \equiv w \mod m$ のこととする．

● **例 19.2** (1) $A = \begin{pmatrix} 1 & 2 \\ 3 & 4 \end{pmatrix}$ なら $A^{-1} = -\dfrac{1}{2}\begin{pmatrix} 4 & -2 \\ -3 & 1 \end{pmatrix}$ であるが，$A^{-1} \mod 9$ は，$2^{-1} \equiv -4 \mod 9$ より，$A^{-1} \equiv 4\begin{pmatrix} 4 & -2 \\ -3 & 1 \end{pmatrix} \mod 9$ である．実際，$AA^{-1} \equiv 4A\tilde{A} \equiv 4\begin{pmatrix} -2 & 0 \\ 0 & -2 \end{pmatrix} \equiv \begin{pmatrix} 1 & 0 \\ 0 & 1 \end{pmatrix} \mod 9$ となる．

(2) 19.1 節の 2 番目の例 $\begin{cases} x + 2y \equiv 1 \mod 4 \\ x + y \equiv 2 \mod 4 \end{cases}$ なら係数行列は $\begin{pmatrix} 1 & 2 \\ 1 & 1 \end{pmatrix}$ だから，$\begin{pmatrix} x \\ y \end{pmatrix} \equiv \begin{pmatrix} 1 & 2 \\ 1 & 1 \end{pmatrix}^{-1}\begin{pmatrix} 1 \\ 2 \end{pmatrix} \equiv -\begin{pmatrix} 1 & -2 \\ -1 & 1 \end{pmatrix}\begin{pmatrix} 1 \\ 2 \end{pmatrix} \equiv \begin{pmatrix} 3 \\ -1 \end{pmatrix} \equiv \begin{pmatrix} 3 \\ 3 \end{pmatrix} \mod 4$ となる．

(3) $\begin{cases} 3x - 2y \equiv 1 \mod 8 \\ x + y \equiv 2 \mod 8 \end{cases}$ の係数行列は $\begin{pmatrix} 3 & -2 \\ 1 & 1 \end{pmatrix}$ であり，行列式は 5 である．そこで，$5^{-1} \equiv 5 \mod 8$ より，$\begin{pmatrix} x \\ y \end{pmatrix} \equiv \begin{pmatrix} 3 & -2 \\ 1 & 1 \end{pmatrix}^{-1}\begin{pmatrix} 1 \\ 2 \end{pmatrix} \equiv 5\begin{pmatrix} 1 & 2 \\ -1 & 3 \end{pmatrix}\begin{pmatrix} 1 \\ 2 \end{pmatrix} \equiv \begin{pmatrix} 25 \\ 25 \end{pmatrix} \equiv \begin{pmatrix} 1 \\ 1 \end{pmatrix} \mod 8$ を得る． ●

次節では，解の個数についても考察する．ここでは次のことを注意しておく．

- mod 8 の例題 19.2 では，$\det\begin{pmatrix} 3 & -1 \\ 3 & 1 \end{pmatrix} = 6$ と 8 の gcd は 2 である．
- mod 20 の例題 19.3 では，$\det\begin{pmatrix} 2 & 5 \\ 4 & 15 \end{pmatrix} = 10$ と 20 の gcd は 10 である．
- mod 24 の例題 19.4 では，$\det\begin{pmatrix} 3 & 2 \\ 3 & 5 \end{pmatrix} = 9$ と 24 の gcd は 3 である．

• mod 12 の例 19.1 では，$\det\begin{pmatrix}2 & 3\\ 4 & 1\end{pmatrix} = -10$ と 12 の gcd は 2 である．

問題 19.2 次を解け．

(1) $\begin{cases} 6x + 5y \equiv 1 \mod 20 \\ 21x + 10y \equiv 7 \mod 20 \end{cases}$

(2) $\begin{cases} 6x + 5y \equiv 2 \mod 20 \\ 21x + 10y \equiv 7 \mod 20 \end{cases}$

(3) $\begin{cases} 18x + 25y \equiv 0 \mod 20 \\ 12x + 35y \equiv 0 \mod 20 \end{cases}$

(4) $\begin{cases} 10x + 25y \equiv 0 \mod 20 \\ 12x + 35y \equiv 0 \mod 20 \end{cases}$

(5) $\begin{cases} 10x + 15y \equiv 0 \mod 60 \\ 20x + 5y \equiv 0 \mod 60 \end{cases}$

(6) $\begin{cases} 6x + 5y \equiv 0 \mod 60 \\ 2x + 15y \equiv 0 \mod 60 \end{cases}$

(7) $\begin{cases} 6x + 5y \equiv 29 \mod 60 \\ 2x + 15y \equiv 3 \mod 60 \end{cases}$

(8) $\begin{cases} 6x + 3y \equiv 0 \mod 10 \\ 2x + y \equiv 0 \mod 10 \end{cases}$

19.3 斉次の場合の解法

例題 19.4 から類推できるように，非斉次の場合の一般的解法はとても煩雑になる．そこでせめて，斉次の場合の解法手順をまとめておく．これにより解の個数も記述できる．

まずは，合同式で使える行や列の基本変形とは何かをはっきりさせておく．

定義 19.1　行や列の整数基本変形とは，通常の線形代数学で習う行や列の三つの基本変形

① 行（列）の入れ替え

② ある行（列）の c 倍を他の行（列）に加える

③ ある行（列）を c 倍（$c \neq 0$）

の ③ の「c 倍」を，**③′「−1 倍」**に変えたものとする．

行列 A に行や列の整数基本変形を施した行列 B は，A と**対等**であるといい，$A \sim B$ で表すことにする．また，2 次行列の場合，

① は左（右）から $\begin{pmatrix}0 & 1\\ 1 & 0\end{pmatrix}$ を掛ける

② は左（右）から $\begin{pmatrix}1 & c\\ 0 & 1\end{pmatrix}$ または $\begin{pmatrix}1 & 0\\ c & 1\end{pmatrix}$ を掛ける

③ は左（右）から $\begin{pmatrix}-1 & 0\\ 0 & 1\end{pmatrix}$ または $\begin{pmatrix}1 & 0\\ 0 & -1\end{pmatrix}$ を掛ける

ことに対応している．

掛けているこれらの行列を**整数基本行列**とよぶ．**整数基本行列はみな可逆行列であり，その逆行列もまた整数基本行列である**．このとき，$A \sim B \Leftrightarrow$「$PAQ = B$ となる可逆行列 P, Q が存在する」もいえる．

また，③ の「c 倍」の c を ③$''$「m と互いに素な数」に制限した場合は，mod m **で対等**といい，$A \sim B \mod m$ で表す．このとき，$A \sim B \mod m \Leftrightarrow$「$PAQ \equiv B \mod m$ となる mod m での可逆行列 P, Q が存在する」もいえる．

▶**注意 19.2** 連立方程式を解くのに必要なのは行の基本変形だけである（列のほうは不要）．すでに使ってきたことだが，合同方程式 $\begin{cases} ax + by \equiv e \mod m \\ cx + dy \equiv f \mod m \end{cases}$ において，定義 19.1 ② に対応する「ある式の k 倍を他の式に加える」という操作は，k がどんな整数でも問題ない（理由をしっかり考えよう！）．

ところが，たとえば $ax + by \equiv e \mod m$ の両辺に勝手な整数を掛けてはいけない．掛けてよいのは，m と互いに素な整数だけである．ただ，ゼロでない $k \in \mathbb{Z}$ に対して，$ax + by \equiv e \mod m$ と $kax + kby \equiv ke \mod km$ は同値である（理由をしっかり考えよう！）．

■ユークリッドの互除法からわかること

さて，ユークリッドの互除法を思い出せば，次が成り立つことがわかる．

補題 19.1 整数行列 $A = \begin{pmatrix} a & b \\ c & d \end{pmatrix}$ において，$\gcd(a, c) = g_1, \gcd(b, d) = g_2$ とすれば，A に行の整数基本変形を施すことにより，$\gcd(\ell, k) = 1$ となる $\ell, k \in \mathbb{Z}$ が存在して，$\begin{pmatrix} g_1 & \ell g_2 \\ 0 & kg_2 \end{pmatrix}$ とできる．また，$|ad - bc| = |kg_1g_2|$ である．

[証明] A の 1 列目の a と c に対して，ユークリッドの互除法を行の基本変形として使う（たとえば，$a = bq + r$ なら，1 行目に 2 行目の $-q$ 倍を足せば，$(1, 1)$ 成分が r になる）．この操作を行っても，2 列目の二つの成分の gcd が g_2 であるという性質は保たれるから，必要なら行の入れ替えも行って $\begin{pmatrix} g_1 & \ell g_2 \\ 0 & kg_2 \end{pmatrix}$ となる．このとき，$\gcd(\ell, k) = 1$ である．また，行の -1 倍や行の入れ替えを行えば，行列式の符号が変わるので，$|ad - bc| = |kg_1g_2|$ である． □

次の補題は，解の個数を調べるときのキーとなる．

補題 19.2 $a, b, m \in \mathbb{N}$ に対して，$g := \gcd(ab, m)$ および $u := \gcd(b, m)$ とすれば，$u \mid g$ であり，$v := g/u$ とすれば，$v \mid a$ が成り立つ．

[証明] まず，仮定から，$u \mid g$ はよい．また，$b = b'u$, $m = m'u$ とすれば，$\gcd(b', m') = 1$ である．さらに，$g = \gcd(ab, m)$ から，$uv = g \mid ab'u$ かつ $uv = g \mid m'u$ となるので，$v \mid ab'$ かつ $v \mid m'$ である．ここで，$\gcd(b', m') = 1$ より，$v \mid a$ を得る． □

さて，この節の冒頭でも述べたように，本当は $(*) \begin{cases} ax + by \equiv e \mod m \\ cx + dy \equiv f \mod m \end{cases}$ の解法を示したいところだが，このような一般設定で，解がない場合も考慮しながら求めていくのは大変である．そこで，解がある場合に解がどのようになっているかを調べることにする．1次不定方程式や1次不定合同式のときと同様，$(*)$ の特殊解を (x_0, y_0) とすれば，一般解は，(x_0, y_0) と

$$(**) \begin{cases} ax + by \equiv 0 \mod m \\ cx + dy \equiv 0 \mod m \end{cases} \text{（斉次方程式）}$$

の解との和で書ける．したがって，$(**)$ の解がわかれば，あとは一つ解を見つけるだけでよいことになるので（一つ見つけるのも大変なことはあるが），斉次方程式 $(**)$ の考察を行う．

■ $\alpha = 1$ の場合

まずは，

$$\alpha := \gcd(a, b, c, d) = 1$$

を仮定することにする（$\alpha \neq 1$ の場合は，あとで系 19.1 で述べる）．ここで $\gcd(a, c) = g_1$, $\gcd(b, d) = g_2$ とすれば，連立方程式の式変形は行の整数基本変形に対応するので，補題 19.1 より，$(**)$ は

$$(***) \begin{cases} g_1 x + \ell g_2 y \equiv 0 \mod m \\ k g_2 y \equiv 0 \mod m \end{cases} \quad (\ell, k \in \mathbb{Z},\ \gcd(\ell, k) = 1,\ \gcd(g_1, g_2) = 1)$$

と同値である（上記仮定 $\alpha = 1$ より，$\gcd(g_1, g_2) = 1$ である）．

さて，$\Delta := ad-bc$, $g := \gcd(\Delta, m)$, $u := \gcd(kg_2, m)$ とし，$v := g/u$ とする．すると，$|\Delta| = kg_1g_2$ であり，g は Δ と m の gcd だから，kg_1g_2 と m の gcd でもある．よって，補題 19.2 における a として g_1，b として kg_2 をとれば $v \mid g_1$ がいえるので，$g_1' := g_1/v$ とする．また，$m' := m/g$ とする．特に，$m = gm' = uvm'$ より，v は m/u の約数である．

文字が増えすぎてしまったが，頑張って (∗∗∗) を解いてみよう．まず，$kg_2y \equiv 0 \mod m$ の両辺を u で割って，$(kg_2/u)y \equiv 0 \mod m/u$ となり，$(kg_2/u)^{-1} \mod m/u$ が存在するから，$y \equiv 0 \mod m/u$ となる．よって mod m では，y の解は $y \equiv jm/u$, $j = 0, 1, \ldots, u-1$ の u 個である．したがってあとは，

$$(\spadesuit) \quad g_1x \equiv -\frac{\ell g_2 jm}{u} \mod m \quad (j = 0, 1, \ldots, u-1)$$

を解けばよい．ここで，$t := \gcd(u, g_1')$ とすれば，$\gcd(g_1, g_2) = 1$ から $\gcd(t, g_2) = 1$ となり，$t \mid k$ を得る．よって補題 19.1 より，$\gcd(t, \ell) = 1$ となる．

次に，$\gcd(g_1, m) = tv$ を示す．まず，$g_1 = vg_1'$ および $m = uvm'$ より，tv は g_1 と m の公約数である．そこで，$u = tu'$, $g_1' = tg_1''$ とすれば $\gcd(u', g_1'') = 1$ であるが，$\gcd(m', g_1'') = 1$ も成り立つ．実際，もし $\gcd(m', g_1'') = q > 1$ ならば，$g_1 = vg_1' = vtg_1''$ が vtq で割れるから $\Delta = |g_1kg_2|$ も vtq で割れる．さらに $m = uvm' = tu'vm'$ も vtq で割れるので，$vtq \mid g = uv$ となる．よって $q \mid u'$ となり，$\gcd(u', g_1'') = 1$ に矛盾する．ゆえに，$\gcd(g_1'', m') = \gcd(g_1'', u'm') = 1$ となる．よって，$g_1 = vg_1' = tvg_1''$ および $m = uvm' = tvu'm'$ および $\gcd(g_1'', u'm') = 1$ から，$\gcd(g_1, m) = tv$ を得る．

したがって，$-\ell g_2jm/u$ は tv の倍数でなければならない．すなわち，$\ell g_2jm'$ が t の倍数でなければならない．上ですでに，$\gcd(t, g_2) = \gcd(t, \ell) = 1$ を示したので，$\gcd(t, m')$ を調べる．

もし $\gcd(t, m') = w > 1$ ならば，$m = gm'$ は gw で割り切れる．さらに，$\Delta = |g_1kg_2| = |vg_1'kg_2|$ も gw で割り切れる．実際，$g = uv$ であり，u は kg_2 を割るから，$w \mid g_1'$ をいえばよいが，これは，$w \mid t \mid g_1'$ だからよい．したがって，$g = \gcd(m, \Delta)$ に矛盾する．よって，$\gcd(t, m') = 1$ である．ゆえに，j は t の倍数でなければならない．したがって，(♠) の解は

$$g_1x \equiv -\frac{\ell g_2 jm}{u} \mod m \quad \left(j = 0, t, 2t, \ldots, \left(\frac{u}{t} - 1\right)t\right)$$

の解と同値である．この両辺を tv で割れば，

$$g_1''x \equiv -\ell g_2 hm' \mod u'm' \quad \left(h = 0, 1, \ldots, \frac{u}{t} - 1\right)$$

となる．ここで $g_1''^{-1} \mod u'm'$ を使って，$x \equiv -g_1''^{-1}\ell g_2 hm' \mod u'm'$（$h = 0, 1, \ldots, u/t - 1$）となる．特に，$y$ の値 u/t 個に対して，x は tv 個の解をもつ．よって，解は全部で $(u/t)tv = uv = g$ 個である．このようにして，次を得る．ただし，g_1'' と $u'm'$ を，それぞれその定義である g_1/tv および m/tv に変えた．

定理 19.1　連立方程式 (***) $\begin{cases} g_1x + \ell g_2 y \equiv 0 \mod m \\ kg_2 y \equiv 0 \mod m \end{cases}$（ただし，$\gcd(\ell, k) = 1$，$\gcd(g_1, g_2) = 1$）の解，すなわち，斉次方程式 (**) の $\alpha = \gcd(a, b, c, d) = 1$ を仮定した解は，$u = \gcd(kg_2, m)$，$g = \gcd(\Delta, m)$，$v = g/u$，$g_1' = g_1/v$，$t = \gcd(u, g_1')$ とし，$(g_1/tv)^{-1}$ を $\mod m/tv$ でのインバースとすれば，

$$\begin{cases} x \equiv -\left(\dfrac{g_1}{tv}\right)^{-1} \dfrac{h\ell g_2 m}{g} + \dfrac{im}{tv} \quad (i = 0, 1, \ldots, tv - 1) \\ y \equiv \dfrac{htm}{u} \qquad\qquad\qquad\qquad \left(h = 0, 1, \ldots, \dfrac{u}{t} - 1\right) \end{cases} \mod m$$

となる．解の個数は g 個である．

▶**注意 19.3**　(1) $\Delta = 0$ ならば，$\gcd(\Delta, m) = \gcd(0, m) = m$ だから，解は m 個である．

(2) $\alpha = 1$ の場合，解全体が位数 g の巡回群をなす（すなわち一つの解で生成される）．これは，単因子論（19.4 節参照）を学ぶことで鮮明となる．

使った文字が多すぎてわかりにくかったと思うので，$\alpha = 1$ の場合の簡単な例を三つ載せる．

●**例 19.3**　(1) $\begin{cases} 14x + 27y \equiv 0 \mod 140 \\ 28x + 72y \equiv 0 \mod 140 \end{cases}$ を解いてみよう．

$$\begin{pmatrix} 14 & 27 \\ 28 & 72 \end{pmatrix} \to \begin{pmatrix} 14 & 27 \\ 0 & 18 \end{pmatrix} = \begin{pmatrix} 2 \cdot 7 & 3 \cdot 9 \\ 0 & 2 \cdot 9 \end{pmatrix},\ m = 2^2 \cdot 5 \cdot 7,\ \Delta = 2^2 \cdot 3^2 \cdot 7,$$

$g = \gcd(\Delta, m) = 2^2 \cdot 7$ である．よって解は 28 個ある．定理 19.1 の記号に当てはめると，$g_1 = 14$，$g_2 = 9$，$k = 2$，$\ell = 3$，$u = \gcd(kg_2, m) = 2$，$v = g/u = 14$ であり，$g_1' = g_1/v = 1$ だから，$t = \gcd(u, g_1') = 1$ である．したがって定理 19.1 を使うと，

$$\begin{pmatrix} x \\ y \end{pmatrix} \equiv \begin{pmatrix} -(g_1/tv)^{-1}h\ell g_2 m/g + im/tv \\ htm/u \end{pmatrix} \equiv \begin{pmatrix} -45h+10i \\ 70h \end{pmatrix} \mod 140,$$

ただし，$h=0,1,\quad i=0,1,\ldots,13$

となる．さらに，$(h,i)=(1,5)$ のとき，$\begin{pmatrix} x \\ y \end{pmatrix}=\begin{pmatrix} 5 \\ 70 \end{pmatrix}$ となるから，$s\begin{pmatrix} 5 \\ 70 \end{pmatrix}$ $(s\in\mathbb{Z})$ も解である．よって解は，$\begin{pmatrix} x \\ y \end{pmatrix}\equiv s\begin{pmatrix} 5 \\ 70 \end{pmatrix} \mod 140\,(s=0,1,\ldots,27)$ となる．

定理を使わず解くと，$\begin{cases} 14x+27y\equiv 0 \mod 140 \\ 18y\equiv 0 \mod 140 \end{cases}$ の第 2 式から $9y\equiv 0 \mod 70$ より，y の解は $y\equiv 0,70 \mod 140$ の 2 個である．これらを第 1 式に代入したとき，$y\equiv 0 \mod 140$ なら $x\equiv 0 \mod 10$ となり，$y\equiv 70 \mod 140$ なら $x\equiv -27\cdot 5\equiv 5 \mod 10$ となる．よって解は，$(x,y)\equiv(0,0)$，$(10,0)$，$(20,0)$，$\ldots$，$(130,0)$ および $(5,70)$，$(15,70)$，$(25,70)$，$\ldots$，$(135,70) \mod 140$ となり，上と同じ結果を得る．

(2) $\begin{cases} 84x+99y\equiv 0 \mod 140 \\ 28x+27y\equiv 0 \mod 140 \end{cases}$ では，$\begin{pmatrix} 84 & 99 \\ 28 & 27 \end{pmatrix}\to\begin{pmatrix} 0 & 18 \\ 28 & 27 \end{pmatrix}\to\begin{pmatrix} 2^2\cdot 7 & 3\cdot 9 \\ 0 & 2\cdot 9 \end{pmatrix}$，$m=2^2\cdot 5\cdot 7$，$\Delta=2^3\cdot 3^2\cdot 7$，$g=\gcd(\Delta,m)=2^2\cdot 7$ である．よって解は 28 個ある．定理 19.1 の記号に当てはめると，$g_1=28$, $g_2=9$, $k=2$, $\ell=3$, $u=\gcd(kg_2,m)=2$, $v=g/u=14$ であり，$g_1'=g_1/v=2$ だから，$t=\gcd(u,g_1')=2$ である．したがって定理 19.1 を使うと，

$$\begin{pmatrix} x \\ y \end{pmatrix} \equiv \begin{pmatrix} -(g_1/tv)^{-1}h\ell g_2 m/g + im/tv \\ htm/u \end{pmatrix} \equiv \begin{pmatrix} -135h+5i \\ 140h \end{pmatrix} \equiv \begin{pmatrix} 5h+5i \\ 0 \end{pmatrix}$$

$$\equiv i\begin{pmatrix} 5 \\ 0 \end{pmatrix} \mod 140,\ \text{ただし，}\ h=0,\quad i=0,1,\ldots,27$$

である．

定理を使わず解くと，$\begin{cases} 28x+27y\equiv 0 \mod 140 \\ 18y\equiv 0 \mod 140 \end{cases}$ の第 2 式から $9y\equiv 0 \mod 70$ より，y の解は $y\equiv 0,70 \mod 140$ の 2 個である．ここまでは (1) と同じである．これらを第 1 式に代入したとき，$y\equiv 0 \mod 140$ なら $x\equiv 0 \mod 5$ となり，$y\equiv 70 \mod 140$ なら $2x\equiv -27\cdot 5\equiv 5 \mod 10$ となり，これは「解なし」である．よって解は，$(x,y)\equiv(0,0),(5,0),(10,0),(15,0),\ldots,(130,0)$, $(135,0) \mod 140$ となる．

(3) $\begin{cases} 9x+y\equiv 0 \mod 27 \\ 9x+10y\equiv 0 \mod 27 \end{cases}$ では，$\begin{pmatrix} 9 & 1 \\ 9 & 10 \end{pmatrix} \to \begin{pmatrix} 9 & 1 \\ 0 & 9 \end{pmatrix}$，$\Delta=81$，$g=\gcd(81,27)$ $=27$ である．よって解は 27 個ある．定理 19.1 の記号に当てはめると，$g_1=9$，$g_2=1$，$k=9$，$\ell=1$，$u=\gcd(kg_2,m)=9$，$v=g/u=3$ であり，$g_1'=g_1/v=3$ だから，$t=\gcd(u,g_1')=3$ である．したがって定理 19.1 を使うと，

$$\begin{pmatrix} x \\ y \end{pmatrix} \equiv \begin{pmatrix} -(g_1/tv)^{-1}h\ell g_2 m/g+im/tv \\ htm/u \end{pmatrix} \equiv \begin{pmatrix} -h+3i \\ 9h \end{pmatrix} \mod 27,$$

ただし，$h=0,1,2,\quad i=0,1,\ldots,8$

となる．さらに，$(h,i)=(1,1)$ のとき，$\begin{pmatrix} x \\ y \end{pmatrix}=\begin{pmatrix} 2 \\ 9 \end{pmatrix}$ となるから，$s\begin{pmatrix} 2 \\ 9 \end{pmatrix}$ $(s\in\mathbb{Z})$ も解である．よって解は，$\begin{pmatrix} x \\ y \end{pmatrix}\equiv s\begin{pmatrix} 2 \\ 9 \end{pmatrix} \mod 27$ $(s=0,1,\ldots,26)$ となる．

定理を使わず解くと，$\begin{cases} 9x+y\equiv 0 \mod 27 \\ 9y\equiv 0 \mod 27 \end{cases}$ の第 2 式 $9y\equiv 0 \mod 27$ から，y の解は $y\equiv 0,3,6,\ldots,24 \mod 27$ の 9 個となるが，y は 9 の倍数である必要があるので，$y\equiv 0,9,18 \mod 27$ の 3 個となる．これらを第 1 式 $9x\equiv -y \mod 27$ に代入すると，$x\equiv 0,-1,-2 \mod 3$ となる．よって解は，$(x,y)\equiv(0,0),(3,0),(6,0),\ldots,(24,0)$ および $(2,9),(5,9),(8,9),\ldots,(26,9)$ および $(1,18),(4,18),(7,18),\ldots,(25,18) \mod 27$ となる． ●

■ $\alpha\neq 1$ の場合

さて，$\alpha=\gcd(a,b,c,d)\neq 1$ の場合は次のようになる．

> **系 19.1**　(◇) $\begin{cases} ax+by\equiv 0 \mod m \\ cx+dy\equiv 0 \mod m \end{cases}$ において，$\Delta=ad-bc$，$\alpha=\gcd(a,b,c,d)$，$\Delta':=\Delta/\alpha^2$，$r:=\gcd(m,\alpha)$，$m':=m/r$ とする．このとき，(◇) のすべての係数および m を r で割った (∗) $\begin{cases} a'x+b'y\equiv 0 \mod m' \\ c'x+d'y\equiv 0 \mod m' \end{cases}$ の任意の解 (x,y) に対して，$\{(x+km',y+\ell m')\mid 0\leq k,\ell\leq r-1\}$ が (◇) の解となる．(◇) の解の個数は $r^2\gcd(\Delta',m')$ 個である．

[証明] $\alpha' := \gcd(a', b', c', d')$ とすれば，$\gcd(\alpha', m') = 1$ より，$(*)$ は，すべての係数を α' で割った $(**)$ $\begin{cases} a''x + b''y \equiv 0 \mod m' \\ c''x + d''y \equiv 0 \mod m' \end{cases}$ と同値である（右辺がゼロだから割ってよい）．ここで，$\gcd(a'', b'', c'', d'') = 1$ より定理 19.1 が使えて，$(**)$ の解の個数は，$a''d'' - b''c'' = \Delta/\alpha^2 = \Delta'$ だから $\gcd(\Delta', m')$ 個である．そこで，$(\diamond)$ は $\bmod\ m$ での解だから，$(**)$ の各解 (x, y) に対して，$\{(x + km', y + \ell m') \mid 0 \le k, \ell \le r - 1\}$ も解となる．したがって，$(\diamond)$ の解の個数は，$r^2 \gcd(\Delta', m')$ である． □

○例題 19.5 次を解け．

(1) $\begin{cases} 6x + 2y \equiv 0 \mod 8 \\ 2x + 2y \equiv 0 \mod 8 \end{cases}$ (2) $\begin{cases} 30x + 42y \equiv 0 \mod 69 \\ 36x + 54y \equiv 0 \mod 69 \end{cases}$ ○

[解] (1) $\gcd(6, 2, 2, 2) = 2$, $\gcd(8, 2) = 2$ から，与式を 2 で割った $\begin{cases} 3x + y \equiv 0 \mod 4 \\ x + y \equiv 0 \mod 4 \end{cases}$ と同値である．この解は $(x, y) \equiv (0, 0), (2, 2) \mod 4$ である．よって，解は $(x, y) \equiv (0, 0)$, $(2, 2)$, $(2, 0)$, $(4, 2)$, $(0, 2)$, $(2, 4)$, $(2, 2)$, $(4, 4) \mod 8$ の 8 個である（系 19.1 からも，$\Delta = 2^2 \cdot 2$, $\Delta' = 2$, $r = 2$, $m' = 4$ だから，解は $r^2 \gcd(\Delta', m') = 4 \gcd(2, 4) = 8$ 個）．

(2) $\gcd(30, 42, 36, 54) = \gcd(5 \cdot 6, 7 \cdot 6, 6 \cdot 6, 9 \cdot 6) = 6$, $\gcd(69, 6) = 3$ から，与式を 3 で割った $\begin{cases} 10x + 14y \equiv 0 \mod 23 \\ 12x + 18y \equiv 0 \mod 23 \end{cases}$ と同値であり，さらに，この式を 2 で割った $\begin{cases} 5x + 7y \equiv 0 \mod 23 \\ 6x + 9y \equiv 0 \mod 23 \end{cases}$ とも同値である（$6x + 9y \equiv 0 \mod 23$ は $2x + 3y \equiv 0 \mod 23$ としてもよい）．ここで，$5 \cdot 9 - 7 \cdot 6 = 45 - 42 = 3$ は 23 と互いに素だから，この解は $(0, 0)$ だけである．したがって与式の解は，$(0, 0)$, $(0, 23)$, $(0, 46)$, $(23, 0)$, $(23, 23)$, $(23, 46)$, $(46, 0)$, $(46, 23)$, $(46, 46)$ の 9 個である（系 19.1 からも，$\Delta = 6^2 \cdot 3$, $\Delta' = 3$, $r = 3$, $m' = 23$ だから，解は $r^2 \gcd(\Delta', m') = 9 \gcd(3, 23) = 9$ 個）．

19.4 列変形の有用性から単因子論へ

系 19.1 では，定理 19.1 を使って解の個数がわかったが，解の個数が知りたいだけなら，より楽な方法がある．それは，列の基本変形を使うことである（線形代数学を習っていない人はこの節をスキップしよう）．少し大雑把に説明すると，通常の線形連立方程式では，係数行列の行の基本変形だけでランクがわかり，(未知数の個数) − (ランク) が解空間の次元になったわけだが，合同式になると，行の基本変形だけでは情報不足であり，列の基本変形も使うことで解の個数が先にわかる．どういうことかというと，

$$(\clubsuit)\ \begin{cases} ax + by \equiv e \mod m \\ cx + dy \equiv f \mod m \end{cases} \quad (a, b, c, d, e, f \in \mathbb{Z},\ m \in \mathbb{N})$$

に対して，$A = \begin{pmatrix} a & b \\ c & d \end{pmatrix}$ に行および列の整数基本変形を施せば，対角行列 $\begin{pmatrix} u & 0 \\ 0 & v \end{pmatrix}$ $(u, v \in \mathbb{N})$ に変形でき，それにより解の個数がわかる．

上記のような変形ができる理由は，あとで**「単因子を求めるアルゴリズム」**として述べる（行に関してユークリッドの互除法を使えば，左下をゼロにできるが，次に列の基本変形で右上をゼロにしようとすると，左下がゼロでなくなるかもしれないので，簡単とはいえない）．このとき，次がいえる．

解の個数

$(\clubsuit)$ の解は，存在すれば，その個数は $\gcd(u, m)\gcd(v, m)$ 個である．

［証明］　まず，あとで述べる**「単因子を求めるアルゴリズム」**から，$PAQ = \begin{pmatrix} u & 0 \\ 0 & v \end{pmatrix}$ となる可逆行列 P と Q が存在する（定義19.1参照）．斉次の場合の解の個数を調べればよいから，A との積で定まる変換の核を X とする．すなわち，$X \equiv \{\boldsymbol{x} \in \mathbb{Z}^2 \mid A\boldsymbol{x} \equiv \boldsymbol{0}\} \mod m$ である．次に，Q は $\mod m$ でも可逆より，$Y = Q^{-1}X = \{Q^{-1}\boldsymbol{x} \mid \boldsymbol{x} \in X\}$ とすれば，X と Y との間に1対1対応（全単射）がある．ここで，PAQ との積で定まる変換の核を K とする．すなわち，$K \equiv \{\boldsymbol{x} \in \mathbb{Z}^2 \mid PAQ\,\boldsymbol{x} \equiv \boldsymbol{0}\} \mod m$ である．

このとき，$K = Y$ が成り立つ．実際，$\boldsymbol{y} \in Y$ ならば，$\boldsymbol{y} = Q^{-1}\boldsymbol{x}$ となる $\boldsymbol{x} \in X$ が存在するので，$PAQ\,\boldsymbol{y} = PA\,\boldsymbol{x} = \boldsymbol{0}$ となる．よって $Y \subset K$ である．$\boldsymbol{z} \in K$ ならば，$PAQ\,\boldsymbol{z} = \boldsymbol{0}$ だが，P は可逆より，$AQ\,\boldsymbol{z} = \boldsymbol{0}$ となる．よって $Q\,\boldsymbol{z} \in X$ であり，$\boldsymbol{z} = Q^{-1}\boldsymbol{x}$ となる $\boldsymbol{x} \in X$ が存在する．ゆえに $K \subset Y$ となり，結局 $K = Y$ となる．したがって，A の核と PAQ の核の間に全単射があることがわかった．

さらに，$\mod m$ で考えているので核は有限集合であり，したがって核の元の個数

は等しい．そして，その数は $\begin{cases} ux \equiv 0 \mod m \\ vy \equiv 0 \mod m \end{cases}$ の解の個数に一致する．この方程式の場合，x は $\gcd(u,m)$ 個，y は $\gcd(v,m)$ 個の解をもつから，解 (x,y) は全部で $\gcd(u,m)\gcd(v,m)$ 個になる（この解はもとの連立方程式の解ではないが，解全体の個数は同じということである）． □

▶ **注意 19.4**　$\gcd(u,m)\gcd(v,m)$ の値は，$A\boldsymbol{x} \equiv \mathbf{0} \mod m$ の解の個数だから，A に対して一意的である．ところが，PAQ の対角成分 u, v は，A に対して一意的ではない．

上で示した解の個数と，定理 19.1 や系 19.1 との整合性が気になるところである．まず次の記号を定義しておく．

定義 19.2　行列 $A = \begin{pmatrix} a & b \\ c & d \end{pmatrix} \neq O$ に対して，$\gcd(a,b,c,d)$ を $\gcd A = \gcd\begin{pmatrix} a & b \\ c & d \end{pmatrix}$ と書くこともある．

さて，$\Delta = \det A = ad - bc$ とし，

$$\alpha = \gcd A, \quad \beta = \frac{|\Delta|}{\alpha} \tag{19.1}$$

とおくと，$\gcd(\alpha,m)\gcd(\beta,m)$ は，系 19.1 の主張である，$r = \gcd(m,\alpha)$, $m' = m/r$, $\Delta' = \Delta/\alpha^2$ とおいたときの $r^2\gcd(\Delta',m')$ に一致する．実際，$\alpha\beta = |ad - bc| = \alpha^2|\Delta'|$ だから $\alpha \mid \beta$ であり，

$$\begin{aligned} r^2\gcd(\Delta',m') &= r\gcd\left(\frac{r\beta}{\alpha}, m\right) = r\gcd\left(\frac{\gcd(\alpha,m)\beta}{\alpha}, m\right) = r\gcd(\beta,m) \\ &= \gcd(\alpha,m)\gcd(\beta,m) \end{aligned}$$

となるからである．したがって，式 (19.1) の α, β も A に行と列の整数基本変形を行うことで出てくる対角成分であることをいえば，系 19.1 の結果に矛盾しないことがわかる．式 (19.1) の α, β は，A のいわゆる**単因子**とよばれるものになる．

線形代数学あるいは代数学で習う「単因子論」とは，$m \times n$ 整数行列や多項式を成分とする行列（あるいは整数環や多項式環を一般化した「単項イデアル整域」上の行列）に対する理論である．2 次の整数行列 A の場合に限って述べると，次のようになる．

定義 19.3 $A \neq O$ なら，$r \mid s$ を満たす $r \in \mathbb{N}$ とゼロ以上の $s \in \mathbb{Z}$ が存在して，$A \sim \begin{pmatrix} r & 0 \\ 0 & s \end{pmatrix}$ となる（定義 19.1 参照）．これらの r, s を A の**単因子**とよぶ．特に，r を最初の単因子とよぶ．

実は，行と列の基本変形によって現れた対角成分 u, v に対して，$\gcd(u,v)$ と $\mathrm{lcm}(u,v)$ が単因子になる．実際，問題 19.3 より，$\gcd(u,v)$ と $\mathrm{lcm}(u,v)$ を対角成分とする対角行列に対等であり，$\gcd(u,v) \mid \mathrm{lcm}(u,v)$ だからである．

問題 19.3 $\begin{pmatrix} u & 0 \\ 0 & v \end{pmatrix} \sim \begin{pmatrix} \gcd(u,v) & 0 \\ 0 & \mathrm{lcm}(u,v) \end{pmatrix}$ を示せ．

（ヒント）ユークリッドの補題「$su + tv = \gcd(u,v)$ となる $s, t \in \mathbb{Z}$ が存在する」が使える．

問題 19.4 A と B が対等なら，$\gcd A = \gcd B$ および $|\det A| = |\det B|$ が成り立つことを示せ．

したがって，「A の最初の単因子（定義 19.3）は必ず $\gcd A$」であり，式 (19.1) の α, β は A の単因子である．特に，A の単因子は一意的である．

●**例 19.4** $\begin{pmatrix} 4 & 0 \\ 0 & 6 \end{pmatrix}$ と $\begin{pmatrix} 3 & 0 \\ 0 & 8 \end{pmatrix}$ は対等ではない．実際，前者の単因子は 2 と 12 であり，後者の単因子は 1 と 24 だからである． ●

●**例 19.5** $A = \begin{pmatrix} 2^3 \cdot 3 & 2 \cdot 3^2 \\ 3^2 \cdot 5^2 & 2 \cdot 5^2 \end{pmatrix}$ とする．隣どうしや上下の成分に互いに素な組はないが，$\gcd A = 1$ である．$\det A = 2^4 \cdot 3 \cdot 5^2 - 2 \cdot 3^4 \cdot 5^2 = -2850$ から，単因子は 1 と 2850 である．行および列の整数基本変形により，確かに $A \to \begin{pmatrix} -2^4 \cdot 3 & 2 \cdot 3^2 \\ 5^2 & 2 \cdot 5^2 \end{pmatrix} \to \begin{pmatrix} -2^4 \cdot 3 & 114 \\ 5^2 & 0 \end{pmatrix} \to \begin{pmatrix} 2 & 114 \\ 5^2 & 0 \end{pmatrix} \to \begin{pmatrix} 2 & 114 \\ 1 & -1368 \end{pmatrix} \to \begin{pmatrix} 0 & 2850 \\ 1 & 0 \end{pmatrix} \to \begin{pmatrix} 1 & 0 \\ 0 & 2850 \end{pmatrix}$ となる． ●

▶**注意 19.5** 一般に，$\gcd(u,m)\gcd(v,m) = \gcd(\gcd(u,v),m)\gcd(\mathrm{lcm}(u,v),m)$ がいえる（この等式は一見難しそうだが，証明しようとするとほとんど当たり前であることがわかる）．したがって，$A \sim \begin{pmatrix} u & 0 \\ 0 & v \end{pmatrix}$ のとき，式 (19.1) の α, β を思い出せ

ば $\gcd(u,v)=\gcd A=\alpha$ であり，$\mathrm{lcm}(u,v)=uv/\alpha=|\det A|/\alpha=\beta$ である．よって，単因子論を持ち出さなくても，系 19.1 との整合性はわかる．

念のため確認しておきたいことは，「2 元連立合同方程式の解の個数を調べるのに，上記 u, v は単因子である必要はなく，係数行列を行と列の整数基本変形によって対角行列にしたときの対角成分としてよい」ということである．特に，対角成分 u あるいは v が $\gcd A$ である必要はない．

興味をもった読者は，n 次行列に対しても次が成り立つことを確認しておこう！

問題 19.5 整数係数の n 次行列 A, B について次を示せ．
(1) A が可逆 $\Leftrightarrow \det A=\pm1 \Leftrightarrow \det\tilde{A}=\pm1$（ただし，$\tilde{A}$ は A の余因子行列とする）
(2) $A\sim B \Leftrightarrow$「$PAQ=B$ となる可逆 n 次行列 P, Q が存在する」

単因子は多くの場面で役に立つ．特に，斉次解の群構造まで知りたい場合は欠かせないものとなる．たとえば，「2 次行列 A に対して $\gcd A=1$ なら，斉次解全体は巡回群をなす」（これにより定理 19.1 で示した面倒な解が実は巡回群になることもわかる）などがわかる．

問題 19.6 2 次行列 A **と対等な行列すべてを考えて**，それらの成分の中でもっとも小さい自然数を u とする．このとき，$u\mid v$ を満たす $v\in\mathbb{N}$ が存在して，$A\sim\begin{pmatrix}u&0\\0&v\end{pmatrix}$ となる．これを示せ．

単因子を求めるアルゴリズム

割り算の原理だけを使った，シンプルなアルゴリズムを載せておく．

① $A=\begin{pmatrix}a&b\\c&d\end{pmatrix}$ $(A\neq O)$ に対して，$|a|$, $|b|$, $|c|$, $|d|$ の中でゼロでない最小のものを r とする．行または列の整数基本変形により，$A\sim\begin{pmatrix}r&*\\ *&*\end{pmatrix}$ としてよい（$*$ の絶対値はみな r 以上である）．

② $(1,2)$ 成分が 0 なら ③へ．そうでなければ，列の整数基本変形により $(1,2)$ 成分を r より小さくして（$(1,2)$ 成分を r で割った余りに変え），①へ．

③ $A\sim\begin{pmatrix}r&0\\ *&*\end{pmatrix}$ において，$(2,1)$ 成分が 0 なら ④へ．そうでなければ，行の整数基本変形により $(2,1)$ 成分を r より小さくして（$(2,1)$ 成分を r で割った余りに変え），①へ．

④ $A \sim \begin{pmatrix} r & 0 \\ 0 & s \end{pmatrix}$ において，s が r の倍数なら⑤へ．そうでなければ，$A \sim \begin{pmatrix} r & s \\ 0 & s \end{pmatrix}$ として①へ．

⑤ $A \sim \begin{pmatrix} r & 0 \\ 0 & |s| \end{pmatrix}$ だから，r と $|s|$ は A の単因子となる．

▶**注意 19.6**　r は常に自然数だから，有限回の操作で①に行けなくなる．よって，アルゴリズムは完了する．

19.5　mod m と mod n だったら

これまでは，連立合同方程式において第1式も第2式も同じ mod m だったが，mod m と mod n だったらどうだろう？

●**例 19.6**　$\begin{cases} x + 2y \equiv 0 \mod 4 \\ x + y \equiv 0 \mod 3 \end{cases}$ を解け．●

中国剰余定理のときのように，解は4と3の最小公倍数を法として定まる．すなわち，mod 12 で考えればよい．第1式については $x + 2y \equiv 0, 4, 8 \mod 12$（$\Leftrightarrow 3x + 6y \equiv 0 \mod 12$）であり，第2式については $x + y \equiv 0, 3, 6, 9 \mod 12$（$\Leftrightarrow 4x + 4y \equiv 0 \mod 12$）である．

図を描いてみよう！ 図19.3のようになり，よく見ると，「原点と $(2, 1)$ を結んでいった線分上に解がある」ことがわかる．したがって解は，$x - 2y \equiv 0 \mod 12$ の解と一致する．

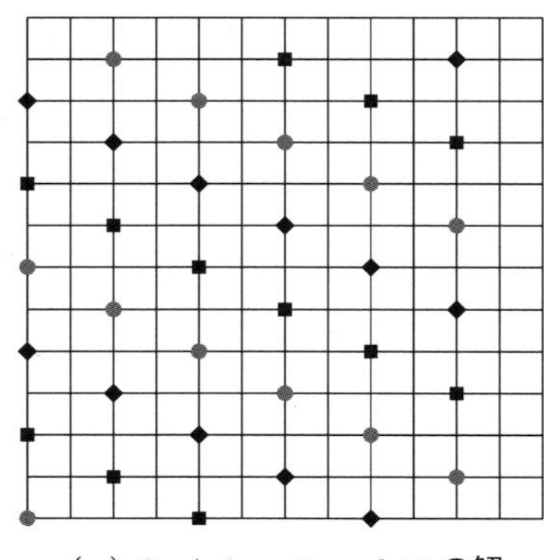

（a）$3x + 6y \equiv 0 \mod 12$ の解

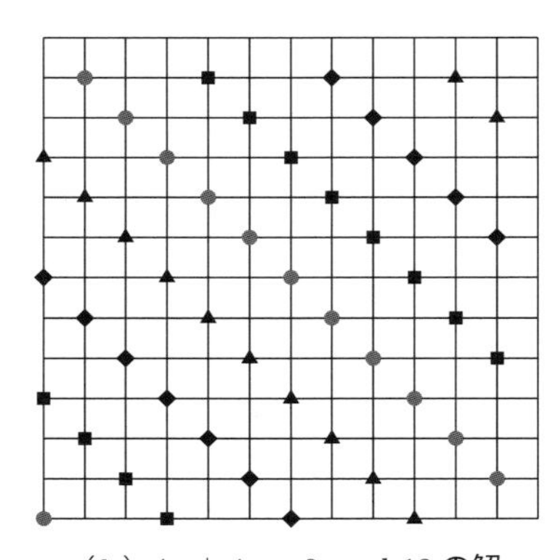

（b）$4x + 4y \equiv 0 \mod 12$ の解

図 19.3　それぞれの解

ただ，いちいち図を描いて解を見つけるのは大変である．ではどうすればよいか？すでにその方法は示唆されているわけだが，与式と $\begin{cases} 3x+6y \equiv 0 \mod 12 \\ 4x+4y \equiv 0 \mod 12 \end{cases}$ は同値だからこれを解けばよい．これは 19.2，19.3 節で扱った問題であり，係数行列 $A = \begin{pmatrix} 3 & 6 \\ 4 & 4 \end{pmatrix}$ において, $\gcd A = 1$ で, $\det A = -12$ だから, 解が $\gcd(-12, 12) = 12$ 個あることもわかる.

ここでは, 合同式を等式に直してから解く方法も紹介しよう．与式は $\begin{cases} x+2y = 4k \\ x+y = 3\ell \end{cases}$ $(k, \ell \in \mathbb{Z})$ と同値なので,

$$\begin{aligned} \begin{pmatrix} x \\ y \end{pmatrix} &= \begin{pmatrix} 1 & 2 \\ 1 & 1 \end{pmatrix}^{-1} \begin{pmatrix} 4k \\ 3\ell \end{pmatrix} = -\begin{pmatrix} 1 & -2 \\ -1 & 1 \end{pmatrix} \begin{pmatrix} 4k \\ 3\ell \end{pmatrix} = \begin{pmatrix} -4k+6\ell \\ 4k-3\ell \end{pmatrix} \\ &= k\begin{pmatrix} -4 \\ 4 \end{pmatrix} + \ell \begin{pmatrix} 6 \\ -3 \end{pmatrix} \end{aligned}$$

となる．ここで，$\begin{pmatrix} -4 & 6 \\ 4 & -3 \end{pmatrix}$ に**列の整数基本変形**を施しても解集合は不変だから,

$$\begin{aligned} \begin{pmatrix} -4 & 6 \\ 4 & -3 \end{pmatrix} &\to \begin{pmatrix} 2 & 6 \\ 1 & -3 \end{pmatrix} \quad \text{（1 列目に 2 列目を足した）} \\ &\to \begin{pmatrix} 2 & 12 \\ 1 & 0 \end{pmatrix} \quad \text{（1 列目の 3 倍を 2 列目に足した）} \\ &\equiv \begin{pmatrix} 2 & 0 \\ 1 & 0 \end{pmatrix} \mod 12 \end{aligned}$$

より，解は $\begin{pmatrix} x \\ y \end{pmatrix} \equiv k \begin{pmatrix} 2 \\ 1 \end{pmatrix}$ $(k = 0, 1, \ldots, 11)$ となる（解全体は巡回群をなす）.

上の問題では，係数行列 $\begin{pmatrix} 1 & 2 \\ 1 & 1 \end{pmatrix}$ の行列式が -1 だったから簡単に答えが出たのである．一般にはそうは行かないので，この方法のほうがよいかどうかは微妙である．係数行列の行列式が ± 1 でない例をいくつか見てみよう.

○**例題 19.6**　$\begin{cases} 4x+y \equiv 1 \mod 18 \\ 2x+5y \equiv 3 \mod 12 \end{cases}$ を解け.　○

[解]　$\begin{cases} 4x+y = 18k+1 \\ 2x+5y = 12\ell+3 \end{cases}$ $(k, \ell \in \mathbb{Z})$ より,

$$\begin{pmatrix} x \\ y \end{pmatrix} = \begin{pmatrix} 4 & 1 \\ 2 & 5 \end{pmatrix}^{-1} \begin{pmatrix} 18k+1 \\ 12\ell+3 \end{pmatrix} = \frac{1}{18}\begin{pmatrix} 5 & -1 \\ -2 & 4 \end{pmatrix}\begin{pmatrix} 18k+1 \\ 12\ell+3 \end{pmatrix}$$
$$= \frac{1}{18}\begin{pmatrix} 90k+5-12\ell-3 \\ -36k-2+48\ell+12 \end{pmatrix}$$

を得る．ここで，分母の18が消えるような k, ℓ を見つける．$\begin{cases} 90k-12\ell \equiv -2 \\ -36k+48\ell \equiv -10 \end{cases}$ mod 18 は $\begin{cases} 12\ell \equiv 2 \\ 12\ell \equiv -10 \end{cases}$ mod 18 となり，これを満たす ℓ は存在しない．ゆえに「解なし」である．

[別解] $4x+y \equiv 1 \mod 18$ の両辺を5倍すれば，$20x+5y \equiv 5 \mod 18$ となるが，これは $2x+5y \equiv 5 \mod 18$ と同値である．よって，2式の左辺を同じにできたので，$5 \not\equiv 3 \mod 6 = \gcd(18,12)$ より「解なし」である．

例題 19.7 $\begin{cases} x-4y \equiv 1 \mod 18 \\ 2x+y \equiv 3 \mod 12 \end{cases}$ を解け．

[解] $\begin{cases} x-4y = 18k+1 \\ 2x+y = 12\ell+3 \end{cases}$ $(k, \ell \in \mathbb{Z})$ より，

$$\begin{pmatrix} x \\ y \end{pmatrix} = \begin{pmatrix} 1 & -4 \\ 2 & 1 \end{pmatrix}^{-1} \begin{pmatrix} 18k+1 \\ 12\ell+3 \end{pmatrix} = \frac{1}{9}\begin{pmatrix} 1 & 4 \\ -2 & 1 \end{pmatrix}\begin{pmatrix} 18k+1 \\ 12\ell+3 \end{pmatrix}$$
$$= \frac{1}{9}\begin{pmatrix} 18k+1+48\ell+12 \\ -36k-2+12\ell+3 \end{pmatrix}$$

を得る．ここで，$\begin{cases} 3\ell \equiv -13 \\ 12\ell \equiv -1 \end{cases}$ mod 9 を解く．第1式を4倍して，$12\ell \equiv -52$ となるが，$-52 \equiv -7 \equiv 2 \not\equiv -1 \mod 9$ より「解なし」である．

例題 19.8 $\begin{cases} x-4y \equiv 3 \mod 18 \\ 2x+y \equiv 0 \mod 12 \end{cases}$ を解け．

[解] $\begin{cases} x-4y = 18k+3 \\ 2x+y = 12\ell \end{cases}$ $(k, \ell \in \mathbb{Z})$ より，

$$\begin{pmatrix} x \\ y \end{pmatrix} = \begin{pmatrix} 1 & -4 \\ 2 & 1 \end{pmatrix}^{-1} \begin{pmatrix} 18k+3 \\ 12\ell \end{pmatrix}$$

$$= \frac{1}{9}\begin{pmatrix} 1 & 4 \\ -2 & 1 \end{pmatrix}\begin{pmatrix} 18k+3 \\ 12\ell \end{pmatrix} = \frac{1}{9}\begin{pmatrix} 18k+3+48\ell \\ -36k-6+12\ell \end{pmatrix}$$

を得る．ここで，$\begin{cases} 3\ell \equiv -3 \\ 12\ell \equiv 6 \end{cases} \mod 9$ を解くと，$\ell \equiv -1 \mod 3$ を得る．そこで，$\ell = 3t-1$ を代入して，$\begin{pmatrix} x \\ y \end{pmatrix} = \frac{1}{9}\begin{pmatrix} 18k+3+48(3t-1) \\ -36k-6+12(3t-1) \end{pmatrix} = \begin{pmatrix} 2k+16t-5 \\ -4k+4t-2 \end{pmatrix}$ $= \begin{pmatrix} 2 & 16 \\ -4 & 4 \end{pmatrix}\begin{pmatrix} k \\ t \end{pmatrix} + \begin{pmatrix} -5 \\ -2 \end{pmatrix}$ を得る．ここで，$\begin{pmatrix} 2 & 16 \\ -4 & 4 \end{pmatrix}$ に列の整数基本変形を行うと，

$$\begin{pmatrix} 2 & 16 \\ -4 & 4 \end{pmatrix} \to \begin{pmatrix} 18 & 16 \\ 0 & 4 \end{pmatrix} \to \begin{pmatrix} 18 & -2 \\ 0 & 4 \end{pmatrix} \to \begin{pmatrix} 36 & -2 \\ -36 & 4 \end{pmatrix} \equiv \begin{pmatrix} 0 & -2 \\ 0 & 4 \end{pmatrix} \mod 36$$

より，$\begin{pmatrix} x \\ y \end{pmatrix} \equiv 2k\begin{pmatrix} -1 \\ 2 \end{pmatrix} + \begin{pmatrix} -5 \\ -2 \end{pmatrix}$（$k = 0, 1, \ldots, 17$）となる．

[別解] 与式は，$\begin{cases} 2x-8y \equiv 6 \mod 36 \\ 6x+3y \equiv 0 \mod 36 \end{cases}$ と同値である．そこで，$\begin{pmatrix} 2 & -8 & 6 \\ 6 & 3 & 0 \end{pmatrix} \to$ $\begin{pmatrix} 2 & -8 & 6 \\ 0 & 27 & -18 \end{pmatrix}$ より，$27y \equiv -18 \mod 36$ から，$3y \equiv -2 \mod 4$ となり，$y \equiv 2 \mod 4$ となる．よって，$y \equiv 2, 6, 10, 14, 18, 22, 26, 30, 34 \mod 36$ となる．ここで，$2x \equiv 8y+6 \mod 36$ から，$\begin{pmatrix} 2x \\ y \end{pmatrix} \equiv \begin{pmatrix} 22 \\ 2 \end{pmatrix}, \begin{pmatrix} 18 \\ 6 \end{pmatrix}, \begin{pmatrix} 14 \\ 10 \end{pmatrix}, \begin{pmatrix} 10 \\ 14 \end{pmatrix}, \begin{pmatrix} 6 \\ 18 \end{pmatrix},$ $\begin{pmatrix} 2 \\ 22 \end{pmatrix}, \begin{pmatrix} 34 \\ 26 \end{pmatrix}, \begin{pmatrix} 30 \\ 30 \end{pmatrix}, \begin{pmatrix} 26 \\ 34 \end{pmatrix} \mod 36$ となる．ゆえに，$\begin{pmatrix} x \\ y \end{pmatrix} \equiv \begin{pmatrix} 11 \\ 2 \end{pmatrix}, \begin{pmatrix} 29 \\ 2 \end{pmatrix},$ $\begin{pmatrix} 9 \\ 6 \end{pmatrix}, \begin{pmatrix} 27 \\ 6 \end{pmatrix}, \begin{pmatrix} 7 \\ 10 \end{pmatrix}, \begin{pmatrix} 25 \\ 10 \end{pmatrix}, \begin{pmatrix} 10 \\ 14 \end{pmatrix}, \begin{pmatrix} 5 \\ 14 \end{pmatrix}, \begin{pmatrix} 3 \\ 18 \end{pmatrix}, \begin{pmatrix} 23 \\ 18 \end{pmatrix}, \begin{pmatrix} 1 \\ 22 \end{pmatrix}, \begin{pmatrix} 19 \\ 22 \end{pmatrix},$ $\begin{pmatrix} 17 \\ 26 \end{pmatrix}, \begin{pmatrix} 35 \\ 26 \end{pmatrix}, \begin{pmatrix} 15 \\ 30 \end{pmatrix}, \begin{pmatrix} 33 \\ 30 \end{pmatrix}, \begin{pmatrix} 13 \\ 34 \end{pmatrix}, \begin{pmatrix} 31 \\ 34 \end{pmatrix} \mod 36$ となる．

▶ **注意 19.7** 別解の解と最初の解が同じであることは，解の個数が一致しているから，幾何学的に考えることで，二つの共通解を見つけるだけで十分である（最初の解法で斉次解が巡回群であることがわかる．別解のほうでも，$\gcd\begin{pmatrix} 2 & -8 \\ 6 & 3 \end{pmatrix} = 1$ より巡回群であることがわかる）．

■ m と n が互いに素の場合

この節の最初の例 19.6 (＊) $\begin{cases} x+2y \equiv 0 \mod 4 \\ x+y \equiv 0 \mod 3 \end{cases}$ に戻って，3 と 4 が互いに素

であることに注目する．このような場合には，より簡単な方法がある．実際，$(*)$ は $\begin{cases} x+10y \equiv 0 \mod 4 \\ x+10y \equiv 0 \mod 3 \end{cases}$ と同値（$10 \equiv 2 \mod 4$ および $10 \equiv 1 \mod 3$ より）だから，$x+10y \equiv 0 \mod 12$ とも同値である．これは $x-2y \equiv 0 \mod 12$ と同値であり，最初に図19.3で求めた答えと一致する．この手法を一般化して，次の定理を得る．

定理 19.2　m と n が互いに素ならば，$\begin{cases} ax+by \equiv e \mod m \\ cx+dy \equiv f \mod n \end{cases}$ は $Ax+By \equiv C \mod mn$ と同値である．ただし，A，B，C は，$\begin{cases} A \equiv a \mod m \\ A \equiv c \mod n \end{cases}$，$\begin{cases} B \equiv b \mod m \\ B \equiv d \mod n \end{cases}$，$\begin{cases} C \equiv e \mod m \\ C \equiv f \mod n \end{cases}$ を満たす整数である．

特に，$\gcd(a,b,m) = \gcd(c,d,n) = 1$ ならば $\gcd(A,B,mn) = 1$ となり，解は mn 個となる．

［証明］　中国剰余定理よりそのような A, B, C は，$\mod mn$ で一意的に存在するのでよい．

もし $\gcd(A,B,mn) = \alpha > 1$ ならば，m と n が互いに素より $\alpha \mid m$ または $\alpha \mid n$ である．前者なら，$A \equiv a \equiv 0 \mod \alpha$ および $B \equiv b \equiv 0 \mod \alpha$ となり，$\gcd(a,b,m) = 1$ に矛盾する．同様にして後者なら，$\gcd(c,d,n) = 1$ に矛盾する．よって，$\gcd(A,B,mn) = 1$ となり，最後の主張は定理18.2より正しい．　□

○例題 19.9　$\begin{cases} 4x+6y \equiv 3 \mod 7 \\ 8x+3y \equiv 2 \mod 9 \end{cases}$ を解け．　○

［解］　まずは，前の方法（等式に直して逆行列を使う方法）で解いてみる．

$\begin{cases} 4x+6y = 7k+3 \\ 8x+3y = 9\ell+2 \end{cases}$ $(k, \ell \in \mathbb{Z})$ より，

$$\begin{aligned} \begin{pmatrix} x \\ y \end{pmatrix} &= \begin{pmatrix} 4 & 6 \\ 8 & 3 \end{pmatrix}^{-1} \begin{pmatrix} 7k+3 \\ 9\ell+2 \end{pmatrix} \\ &= \frac{1}{-36} \begin{pmatrix} 3 & -6 \\ -8 & 4 \end{pmatrix} \begin{pmatrix} 7k+3 \\ 9\ell+2 \end{pmatrix} = \frac{1}{-36} \begin{pmatrix} 21k-54\ell-3 \\ -56k+36\ell-16 \end{pmatrix} \end{aligned}$$

を得る．ここで，$\begin{cases} 21k - 54\ell \equiv 3 \\ -56k + 36\ell \equiv 16 \end{cases}$ mod 36 を解くと，$\begin{pmatrix} 21 & -54 \\ -56 & 36 \end{pmatrix} \equiv \begin{pmatrix} 21 & -18 \\ -20 & 0 \end{pmatrix}$ mod 36 より $\begin{pmatrix} 21 & -18 & 3 \\ -20 & 0 & 16 \end{pmatrix} \to \begin{pmatrix} 1 & -18 & 19 \\ -20 & 0 & 16 \end{pmatrix} \to \begin{pmatrix} 1 & -18 & 19 \\ 0 & 0 & 0 \end{pmatrix}$（$20 \cdot 19 + 16 = 396 \equiv 0 \mod 36$ なので）から，$k \equiv 18\ell + 19 \mod 36$ を得る．よって，$k = 18\ell + 36t + 19$ （$t \in \mathbb{Z}$）となり，$\begin{pmatrix} x \\ y \end{pmatrix} = \dfrac{1}{-36}\begin{pmatrix} 21(18\ell + 36t + 19) - 54\ell - 3 \\ -56(18\ell + 36t + 19) + 36\ell - 16 \end{pmatrix} = \begin{pmatrix} -21 & -9 \\ 56 & 27 \end{pmatrix}\begin{pmatrix} t \\ \ell \end{pmatrix} + \begin{pmatrix} -11 \\ 30 \end{pmatrix}$ を得る．列の整数基本変形を使って，$\begin{pmatrix} -21 & -9 \\ 56 & 27 \end{pmatrix} \to \begin{pmatrix} -3 & -9 \\ 2 & 27 \end{pmatrix} \to \begin{pmatrix} -3 & 0 \\ 2 & 21 \end{pmatrix} \to \begin{pmatrix} -3 & -63 \\ 2 & 21 + 42 \end{pmatrix} \equiv \begin{pmatrix} -3 & 0 \\ 2 & 0 \end{pmatrix}$ mod 63 を得る．ゆえに解は，$\begin{pmatrix} x \\ y \end{pmatrix} \equiv \ell \begin{pmatrix} -3 \\ 2 \end{pmatrix} + \begin{pmatrix} -11 \\ 30 \end{pmatrix}$（$\ell = 0, 1, \ldots, 62$）となる．

［別解］ 7 と 9 が互いに素だから，中国剰余定理（定理 19.2 の手法）を利用する．まず，第 1 式を 4 倍して，y の係数をそろえると，$\begin{cases} 2x + 3y \equiv 5 \mod 7 \\ 8x + 3y \equiv 2 \mod 9 \end{cases}$ となる（これより $B \equiv 3 \mod 63$ となる）．ここで，$\begin{cases} A \equiv 2 \mod 7 \\ A \equiv 8 \mod 9 \end{cases}$ を解いて，$A \equiv 2 \cdot 9 \cdot 9^{-1} + 8 \cdot 7 \cdot 7^{-1} \equiv 18 \cdot 4 + 56 \cdot 4 \equiv 44 \mod 63$ となる．次に，$\begin{cases} C \equiv 5 \mod 7 \\ C \equiv 2 \mod 9 \end{cases}$ を解いて，$C \equiv 5 \cdot 9 \cdot 9^{-1} + 5 \cdot 7 \cdot 7^{-1} \equiv 45 \cdot 4 + 14 \cdot 4 \equiv -16 \mod 63$ となる．したがって与式は，$44x + 3y \equiv -16 \mod 63$ と同値である．

さて，$44x + 3y = 1$ の特殊解 $(x, y) = (-1, 15)$ から，$44x + 3y = -16$ の特殊解 $(x, y) = (16, -240)$ を得る．これより $44x + 3y \equiv -16 \mod 63$ の特殊解 $(x, y) \equiv (16, -240) \equiv (16, -51) \equiv (16, 12) \mod 63$ を得る．よって解は，$\begin{pmatrix} x \\ y \end{pmatrix} \equiv k \begin{pmatrix} -3 \\ 44 \end{pmatrix} + \begin{pmatrix} 16 \\ 12 \end{pmatrix}$（$k = 0, 1, \ldots, 62$）となる．

▶ **注意 19.8** 別解の解と最初の解の見かけが違うので，同じであることを確認しよう．別解の解で $k = 9$ とすれば，$\begin{pmatrix} x \\ y \end{pmatrix} \equiv 9 \begin{pmatrix} -3 \\ 44 \end{pmatrix} + \begin{pmatrix} 16 \\ 12 \end{pmatrix} = \begin{pmatrix} -27 \\ 396 \end{pmatrix} + \begin{pmatrix} 16 \\ 12 \end{pmatrix} = \begin{pmatrix} -11 \\ 408 \end{pmatrix} \equiv$

$\begin{pmatrix} -11 \\ 30 \end{pmatrix}$ となる．最初の解は $\begin{pmatrix} x \\ y \end{pmatrix} \equiv \ell \begin{pmatrix} -3 \\ 2 \end{pmatrix} + \begin{pmatrix} -11 \\ 30 \end{pmatrix}$ （$\ell = 0, 1, \ldots, 62$）であるが，$\ell = -1$ とすれば，$\begin{pmatrix} x \\ y \end{pmatrix} \equiv \begin{pmatrix} -8 \\ 28 \end{pmatrix}$ である．$k = 8$ とすると，$\begin{pmatrix} x \\ y \end{pmatrix} \equiv 8 \begin{pmatrix} -3 \\ 44 \end{pmatrix} + \begin{pmatrix} 16 \\ 12 \end{pmatrix} = \begin{pmatrix} -24 \\ 352 \end{pmatrix} + \begin{pmatrix} 16 \\ 12 \end{pmatrix} = \begin{pmatrix} -8 \\ 364 \end{pmatrix} \not\equiv \begin{pmatrix} -8 \\ 28 \end{pmatrix}$ なので，$k = 8 + 21 = 29$ とすると，$\begin{pmatrix} x \\ y \end{pmatrix} \equiv 29 \begin{pmatrix} -3 \\ 44 \end{pmatrix} + \begin{pmatrix} 16 \\ 12 \end{pmatrix} = \begin{pmatrix} -87 \\ 1276 \end{pmatrix} + \begin{pmatrix} 16 \\ 12 \end{pmatrix} = \begin{pmatrix} -71 \\ 1288 \end{pmatrix} \equiv \begin{pmatrix} -8 \\ 28 \end{pmatrix}$ となる．したがって，どちらの解も同じ2点を通る．よって（どちらの解も個数は同じだから），二つの解は一致する．

問題 19.7　次を解け．

(1) $\begin{cases} 2x + y \equiv 1 \mod 3 \\ x + 3y \equiv 2 \mod 5 \end{cases}$

(2) $\begin{cases} 4x + y \equiv 3 \mod 6 \\ 5x + 3y \equiv 6 \mod 8 \end{cases}$

(3) $\begin{cases} x + y \equiv 1 \mod 2 \\ x + 3y \equiv 2 \mod 4 \end{cases}$

(4) $\begin{cases} x + y \equiv 1 \mod 2 \\ x + 3y \equiv 1 \mod 4 \end{cases}$

(5) $\begin{cases} 4x + 6y \equiv 3 \mod 7 \\ 8x + 3y \equiv 6 \mod 9 \end{cases}$

(6) $\begin{cases} 4x + 6y \equiv 3 \mod 7 \\ 8x + 3y \equiv 1 \mod 9 \end{cases}$

(7) $\begin{cases} 2x - y \equiv 0 \mod 6 \\ 3x + 3y \equiv 0 \mod 9 \end{cases}$

(8) $\begin{cases} 6x + 2y \equiv 4 \mod 12 \\ 9x + 3y \equiv 24 \mod 27 \end{cases}$

(9) $\begin{cases} 6x + 18y \equiv 12 \mod 27 \\ 12x + 21y \equiv 9 \mod 45 \end{cases}$

(10) $\begin{cases} 3x + y \equiv -9 \mod 50 \\ 43x + 41y \equiv 1 \mod 100 \end{cases}$

次の例題19.10は，中学校数学でよくある連立方程式を使う応用問題の合同式バージョンとして考えた問題である．いろいろな解法が考えられるが，とりあえず等式に直して逆行列を使う方法で解いてみた．できればこの解答例を見ず，先に各自で解いてみよう（問題19.8としている）．

○例題 19.10　30人の生徒がいるクラスで，男子は各自黒鉛筆3本と赤鉛筆2本，女子は各自黒鉛筆2本と赤鉛筆3本を持って来るよう伝えた．次の日，生徒はいわれた鉛筆を忘れずに持って来た．そこで，黒鉛筆を5本入りの箱にしまっていったら1本余った．また，赤鉛筆を7本入りの箱にしまっていったらちょうど収まった．さらに，男子は12人以上，女子は6人以上来ていることがわかった．欠席者は何人で，男子の出席者は何人かを答えよ．

（英訳）My class consists of 30 students. I asked each male student to bring three black pencils and two red pencils, and each female student to bring two black pencils and three red pencils yesterday. They have brought the pencils which I asked, and I have counted the black and red pencils today. The number of black ones is 1 modulo 5, and the number of red ones is 0 modulo 7. Moreover, I have found that more than 11 male students and more than 5 female students are attending.

How many students are absent, and how many male students are actually attending today?

（外国からの留学生がこの問題をどのように解くか興味深いので英訳してみた．是非身近な留学生に出してみてほしい．） ○

[解] 男子の出席者の人数を x，女子の出席者の人数を y とする．

$\begin{cases} 3x+2y \equiv 1 \mod 5 \\ 2x+3y \equiv 0 \mod 7 \end{cases}$ を解けばよい． $\begin{cases} 3x+2y = 5k+1 \\ 2x+3y = 7\ell \end{cases}$ $(k, \ell \in \mathbb{Z})$ より，

$$\begin{pmatrix} x \\ y \end{pmatrix} = \begin{pmatrix} 3 & 2 \\ 2 & 3 \end{pmatrix}^{-1} \begin{pmatrix} 5k+1 \\ 7\ell \end{pmatrix} = \frac{1}{5}\begin{pmatrix} 3 & -2 \\ -2 & 3 \end{pmatrix}\begin{pmatrix} 5k+1 \\ 7\ell \end{pmatrix} = \frac{1}{5}\begin{pmatrix} 15k-14\ell+3 \\ -10k+21\ell-2 \end{pmatrix}$$

となる．ここで，$\begin{pmatrix} 15 & -14 & -3 \\ -10 & 21 & 2 \end{pmatrix} \equiv \begin{pmatrix} 0 & 1 & 2 \\ 0 & 1 & 2 \end{pmatrix} \to \begin{pmatrix} 0 & 1 & 2 \\ 0 & 0 & 0 \end{pmatrix} \mod 5$ より，$\ell = 5t+2$ $(t \in \mathbb{Z})$ となる．したがって，

$$\begin{pmatrix} x \\ y \end{pmatrix} = \frac{1}{5}\begin{pmatrix} 15k-14\ell+3 \\ -10k+21\ell-2 \end{pmatrix} = \begin{pmatrix} 3k-14t-5 \\ -2k+21t+8 \end{pmatrix} = \begin{pmatrix} 3 & -14 \\ -2 & 21 \end{pmatrix}\begin{pmatrix} k \\ t \end{pmatrix} + \begin{pmatrix} -5 \\ 8 \end{pmatrix}$$

となる．ここで，今度は mod 35 で列の整数基本変形を行うと，$\begin{pmatrix} 3 & -14 \\ -2 & 21 \end{pmatrix} \to \begin{pmatrix} 3 & 1 \\ -2 & 11 \end{pmatrix} \to \begin{pmatrix} 0 & 1 \\ -35 & 11 \end{pmatrix} \equiv \begin{pmatrix} 0 & 1 \\ 0 & 11 \end{pmatrix} \mod 35$ より，解は $\begin{pmatrix} x \\ y \end{pmatrix} \equiv k\begin{pmatrix} 1 \\ 11 \end{pmatrix} + \begin{pmatrix} 30 \\ 8 \end{pmatrix}$ $(k = 0, 1, \ldots, 34)$ となる．

さて，$k = 0, 1, 2, 3, 4$ は x が 30 以上になって不適．$k = 5$ のとき，$\begin{pmatrix} x \\ y \end{pmatrix} = \begin{pmatrix} 0 \\ 28 \end{pmatrix}$ だから，男子生徒が 12 人になるのは $k = 5+12 = 17$ のときで，$\begin{pmatrix} x \\ y \end{pmatrix} = \begin{pmatrix} 12 \\ 28+12\cdot 11 \end{pmatrix} = \begin{pmatrix} 12 \\ 160 \end{pmatrix} \equiv \begin{pmatrix} 12 \\ 20 \end{pmatrix}$ である．$x+y \leq 30$ だからこれも不適．同様に $k = 18$ のときも，$\begin{pmatrix} x \\ y \end{pmatrix} = \begin{pmatrix} 13 \\ 31 \end{pmatrix}$ となり不適．次の $k = 19$ は，$\begin{pmatrix} x \\ y \end{pmatrix} = \begin{pmatrix} 14 \\ 42 \end{pmatrix} \equiv \begin{pmatrix} 14 \\ 7 \end{pmatrix}$ となり，$x+y \leq 30$ および $x \geq 12$ および $y \geq 6$ を満たす（図 19.4）．$k = 20$ 以降は条件を満たさないことがわかる．実際，$k = 20$ 以降の解を書き下

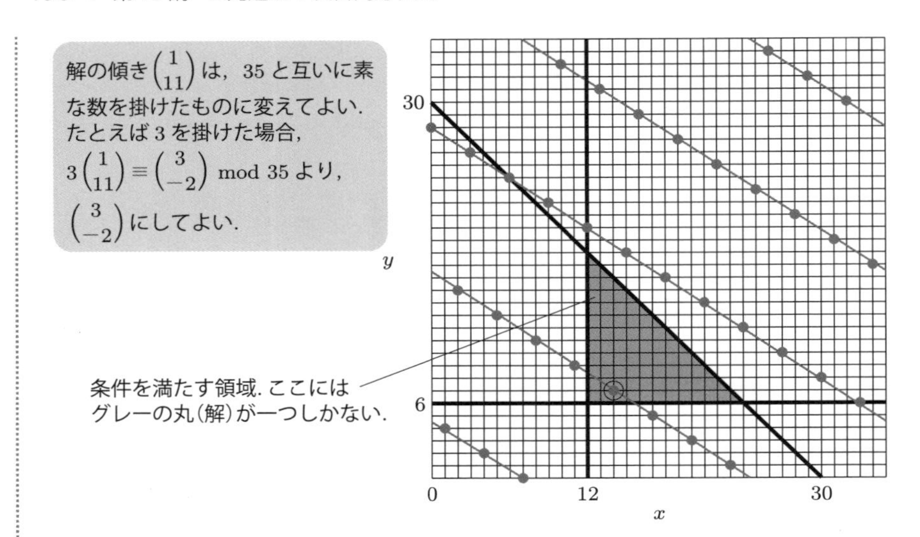

図 19.4　解を図示

すと，$\begin{pmatrix}x\\y\end{pmatrix}=\begin{pmatrix}15\\18\end{pmatrix}, \begin{pmatrix}16\\29\end{pmatrix}, \begin{pmatrix}17\\40\end{pmatrix}\equiv\begin{pmatrix}17\\5\end{pmatrix}, \begin{pmatrix}18\\16\end{pmatrix}, \begin{pmatrix}19\\27\end{pmatrix}, \begin{pmatrix}20\\38\end{pmatrix}\equiv\begin{pmatrix}20\\3\end{pmatrix}$, $\begin{pmatrix}21\\14\end{pmatrix}, \begin{pmatrix}22\\25\end{pmatrix}, \begin{pmatrix}23\\36\end{pmatrix}\equiv\begin{pmatrix}23\\1\end{pmatrix}, \begin{pmatrix}24\\12\end{pmatrix}, \begin{pmatrix}25\\23\end{pmatrix}, \begin{pmatrix}26\\34\end{pmatrix}, \begin{pmatrix}27\\45\end{pmatrix}\equiv\begin{pmatrix}27\\10\end{pmatrix}, \begin{pmatrix}28\\21\end{pmatrix}$, $\begin{pmatrix}29\\32\end{pmatrix}$ となり，どれも不適である．ゆえに欠席者は9人で，男子の出席者は14人である．

問題 19.8　例題19.10の別解を考えよ．

問題 19.9　30人の生徒がいるクラスで，男子は各自黒鉛筆2本と赤鉛筆1本，女子は各自黒鉛筆1本と赤鉛筆3本を持って来るよう伝えた．次の日，生徒はいわれた鉛筆を忘れずに持って来た．そこで，黒鉛筆を3本入りの箱にしまっていったら1本余り，赤鉛筆を5本入りの箱にしまっていったら2本余った．さらに，男子は12人以上，女子は6人以上来ているが，欠席者も2人以上いることがわかった．実際出席している男女の人数について，何通りの可能性があるかを答えよ．

第20講

$\mathbb{Z}_m$，$\mathbb{Z}_m^\times$，群，巡回群

＊＊＊

この講では，もっとも簡単なアーベル群である $\mathbb{Z}_m$，$\mathbb{Z}_m^\times$，そして巡回群について解説する．

なお，ここで使う「全単射」，「同値関係」などの集合論の基本用語に不慣れな人は，松坂和夫『集合・位相入門』などで確認してほしい．

20.1 $\mathbb{Z}_m$ と $\mathbb{Z}_m^\times$

$m, r \in \mathbb{Z}$ に対して，

$$m\mathbb{Z} + r = \{mk + r \mid k \in \mathbb{Z}\} = [r]_m = [r]$$

と書くことにすれば，

$$\mathbb{Z} = (m\mathbb{Z} + 0) \sqcup (m\mathbb{Z} + 1) \sqcup \cdots \sqcup (m\mathbb{Z} + m - 1) = [0] \sqcup [1] \sqcup \cdots \sqcup [m-1]$$

（m で割った余りによる整数全体の分割）

となる．

▶**注意 20.1** たとえば，$[0]$ は m の倍数全体の集合であり，$[1]$ は m で割った余りが 1 の集合である．したがってたとえば，$[0] = [m] = [2m] = [3m] = \cdots$ であり，$[1] = [m+1] = [2m+1] = [3m+1] = \cdots$ である．

このとき，

$$\mathbb{Z}_m = \{[0], [1], \ldots, [m-1]\}$$

（集合の集合であることに注意）と書くことにすれば，合同式で学んだことから，$\mathbb{Z}_m$ に加法と乗法を $[a] + [b] := [a + b]$ および $[a][b] := [ab]$ のように定義することで，交換法則，結合法則，分配法則などが成り立つ．このような，加法と乗法が定義さ

れている代数系（演算が定義されている集合）を，現代数学では**環**とよぶ．この $\mathbb{Z}_m$ は，m 個の元からなる（合同式がもつ性質を別の形で記述しただけの）非常に身近な環であり，**m を法とする剰余環**などとよばれている．

次に，$\mathbb{Z}_m$ の部分集合 $\mathbb{Z}_m^\times$ を次のように定義する．

$$\mathbb{Z}_m^\times := \{[a] \in \mathbb{Z}_m \mid \gcd(a, m) = 1\}$$

このとき，合同式で学んだことから，$\mathbb{Z}_m^\times$ は積について閉じていて，$\varphi(m) = \#\{1$ から m までの自然数で m と互いに素なもの$\}$ 個の元からなり，

$$[a] \in \mathbb{Z}_m^\times \quad \Leftrightarrow \quad a \text{ は} \bmod m \text{ でインバースをもつ}$$

こともわかる．このような，一つの演算（この例では乗法）が定義されていて，結合法則が成り立ち，すべての元がインバースをもっている代数系を，現代数学では**群**とよぶ（詳細は次節の定義 20.1）．この $\mathbb{Z}_m^\times$ は，$\varphi(m)$ 個の元からなる非常に身近な群であり，**m を法とする既約剰余類群**，あるいは **$\mathbb{Z}_m$ の単数群**（ユニット群）などとよばれている．

一般に，環の元でインバースをもつものを，単元あるいは単数（ユニット）とよぶ．単数全体は群をなすことから，単数全体の集合をその環の単数群とよぶのである．

特に，$m = p$ が素数の場合の $\mathbb{Z}_p$ では，$[0]$ 以外の元はすべてインバースをもつ．このように，環の零元以外の元がすべてインバースをもつとき，現代数学ではその環を**体**とよぶ．この $\mathbb{Z}_p$ は，p 個の元からなる，非常に身近な体なのである．

20.2 群および巡回群

巡回群とは，もっとも単純な群であるといってよい．ただし，ここでは述べないが「単純群」というちょっと難しい概念があり，これと巡回群とは違う．まず，群の定義を述べる．

定義 20.1　空でない集合 G に演算 $\cdot$ が定義されていて，次の三つを満たすとき，G を**群**という．

(1) 結合法則：$a \cdot (b \cdot c) = (a \cdot b) \cdot c$（任意の $a, b, c \in G$）が成り立つ．

(2) 単位元の存在：すべての $a \in G$ に対して，$a \cdot e = e \cdot a = a$ となる $e \in G$ が存在する（**e を 1 と書くこともある**）．この e を G の**単位元**という．

(3) 逆元の存在：任意の $a \in G$ に対して，$ab = ba = e$ となる $b \in G$ が存在する．この b を a の**逆元（インバース）**といい，a^{-1} と表記する．

▶ **注意 20.2** (1) 単位元や逆元は一意的である．
(2) 混乱がなければ，$a \cdot b$ を単に ab とも書く．

問題 20.1 群 G について，次を示せ．
(1) G の単位元 e は一意的である．
(2) $a \in G$ の逆元 a^{-1} は，a に対して一意的である．
(3) $a, b \in G$ に対して，$(a \cdot b)^{-1} = b^{-1} \cdot a^{-1}$ である．

本書で扱う群はみなアーベル群である．その定義を述べよう．

定義 20.2 群 G において，$a \cdot b = b \cdot a$ $(a, b \in G)$ が満たされるとき，G を**可換群**または**アーベル群**という．可換群の場合，群の演算を $\cdot$ でなく $+$ を使って書くことも多く，そのような群を**加法群**とよぶことが多い（可換のときしか $+$ 記号は用いない）．加法群の場合，単位元は 0 と表記し，a の逆元は $-a$ と表記する．

● **例 20.1** (1) $\mathbb{Z}$ は加法に関して群（加法群）である．
(2) $\mathbb{Z}_m$ も加法に関して群（加法群）である．
(3) $\mathbb{Z}$ は乗法に関して群ではない．
(4) $\mathbb{Z}_m$ も乗法に関して群ではない．
(5) $\mathbb{Z}^{\times} := \{\pm 1\}$ は乗法に関して可換群である．
(6) $\mathbb{Z}_m^{\times}$ は乗法に関して可換群である．
(7) 不定方程式や 2 元合同方程式で登場した $\mathbb{Z} \times \mathbb{Z} = \{(x, y) \mid x, y \in \mathbb{Z}\}$ や $\mathbb{Z}_m \times \mathbb{Z}_m = \{(x, y) \mid x, y \in \mathbb{Z}_m\}$ も，加法に関して群（加法群）である． ●

群論における基本概念である「位数」や，もっとも簡単な群といえる「巡回群」の定義を述べよう．

定義 20.3 群 G の元 a に対して，$a, a^2, a^3, \ldots$ と続けたとき，**初めて e となる指数** n，すなわち，初めて $a^n = e$ となる n を，a の**位数**（order）という．また，群 G に対して，G の元の個数 $|G|$ も，G の**位数**という（ある意味言葉の乱用である）．特に，$|G|$ が有限のとき，G を**有限群**といい，そうでないときは**無限群**と

いう．

群 G に位数 n の元 a が存在して，$G = \{e, a, a^2, a^3, \ldots, a^{n-1}\}$ となるとき，G を位数 n の**巡回群**（cyclic group）という．また，そのような群を $G = \langle a \rangle$ で表し，a で**生成される**巡回群という．

群 G の元 a に対して，$a, a^2, a^3, \ldots$ と続けていっても決して e にならないとき，a の位数は無限大といい，∞ で表す．

群 G に位数無限大の元 a が存在して，$G = \{e, a^{\pm 1}, a^{\pm 2}, a^{\pm 3}, \ldots\}$ となるときも G を巡回群というが，より詳しく述べるときは，G を**無限巡回群**という．この場合も $G = \langle a \rangle$ で表し，a で**生成される**無限巡回群という．

問題 20.2　次を示せ．

(1) 巡回群はアーベル群である．

(2) $G = \langle a \rangle$ が位数 n の巡回群なら，$|G| = n$ である．

(3) $G = \langle a \rangle$ を無限巡回群とするとき，すべての $n \in \mathbb{N}$ に対して，$a^{\pm n}$ は異なる．

(4) 群 G の任意の元は位数をもつ．

定義 20.4　二つの群 G, G' に対して，写像 $f\colon G \to G'$ が $f(ab) = f(a)f(b)$（任意の $a, b \in G$）を満たすとき，f を**準同型写像**という．特に，f が全単射（1 対 1 かつ上への写像）の場合は**同型写像**という．また，G から G' への同型写像が存在するとき，群 G と G' は**同型**であるといい，$G \cong G'$ と表記する．

●**例 20.2**　(1) $\mathbb{Z} = \{0, \pm 1, \pm 2, \ldots\}$ は無限巡回群である．また，どんな無限巡回群も $\mathbb{Z}$ と同型であることが示せるので，無限巡回群とは単に加法群 $\mathbb{Z}$ のことと思ってもよい．

(2) $\mathbb{Z}_m = \{[0], [1], \ldots, [m-1]\}$ は位数 m の巡回群である．また，「どんな位数 m の巡回群も加法群 $\mathbb{Z}_m$ と同型である」（証明せよ）ので，位数 m の巡回群とは単に加法群 $\mathbb{Z}_m$ のことと思ってもよい．

(3) 素数 p の単数群 $\mathbb{Z}_p^\times = \{[1], [2], \ldots, [p-1]\}$ は位数 $p-1$ の巡回群である．これは，mod p に原始根が存在したことを思い出せばわかる．同様に，p が奇素数なら，単数群 $\mathbb{Z}_{p^e}^\times$（$e \in \mathbb{N}$）は位数 $p^e - p^{e-1}$ の巡回群である．これも，mod p^e に原始根が存在することによる．●

○**例題 20.1**　p を素数とするとき，乗法群 $\mathbb{Z}_p^\times$ から加法群 $\mathbb{Z}_{p-1}$ への同型写像を一

つ見つけよ．　○

[解]　$p=2$ のときは，$\mathbb{Z}_2^\times=\{[1]\}$ および $\mathbb{Z}_1=\{[0]\}$ であり，写像 $f\colon \mathbb{Z}_2^\times\to\mathbb{Z}_1$ を $f([1])=[0]$ と定めれば，f は同型写像である．次に，p を奇素数とする．mod p での原始根を g とすれば，$\mathbb{Z}_p^\times$ の任意の元は g^i（$1\leq i\leq p-1$）と書ける．写像 $f\colon \mathbb{Z}_p^\times\to\mathbb{Z}_{p-1}$ を $f([g^i])=[i]$ と定めれば，f は同型写像である．実際，

$$f([g^i][g^j])=f([g^{i+j}])=[i+j]=[i]+[j]=f([g^i])+f([g^j])$$

より，f は準同型である．任意の $[k]\in\mathbb{Z}_{p-1}$ に対して，$[k]=[i]$ となる $1\leq i\leq p-1$ が存在して，$f([g^i])=[k]$ となるから，f は全射である．ここで，$|\mathbb{Z}_p^\times|=|\mathbb{Z}_{p-1}|=p-1$ だから，f は単射となり，f は同型写像となる．

▶ **注意 20.3**　p が奇素数なら，mod p^e（$e\in\mathbb{N}$）での原始根が存在する．したがって，例題 20.1 とまったく同じようにして，単数群 $\mathbb{Z}_{p^e}^\times$（乗法群）から加法群 $\mathbb{Z}_{p^e-p^{e-1}}$ への同型写像が得られる．

○**例題 20.2**　$\mathbb{Z}_{13}^\times\cong\mathbb{Z}_{12}$ の同型対応を表にしてみよ．また，その同型対応を使って次を解け．

(1) $7x\equiv 5 \mod 13$　　(2) $x^2\equiv -1 \mod 13$　　(3) $x^3\equiv 5 \mod 13$　○

[解]　mod 13 の原始根として 2 をとり，1 から始めて 2 を次々に掛けていけば，1, 2, 4, 8, 3, 6, 12, 11, 9, 5, 10, 7 mod 13 となる．よって，以下の表のような同型対応を得る．

$\mathbb{Z}_{13}^\times$	1	2	4	8	3	6	12	11	9	5	10	7
$\mathbb{Z}_{12}$	0	1	2	3	4	5	6	7	8	9	10	11

掛け算が足し算に変わることに注意すれば，以下のように解ける．

(1) $7x\equiv 5 \mod 13 \Leftrightarrow 11+x\equiv 9 \mod 12$（上の表の 1 段目の数字を 2 段目の数字に入れ替えた）$\Leftrightarrow x\equiv -2\equiv 10 \mod 12 \Leftrightarrow x\equiv 10 \mod 13$（2 段目の数字 10 を 1 段目の数字 10 へ）

(2) $x^2\equiv -1 \mod 13 \Leftrightarrow 2x\equiv 6 \mod 12 \Leftrightarrow x\equiv 3 \mod 6 \Leftrightarrow x\equiv 3,9 \mod 12 \Leftrightarrow x\equiv 8,5 \mod 13$

(3) $x^3 \equiv 5 \mod 13 \Leftrightarrow 3x \equiv 9 \mod 12 \Leftrightarrow x \equiv 3 \mod 4 \Leftrightarrow x \equiv 3, 7, 11 \mod 12 \Leftrightarrow x \equiv 8, 11, 7 \mod 13$

問題 20.3 $\mathbb{Z}_{17}^\times \cong \mathbb{Z}_{16}$ の同型対応表を作り，その表を使って次を解け．

(1) $x^2 \equiv 8 \mod 17$　(2) $x^3 \equiv 8 \mod 17$　(3) $x^4 \equiv 4 \mod 17$

(4) $x^4 \equiv 8 \mod 17$　(5) $x^4 \equiv 16 \mod 17$

20.3 剰余群

ここでは，コセット分解や剰余群などの概念を導入しておく．これらはアーベル群に限って説明すると楽である．本書で扱う群はみなアーベル群であり，剰余群という概念をアーベル群に限るなら，すでに扱っている $\mathbb{Z}_m$ がそのプロトタイプである．言い換えると，剰余群とは，$\mathbb{Z}_m$ を抽象的に一般化したものである．

まず，今後，群 G とその部分集合 H に対して，gH や Hg などの表記を使うが，これは想像どおり，$gH = \{gh \mid h \in H\}$, $Hg = \{hg \mid h \in H\}$ のこととする．

定義 20.5 (1) 群 G の空でない部分集合 H が**部分群**であるとは，次の二つを満たすことである．

① $x, y \in H$ ならば $xy \in H$　　② $x \in H$ ならば $x^{-1} \in H$

G が加法群なら，次の二つである．

① $x, y \in H$ ならば $x + y \in H$　　② $x \in H$ ならば $-x \in H$

(2) H を群 G の部分群とする．$g, k \in G$ に対して，$g \sim k$ を $g^{-1}k \in H$ で定義すると，次の三つが成り立つ．

① $g^{-1}g = e$（G の単位元）$\in H$ より $g \sim g$（反射律）

② $g \sim k$ ならば $k^{-1}g = (g^{-1}k)^{-1} \in H$ から $k \sim g$（対称律）

③ $g \sim k$ かつ $k \sim v$（$v \in G$）ならば，$g^{-1}k \in H$ かつ $k^{-1}v \in H$ だから，$g^{-1}v = g^{-1}kk^{-1}v \in H$ となり $g \sim v$（推移律）

ゆえに，$\sim$ は集合 G における同値関係である．そこで，g を含む同値類を X_g と書くことにすれば，$G = X_e \sqcup X_{g_1} \sqcup X_{g_2} \sqcup \cdots$ なる G の分割（$g_1, g_2, \ldots \in G$）を得る．

さらに，$X_g = gH$ が成り立つ．実際，$k \in X_g$ ならば，$g \sim k$ から $g^{-1}k \in H$ より $k \in gH$ となり，$X_g \subset gH$ を得る．また，任意の $gh \in gH$ に対して，$g^{-1}gh = h \in H$ から $g \sim gh$ となる．ゆえに $gH \subset X_g$ となり，$gH = X_g$ を得る．特に，$X_e = eH = H$ である．かくして，

$$G = H \sqcup g_1H \sqcup g_2H \sqcup \cdots$$

となる．これを H による G の**右コセット分解**または右剰余類分解という．また，各 g_iH を右コセットという．

同様にして，gH を Hg に変えてできる**左コセット分解**（左剰余類分解）も定義できる．ただし，G が可換なら，$gH = Hg$ より，両者は同じものとなる．したがって，G がアーベル群なら，単に**コセット分解**とよんでよい．特に，G が加法群なら，コセット分解は

$$G = H \sqcup (g_1 + H) \sqcup (g_2 + H) \sqcup \cdots$$

となる．

● **例 20.3** (1) 加法群 $\mathbb{Z}$ の部分集合 $3\mathbb{Z} = \{3k \mid k \in \mathbb{Z}\}$（3 の倍数全体）は，$\mathbb{Z}$ の部分群である．

(2) 加法群 $\mathbb{Z}$ の部分群 $3\mathbb{Z}$ によるコセット分解は，$\mathbb{Z} = 3\mathbb{Z} \sqcup (1 + 3\mathbb{Z}) \sqcup (2 + 3\mathbb{Z})$ である． ●

次に，群の議論で断りなく頻繁に使う性質を示しておきたい．問題にしておくので各自で考えてみよう！

問題 20.4 H を有限群 G の部分群とするとき，次を示せ．

(1) 任意の $h \in H$ に対して，$hH = H$ が成り立つ．
(2) 任意の $g \in G$ に対して，$|H| = |gH|$ となる．
(3) $|H|$ は $|G|$ の約数である（**ラグランジュの定理**）．
(4) 任意の $g \in G$ に対して，$g^{|G|} = e$（G の単位元）となる（**オイラーの定理の拡張**）．
(5) 巡回群の部分群および剰余群は巡回群である．
(6) 位数が素数の群は巡回群である．

部分群の指数および，特別な部分群である正規部分群の定義を述べる．

定義 20.6 (1) 有限群 G の部分群 H に対して，$|G|/|H|$（コセットの数）を H の**指数**といい，$[G:H]$ で表す．したがって，$|G|=[G:H]|H|$ となる．

(2) 群 G の部分群 H が，任意の $g\in G$ に対して $gH=Hg$ を満たすとき，H を**正規部分群**（normal subgroup）という．

▶**注意 20.4** G がアーベル群なら，すべての部分群は正規部分群である．よってアーベル群において，この概念は不要である．

○**例題 20.3** G を群，H を G の部分群とする．任意の $g\in G$ に対して，次を示せ．

(1) $gH=Hg \Leftrightarrow gHg^{-1}=H \Leftrightarrow g^{-1}Hg=H$

(2) $gHg^{-1}\subset H$ および $g^{-1}Hg\subset H \Leftrightarrow gHg^{-1}=H$ ○

[解] (1) 最初の（$\Rightarrow$）は，両辺に右から g^{-1} を掛ければよい．最初の（$\Leftarrow$）は，両辺に右から g を掛ければよい．

あとは $gH=Hg \Leftrightarrow g^{-1}Hg=H$ を示せばよい．（$\Rightarrow$）は，両辺に左から g^{-1} を掛ければよい．（$\Leftarrow$）は，両辺に左から g を掛ければよい．

(2) (1) より（$\Leftarrow$）は明らかである．（$\Rightarrow$）を示すには，次のようにして $H\subset gHg^{-1}$ を示せばよい．$h\in H$ に対して，$g^{-1}Hg\subset H$ より，$h=gg^{-1}hgg^{-1}\in gHg^{-1}$ となる．よって $H\subset gHg^{-1}$ である．

正規部分群を使って新たな群が作れる．

定理 20.1 G を群，N を正規部分群とする．このとき，$(gN)(kN)=gkN$（任意の $g,k\in G$）と定義することで，G/N は群になる．この群 G/N を**剰余群**または**商群**（quotient group）という．

[証明] 定義された積が well-defined であることをいえば，結合法則は明らかで，単位元は N であり，gN に対して逆元は $g^{-1}N$ となる．

さて，well-defined とは，$g\neq g'$, $k\neq k'$ でも $gN=g'N$, $kN=k'N$ となる場合，gkN と $g'k'N$ が等しくないと困るということである．これは，N が正規部分群なので，$gkN=gNk=g'Nk=g'kN=g'k'N$ よりわかる． □

したがって特に，$\mathbb{Z}_m=\{[0],[1],\ldots,[m-1]\}$ において $[k]=k+m\mathbb{Z}$ だったことを思い出せば，加法群としての剰余群 $\mathbb{Z}/m\mathbb{Z}$（$m\mathbb{Z}$ は $\mathbb{Z}$ の正規部分群）は，$\mathbb{Z}_m$

にほかならないことがわかる．

20.4 準同型定理

準同型写像から自然に同型写像が作れる．まずはそのための用語を準備する．

定義 20.7 群の準同型写像 $f\colon G \to G'$ に対して，$\ker f = \{g \in G \mid f(g) = e'\}$ を f の**核**（kernel）（ただし e' は G' の単位元），$\mathrm{im}\, f = \{f(g) \mid g \in G\}$ を f の**像**（image）という．

準同型写像を議論する際，次のような性質は断りなく頻繁に使うので，ここでしっかり証明しておこう．

補題 20.1 群の準同型写像 $f\colon G \to G'$ について，次が成り立つ（e は G の単位元，e' は G' の単位元）．
(1) $f(e) = e'$ および $f(x^{-1}) = f(x)^{-1}$（任意の $x \in G$）
(2) $\mathrm{im}\, f$ は G' の部分群
(3) f が単射 $\Leftrightarrow \ker f = \{e\}$
(4) $\ker f$ は G の正規部分群
(5) f が同型写像なら f^{-1} も同型写像

[証明] (1) $f(e) = f(ee) = f(e)f(e)$ だから，両辺に $f(e)^{-1}$ を掛けて，$e' = f(e)$ を得る．よって，$e' = f(e) = f(xx^{-1}) = f(x)f(x^{-1})$ より $f(x^{-1}) = f(x)^{-1}$ となる．

(2) $x, y \in \mathrm{im}\, f$ とすれば，$f(g) = x$，$f(k) = y$ となる $g, k \in G$ が存在する．よって $xy = f(g)f(k) = f(gk)$ となるから，$xy \in \mathrm{im}\, f$ である．また，$x^{-1} = f(g)^{-1} = f(g^{-1})$ だから $x^{-1} \in \mathrm{im}\, f$ となる．ゆえに，$\mathrm{im}\, f$ は G' の部分群である．

(3)（$\Rightarrow$）任意の $g \in \ker f$ に対して，$f(g) = e'$ であり，$f(e) = e'$ も成り立つから，f が単射より $g = e$ となる．よって，$\ker f = \{e\}$ である．

（$\Leftarrow$）$f(x) = f(y)$ ならば，$f(x)f(y)^{-1} = e'$ から $f(xy^{-1}) = e'$ となる．よって，仮定より $xy^{-1} = e$ となり，$x = y$ を得る．ゆえに，f は単射である．

(4) 任意の $g \in G$ および $h \in H := \ker f$ に対して，

$$f(ghg^{-1}) = f(g)f(h)f(g^{-1}) = f(g)f(g)^{-1} = e'$$

より，$ghg^{-1} \in H$ となる．よって，$gHg^{-1} \subset H$ より $gHg^{-1} = H$ を得る．ゆえに，H は G の正規部分群である．

(5) $x, y \in G'$ に対して，$f^{-1}(xy) = f^{-1}(x)f^{-1}(y)$ を示せばよい．f は単射だから，$f(f^{-1}(xy)) = f(f^{-1}(x)f^{-1}(y))$ を示せばよいが，(左辺) $= f(f^{-1}(xy)) = xy$ および (右辺) $= f(f^{-1}(x)f^{-1}(y)) = f(f^{-1}(x))f(f^{-1}(y)) = xy$ だからよい． □

次の定理により，準同型写像から同型写像が作れることがわかる．

定理 20.2（準同型定理） $f\colon G \to G'$ を群の準同型写像とするとき，$\mathrm{im}\, f \cong G/\ker f$ が成り立つ．

[証明] $N = \ker f$ とおく．写像 $\varphi\colon G/N \to \mathrm{im}\, f$ を $\varphi(gN) = f(g)$ と定義する．まず，φ は well-defined である．実際，$gN = kN$ ならば，$k = gn$ となる $n \in N$ が存在する．よって，$f(k) = f(gn) = f(g)f(n) = f(g)e' = f(g)$（$e'$ は G' の単位元）だから，$\varphi(gN) = \varphi(kN)$ がいえる．

剰余群 G/N の積の定義から φ は準同型であり，$\mathrm{im}\, f$ の定義から全射も明らかである．したがって，φ が単射であることをいえばよい．もし $\varphi(gN) = e'$ ならば，$f(g) = e'$ より，$g \in \ker f = N$ となる．よって，問題 20.4 (1) より $gN = N$ となる．ゆえに，補題 20.1 (3) より，φ は単射である． □

20.5 群の直積

$\mathbb{Z} \times \mathbb{Z}$ などを一般化した，「群の直積」なる概念を紹介する．

定義 20.8 G および G' を群とするとき，直積集合 $G \times G' = \{(g, g') \mid g \in G,\ g' \in G'\}$ は，次の自然な演算により群になる．

任意の $(g, g), (h, h') \in G \times G'$ に対して，

$$(g, g') \cdot (h, h') := (gh, g'h')$$

と定義する．この群を，群 G と G' の**直積**という．

同様にして，群 G_1, G_2, G_3 に対して，直積 $G_1 \times G_2 \times G_3$ も自然に群となる．

▶ **注意 20.5** G および G' が加法群の場合は，$G \times G'$ の演算は $+$ 記号を使って，

$$(g, g') + (h, h') := (g + h,\ g' + h')$$

となる．特に，(g, g') を n 回足したものを $n(g, g')$ で表す．これは，$\mathbb{Z}$ が $G \times G'$ に作用している（次節の定義 20.9 参照）ととらえることもできるので，加法群 $G \times G'$ を $\mathbb{Z}$-**加群**（または単に**加群**）とよぶこともある．

● **例 20.4** (1) $\mathbb{Z}^2 = \mathbb{Z} \times \mathbb{Z}$ は加群である．たとえば，$H = \langle (1, 2) \rangle = \{t(1, 2) \mid t \in \mathbb{Z}\}$ は $\mathbb{Z}^2$ の無限巡回部分加群である．

(2) $\mathbb{Z}_m^2 = \mathbb{Z}_m \times \mathbb{Z}_m$ は加群である．たとえば，$H = \langle ([1], [2]) \rangle = \{t([1], [2]) \mid t \in \mathbb{Z}\}$ は $\mathbb{Z}_m^2$ の位数 m の巡回部分加群である． ●

問題 20.5 次の加法群の部分群をすべて列挙せよ．

(1) $\mathbb{Z}_5$　(2) $\mathbb{Z}_5 \times \mathbb{Z}_5$　(3) $\mathbb{Z}_3 \times \mathbb{Z}_5$　(4) $\mathbb{Z}_2 \times \mathbb{Z}_4$　(5) $\mathbb{Z}_4 \times \mathbb{Z}_4$

○ **例題 20.4** 加群 $\mathbb{Z}^2$ は巡回群でないことを示せ． ○

[解] もし巡回群なら，ある $(a, b) \in \mathbb{Z}^2$ が存在して，任意の $(x, y) \in \mathbb{Z}^2$ に対して，$(x, y) = t(a, b)$ となる $t \in \mathbb{Z}$ が存在する．特に，$(x, 0)$ を考えれば，$a = \pm 1$ でなければならない．同様に，$(0, y)$ を考えれば，$b = \pm 1$ でなければならない．よって，$(a, b) = (\pm 1, \pm 1)$ の 4 通りの可能性しかないが，どれにしても $s(a, b)$（$s \in \mathbb{Z}$）が $\mathbb{Z}^2$ 全体になることはない．たとえば，$s(1, 1)$ は $(1, 2)$ を含まない．よって，$\mathbb{Z}^2$ は巡回群ではない．

▶ **注意 20.6** 幾何的にいえば，「直線上の格子点 $s(a, b)$（$s \in \mathbb{Z}$）が平面上の格子点 $\mathbb{Z}^2$ 全体になることはない」ということである．

● **例 20.5** 位数 4 の群は，$\mathbb{Z}_4$ または $\mathbb{Z}_2 \times \mathbb{Z}_2$ に同型である（$\mathbb{Z}_2 \times \mathbb{Z}_2$ は**クライン群**とよばれる）． ●

[証明] G を位数 4 の群とする．まず，ラグランジュの定理（問題 20.4 (3)）より，G の元の位数は 4 の約数である．位数 4 の元があれば，$G \cong \mathbb{Z}_4$ である．したがって，単位元 e と異なる残りの元の位数はすべて 2 としてよく，それらの元を x, y, xy としてよい（$xy = e$ ならば $y = x^{-1} = x$ となるから）．さて，yx は e, x, y のど

れとも等しくないので，$yx = xy$ である（xy の位数も 2 だから $xy = yx$ といってもよい）．したがって G はアーベル群であり，$e \mapsto (0,0)$, $x \mapsto (1,0)$, $y \mapsto (0,1)$, $xy \mapsto (1,1)$ は，G から $\mathbb{Z}_2 \times \mathbb{Z}_2$ への同型写像となる． □

▶**注意 20.7** $\mathbb{Z}_2 \times \mathbb{Z}_2$ と $\mathbb{Z}_4$ は同型ではない．実際，前者は位数 4 の元をもたないが，後者はもつからである．ところが，$\mathbb{Z}_2 \times \mathbb{Z}_3$ と $\mathbb{Z}_6$ は同型である．実際，$f\colon \mathbb{Z}_6 \to \mathbb{Z}_2 \times \mathbb{Z}_3$ を $f(x) = ([x],[x])$ と定義すれば，f は同型写像になる．より一般に，次の定理がいえる．

定理 20.3 m と n が互いに素ならば，$\mathbb{Z}_m \times \mathbb{Z}_n \cong \mathbb{Z}_{mn}$（加法群としての同型）である．

さらに，$\mathbb{Z}_m^\times \times \mathbb{Z}_n^\times \cong \mathbb{Z}_{mn}^\times$（乗法群としての同型）も成り立つ．

［証明］ まず，写像 $f\colon \mathbb{Z}_{mn} \to \mathbb{Z}_m \times \mathbb{Z}_n$ を $f([x]_{mn}) = ([x]_m, [x]_n)$ と定義すれば，f は well-defined である．実際，もし $x \equiv y \mod mn$ ならば，$x - y$ は mn の倍数，したがって，m の倍数でも n の倍数でもある．よって，$x \equiv y \mod m$ かつ $x \equiv y \mod n$ を得る．次に，

$$
\begin{aligned}
f([x]+[y]) &= f([x+y]) = ([x+y],[x+y]) = ([x]+[y],[x]+[y]) \\
&= ([x],[x]) + ([y],[y]) = f([x]) + f([y])
\end{aligned}
$$

より，f は準同型である．もし，$f(x) = ([0],[0])$ ならば，x は m の倍数でもあり n の倍数でもある．ここで，m と n は互いに素だから，x は mn の倍数となる．よって $x \equiv 0 \mod mn$ だから，f は単射である．さらに $|\mathbb{Z}_{mn}| = |\mathbb{Z}_m \times \mathbb{Z}_n| = mn$ だから，f は全射となる．ゆえに，f は同型写像である．

2 番目の主張については，

$$
x \text{ が } mn \text{ と互いに素} \quad \Leftrightarrow \quad x \text{ が } m \text{ とも } n \text{ とも互いに素}
$$

だから，$[x]_{mn} \in \mathbb{Z}_{mn}^\times$ に対して，$[x]_m \in \mathbb{Z}_m^\times$ および $[x]_n \in \mathbb{Z}_n^\times$ となる．よって，f の定義域を制限した写像 $f^\times$（f と区別するためにこのように書く）の終域を $\mathbb{Z}_m^\times \times \mathbb{Z}_n^\times$ にしてもよい．すなわち，$f^\times\colon \mathbb{Z}_{mn}^\times \to \mathbb{Z}_m^\times \times \mathbb{Z}_n^\times$ を得る．そして，f が単射だから，$f^\times$ も単射である．さらに，$|\mathbb{Z}_{mn}| = \varphi(mn) = \varphi(m)\varphi(n) = |\mathbb{Z}_m^\times \times \mathbb{Z}_n^\times|$ だから，$f^\times$ は全単射である．加えて，$\mathbb{Z}_m^\times \times \mathbb{Z}_n^\times$ を群の直積と思うことで，$[x], [y] \in \mathbb{Z}_{mn}$ に対して

$$f^{\times}([x][y]) = f^{\times}([xy]) = ([xy],[xy]) = ([x],[x])([y],[y])$$
$$= f^{\times}([x])f^{\times}([y]) \tag{20.1}$$

となるから，$f^{\times}$ は群の同型写像となる． □

▶**注意 20.8** (1) 前半の別証として，「$x := ([1],[1]) \in \mathbb{Z}_m \times \mathbb{Z}_n$ の位数を考えると，m と n が互いに素だから，x の位数は mn である（証明せよ）．ゆえに，$\mathbb{Z}_m \times \mathbb{Z}_n$ は，x で生成される位数 mn の巡回群である．よって $\mathbb{Z}_m \times \mathbb{Z}_n \cong \mathbb{Z}_{mn}$」としてもよい．

(2) 上記証明における f は，環としても同型写像である．これを解説するには，「環の直積」および「環の同型写像」を定義する必要がある．本書では環の正確な定義を避けてきた（面倒なわけではない）が，ここで「環の直積」および「環の同型写像」だけは定義しておく．特に，環は加法群であり，さらに積が定義されていて，掛けても変わらない元 1 が存在して，和と積に関して分配法則が成り立つ（すなわち普通の加減乗計算ができる）ものと思えばよい（ここでは，環とは単に $\mathbb{Z}_m$ のことと思ってもよい）．

さて，二つの環 R, R' に対して，**加法群としての準同型写像** $f\colon R \to R'$ が**環の準同型写像**であるとは，$f(ab) = f(a)f(b)$ および $f(1) = 1$ を満たすこととする．さらに f が全単射のとき，f を**環の同型写像**といい，環の同型写像が存在するとき，群のときと同様，$R \cong R'$ で表す．

加法群としての直積 $R \times R'$ に，積を $(a,a')(b,b') = (ab, a'b')$ と定めることで，$R \times R'$ は環になる．これを**環の直積**という．また，$R^{\times} = \{a \in R \mid a$ は逆元をもつ$\}$ と定義すれば，

$$R \cong R' \text{（環の同型）} \quad \text{ならば} \quad R^{\times} \cong R'^{\times} \text{（乗法群の同型）}$$

が成り立つことは，逆元の定義を思い出せば，$ab = 1 \Leftrightarrow f(a)f(b) = f(1) = 1$ より明らかである．

さて，$\mathbb{Z}_m \times \mathbb{Z}_n$ を環の直積と思えば，積が定義されているので，上記等式 (20.1) の $f^{\times}$ を f に変えても成り立つことがわかる．さらに，$f([1]) = ([1],[1])$ も成り立つ．実際，$([1],[1])$ は，環 $\mathbb{Z}_m \times \mathbb{Z}_n$ における 1 だからである．ゆえに，f は，環 $\mathbb{Z}_{mn}$ から環 $\mathbb{Z}_m \times \mathbb{Z}_n$ への同型になっている．

特に，$\mathbb{Z}_{mn}^{\times}$ は，環 $\mathbb{Z}_{mn}$ の逆元全体が作る群でもあるので，後半の証明は，$\mathbb{Z}_m \times \mathbb{Z}_n \cong \mathbb{Z}_{mn}$ が環として同型であることを使って，$\mathbb{Z}_{mn}^{\times} \cong (\mathbb{Z}_m \times \mathbb{Z}_n)^{\times} = \mathbb{Z}_m^{\times} \times \mathbb{Z}_n^{\times}$ としてもよい．最後の等式は，環としての直積 $\mathbb{Z}_m \times \mathbb{Z}_n$ に対して，$(\mathbb{Z}_m \times \mathbb{Z}_n)^{\times} = \{(x,y) \in \mathbb{Z}_m \times \mathbb{Z}_n \mid (x,y)$ は逆元をもつ$\}$ だから，$([a],[b]), ([c],[d]) \in \mathbb{Z}_m \times \mathbb{Z}_n$ に対して，

$$([a], [b])([c], [d]) = ([1], [1]) \quad \Leftrightarrow \quad ac \equiv 1 \mod m \quad \text{かつ} \quad bd \equiv 1 \mod n$$

であることからわかる．同様に考えれば，より一般に，環 R と R' に対して，$(R \times R')^\times = R^\times \times R'^\times$ も成り立つ．

(3) 上記 f は自然な写像なので，同型対応はとても簡単と思いがちだが，逆写像は簡単だろうか？ 実はこの逆写像こそがいわゆる「中国剰余定理」である．すなわち，$([x], [y]) \in \mathbb{Z}_m \times \mathbb{Z}_n$ に対して，$n^{-1} \mod m$ および $m^{-1} \mod n$ を見つけ，$g\colon \mathbb{Z}_m \times \mathbb{Z}_n \to \mathbb{Z}_{mn}$ を

$$g([x], [y]) = xn^{-1}n + ym^{-1}m$$

と定義すれば，g は同型写像になる（g は well-defined および同型写像であることをチェックせよ）．

定理 20.3 の証明において，f の定義域と終域がどちらも有限集合ということで，すぐに全射という結論を得た．ところが，たとえば有理数体上の多項式環 $\mathbb{Q}[x]$ における互いに素な多項式 $s(x)$, $t(x)$ に対して，同様の定理

$$\mathbb{Q}[x]/(s(x)t(x)) \cong \mathbb{Q}[x]/(s(x)) \times \mathbb{Q}[x]/(t(x))$$

（記号や概念の説明は略す）が成り立つ．この場合，どちらも無限集合なので，全射をいうときに，上記 g（多項式版中国剰余定理）が有用となる．

さて，次の補題は，アーベル群の構造を調べる際にとても役立つ．

補題 20.2　G を有限アーベル群, H, K を G の部分群とする．もし $|G| = |H||K|$ かつ $H \cap K = \{e\}$ ならば，$G \cong H \times K$ である（e は G の単位元）．

［証明］　写像 $f\colon H \times K \to G$ を $f(h, k) = hk$ で定義すれば, f は準同型である．実際, $(h_1, k_1), (h_2, k_2) \in H \times K$ に対して，$f((h_1, k_1)(h_2, k_2)) = f((h_1h_2, k_1k_2)) = h_1h_2k_1k_2$ となる．一方，$f((h_1, k_1))f((h_2, k_2)) = h_1k_1h_2k_2$ となるが，G がアーベル群より，$h_2k_1 = k_1h_2$ から，$f((h_1, k_1)(h_2, k_2)) = f((h_1, k_1))f((h_2, k_2))$ がいえる．よって f は準同型である．

次に，もし $f(h, k) = hk = e$ ならば, $h = k^{-1} \in H \cap K = \{e\}$ より，$h = k = e$ となる．よって f は単射である．ここで，$|H \times K| = |H||K| = |G|$ より f は全射となり，f は同型写像となる． □

●**例 20.6**　(1) $\mathbb{Z}_{15} = \{[0], [1], [2], \ldots, [14]\}$ に対して，$H = \{[0], [5], [10]\}$（5 の

倍数）および $K = \{[0],[3],[6],[9],[12]\}$（3の倍数）とすれば，$H$ と K は部分群である．$|H||K| = 3 \cdot 5 = 15 = |\mathbb{Z}_{15}|$ かつ $H \cap K = \{0\}$ より，補題20.2から $\mathbb{Z}_{15} \cong H \times K \cong \mathbb{Z}_3 \times \mathbb{Z}_5$ となる．したがって，定理20.3からも $\mathbb{Z}_{15} \cong \mathbb{Z}_3 \times \mathbb{Z}_5$ はわかっているが，具体的に部分群を見つける場合，$\mathbb{Z}_3$ のほうが5の倍数からなる H で，$\mathbb{Z}_5$ のほうが3の倍数からなる K である．

(2) $\mathbb{Z}_{15}^{\times} = \{[1],[2],[4],[7],[8],[11],[13],[14]\}$ に対しても，定理20.3より，$\mathbb{Z}_{15}^{\times} \cong \mathbb{Z}_3^{\times} \times \mathbb{Z}_5^{\times}$ はわかっているが，具体的に部分群を見つけよといわれたらどうだろう？

まず，位数4の部分群を見つける．たとえば，$H := \langle [2] \rangle = \{[1],[2],[4],[8]\}$ である．次に，これと交わらない位数2の部分群を見つける．たとえば，$K := \langle [11] \rangle = \{[1],[11]\}$ である．$|H||K| = 4 \cdot 2 = 8 = |\mathbb{Z}_{15}^{\times}|$ かつ $H \cap K = \{[1]\}$ より，補題20.2から $\mathbb{Z}_{15}^{\times} \cong H \times K \cong \mathbb{Z}_4 \times \mathbb{Z}_2$ となる（もちろん，$H \cong \mathbb{Z}_5^{\times}$，$K \cong \mathbb{Z}_3^{\times}$ でもある）．

（注）位数4の部分群も位数2の部分群も一意的ではない．たとえば，$\langle [7] \rangle = \{[1],[4],[7],[13]\}$ は位数4の部分群，$\langle [14] \rangle = \{[1],[14]\}$ は位数2の部分群である．したがってたとえば，$\mathbb{Z}_{15}^{\times} \cong \langle [7] \rangle \times \langle [11] \rangle \cong \langle [7] \rangle \times \langle [14] \rangle \cong \langle [2] \rangle \times \langle [14] \rangle$ なども正しい．

(3) $\mathbb{Z}_8^{\times} = \{[1],[3],[5],[7]\}$ に対して，$H = \{[1],[3]\} = \langle [3] \rangle$ および $K = \{[1],[5]\} = \langle [5] \rangle$ とすれば H と K は部分群で，$|H||K| = 2 \cdot 2 = 4 = |\mathbb{Z}_8^{\times}|$ かつ $H \cap K = \{[1]\}$ より，補題20.2から $\mathbb{Z}_8^{\times} \cong H \times K \cong \mathbb{Z}_2 \times \mathbb{Z}_2$ であり，これはクライン群である．

(4) $\mathbb{Z}_{24}^{\times} = \{[1],[5],[7],[11],[13],[17],[19],[23]\}$ に対して，$H = \{[1],[17]\} = \langle [17] \rangle$（8と互いに素なものは群をなす）および $K = \{[1],[7],[13],[19]\}$（3と互いに素なものは群をなす）とすれば，$H$ と K は部分群である．$|H||K| = 2 \cdot 4 = 8 = |\mathbb{Z}_{24}^{\times}|$ かつ $H \cap K = \{[1]\}$ より，補題20.2から $\mathbb{Z}_{24}^{\times} \cong H \times K$ である．さらに，$K = \langle [7] \rangle \times \langle [13] \rangle \cong \mathbb{Z}_2 \times \mathbb{Z}_2$ より，$\mathbb{Z}_{24}^{\times} \cong \mathbb{Z}_2 \times \mathbb{Z}_2 \times \mathbb{Z}_2$ となる． ●

▶ **注意 20.9** 定理20.3より，たとえば，$\mathbb{Z}_{24}^{\times} \cong \mathbb{Z}_3^{\times} \times \mathbb{Z}_8^{\times} \cong \mathbb{Z}_2 \times \mathbb{Z}_8^{\times}$ がすぐにわかるが，$\mathbb{Z}_8^{\times}$ の分解については，定理20.3からは何もいえない．ただ，$\mathbb{Z}_{2^e}^{\times}$（$e \in \mathbb{N}$）についてはあとで考察する．

問題 20.6 18.2節の余談で述べたことだが，$\gcd(a,b,m) = d > 1$ に対して $ax+by \equiv 0 \mod m$ の解全体を K とすれば，$K \cong \mathbb{Z}_d \times \mathbb{Z}_m$ であることを示せ．

20.6 群の集合への作用

星形多角形（16.2 節）の余談としても述べたが，群は集合へ作用する．このアイデアを学ぶと，群論から幾何学への道も拓ける．まずは「集合への作用」の定義から始めよう．

定義 20.9　G を群，S を集合とする．任意の $g \in G$ と $s \in S$ に対して，$g.s \in S$ が定義されていて，

(1) $1.s = s$

(2) $g.(h.s) = (gh).s$（任意の $g, h \in G$）

を満たすとき，**G は S に作用する**という．このとき，S の部分集合 $G.s = \{g.s \mid g \in G\}$ を **s を通る G-軌道**（G-orbit through s）という．

ただし，G が加法群の場合は，$+$ 記号を使って $g + s \in S$ が定義されていて，

(1) $0 + s = s$

(2) $g + (h + s) = (g + h) + s$（任意の $g, h \in G$）

となり，G-軌道も $G + s = \{g + s \mid g \in G\}$ と記述する．

問題 20.7　群 G が集合 S に作用しているとき，次を示せ．

(1) $s \sim s'$ を「$s = g.s'$ となる $g \in G$ が存在する」と定義すれば，$\sim$ は S に同値関係を与える．

(2) s を含む同値類は，$G.s = \{g.s \mid g \in G\}$（$s$ の G-軌道）に等しい．

(3) $g.s = g.s'$ ならば $s = s'$ となる．

　これにより，G の作用は $G.s$ 上の**置換**（$G.s$ から $G.s$ への全単射）を与えると考えてよい．特に，$G.s = S$（G-軌道が一つ）のときは，S の置換を与える．

(4) $G_s = \{g \in G \mid g.s = s\}$ とするとき，G_s は G の部分群である．

　この G_s は s の**固定群**（stabilizer, fixed group）とよばれ，とても重要である．

● **例 20.7**　$G = \{e^{2\pi ki/n} \mid k = 1, \ldots, n\}$ なる複素数 $\mathbb{C}$ の部分集合は乗法群であり，$G = \langle e^{2\pi i/n} \rangle$ である．よって G は，加法群 $\mathbb{Z}_n$ と同型な乗法巡回群である．

群 G は集合 $\mathbb{C}$ に自然に作用する．任意の $0 \neq s \in \mathbb{C}$ に対して，G-軌道 $G.s$ は，0 を中心として，s を一つの頂点にもつ正 n 角形の頂点の集合である．固定群 G_s は $\{1\}$（これを単位群という）である． ●

●例 20.8 H を群 G の部分群とする．

(1) $G = g_1H \sqcup g_2H \sqcup \cdots$ を右コセット分解とし，$G/H = \{g_iH\}$ を右コセット全体の集合（H が正規部分群なら剰余群）とする．このとき，$g \in G$ に対して

$$g.g_iH := gg_iH$$

と定義することで，G から集合 G/H への作用が得られる．さらに，任意の右コセット g_iH と g_jH に対して，$g_jg_i^{-1}.g_iH = g_jH$ となるから，G-軌道は一つだけで，それは集合 G/H 全体である．したがって，G の作用は集合 G/H 上の置換である．そして，g_iH の固定群は $g_iHg_i^{-1}$ となる（証明せよ）．

(2) $h \in H$ および $g \in G$ に対して，$h.g = hg$ と定めることで，群 H は集合 G に作用していると考えてもよい．この場合，H-軌道は左コセット Hg にほかならない．H の作用は，G の置換を引き起こすが，さらに各軌道 Hg 内にも置換を引き起こしているわけである．各元 $g \in G$ の固定群は単位群 $\{e\}$ である． ●

●例 20.9 例 20.8 の (1) と (2) を，とても簡単なアーベル群 $G = \mathbb{Z}$ とその部分群 $H = 3\mathbb{Z}$（3 の倍数全体）で確認しておく．

(1) コセット分解は $\mathbb{Z} = 3\mathbb{Z} \sqcup (3\mathbb{Z}+1) \sqcup (3\mathbb{Z}+2)$ となる．剰余群 $\mathbb{Z}/3\mathbb{Z} = \{3\mathbb{Z}, 3\mathbb{Z}+1, 3\mathbb{Z}+2\}$ は加法群 $\mathbb{Z}_3$ と同じものである．加法群 $\mathbb{Z}$ から集合 $\mathbb{Z}/3\mathbb{Z}$ への作用を自然な足し算で定義すれば，軌道は一つであり，それは $\mathbb{Z}/3\mathbb{Z}$ 全体である．よって，この作用は 3 元集合 $\mathbb{Z}/3\mathbb{Z}$ の置換となる．また，$\mathbb{Z}/3\mathbb{Z}$ のどの元の固定群も $3\mathbb{Z}$ である．

(2) 加法群 $3\mathbb{Z}$ は集合 $\mathbb{Z}$ に足し算で作用していて，$3\mathbb{Z}$-軌道は，$3\mathbb{Z}, 3\mathbb{Z}+1, 3\mathbb{Z}+2$ の三つである．$3\mathbb{Z}$ の足し算作用は，$\mathbb{Z}$ の置換を引き起こすが，各軌道内にも置換を引き起こしている．各元 $n \in \mathbb{Z}$ の固定群は単位群 $\{0\}$ である． ●

ここで，16.2 節の星形多角形において余談として述べた，s を通る G-軌道の大きさについて，次の定理を証明しておこう．

定理 20.4 群 G が集合 S に作用しているとき，$G.s$ と G/G_s の間に全単射が存在する．特に，G が有限群なら G/G_s と $G.s$ の元の個数は一致する．

［証明］ 写像 $\varphi\colon G.s \to G/G_s$ を $g.s \mapsto gG_s$ と定義する．まず，φ が well-defined であることを示す．もし $g.s = k.s$ ならば，$k^{-1}g \in G_s$ より，$gG_s = kG_s$ である．

よって，$\varphi(g.s) = \varphi(k.s)$ となり，well-defined が示された．次に単射を示す．もし $\varphi(g.s) = \varphi(k.s)$ ならば，$gG_s = kG_s$ より，$k^{-1}g \in G_s$ となる．ゆえに $g.s = k.s$ を得るから単射である．次に，任意の gG_s に対して $\varphi(g.s) = gG_s$ となるから，もちろん φ は全射である．

特に G が有限群なら $|G/G_s|$ も有限となり，G/G_s と $G.s$ の元の個数は一致する．　□

20.7　$\varphi(mn) = \varphi(m)\varphi(n)$ の別証

「m と n が互いに素ならば $\varphi(mn) = \varphi(m)\varphi(n)$」を証明するには 5.4 節のほかにもいくつかの方法があるが，定理 20.3 を使えば簡単に証明できる．

[証明 1]

$$\varphi(m) = \left|\{[k] \in \mathbb{Z}_m \mid \gcd(k, m) = 1\}\right| = |\mathbb{Z}_m^\times|$$

だから定理 20.3 より，m と n が互いに素ならば $\mathbb{Z}_{mn}^\times \cong \mathbb{Z}_m^\times \times \mathbb{Z}_n^\times$ である．ゆえに，$\varphi(mn) = |\mathbb{Z}_{mn}^\times| = |\mathbb{Z}_m^\times||\mathbb{Z}_n^\times| = \varphi(m)\varphi(n)$ となる．　□

ついでに包除原理（いろいろな分野で使われるとても便利な方法）を使った証明を紹介する．**包除原理**（inclusion-exclusion principle）とは，全体集合 U の r 個の部分集合 $A_1, A_2, \ldots, A_r$ に対して，

$$F := \bar{A}_1 \cap \bar{A}_2 \cap \cdots \cap \bar{A}_r$$

の元の個数を計算する公式である．ただし，$\bar{A}_i$ は A_i の補集合のことである．

共通部分を引きすぎ，足しすぎ，引きすぎ，足しすぎ，$\cdots$ ということを考えて，次の公式を得る．

$$\begin{aligned}|F| = |U| - \sum_{i=1}^{r} |A_i| + \sum_{i<j} |A_i \cap A_j| - \sum_{i<j<k} |A_i \cap A_j \cap A_k| + \cdots \\ + (-1)^r |A_1 \cap A_2 \cap \cdots \cap A_r| \qquad (20.2)\end{aligned}$$

「引きすぎ，足しすぎ」の意味は，$r = 2, r = 3$ の場合でベン図を描いて考えれば，おのずとわかってくるだろう．この公式を使うと，$\varphi(n)$ を求める公式が先に導かれ，そのあと積公式がわかる．

[証明 2]　まず，n の素因数分解を $n = p_1^{e_1} \cdot \cdots \cdot p_r^{e_r}$ とし，1 から n までの自然数の集合を U とする．さらに，A_i を p_i の倍数からなる U の部分集合とする．ただし，$i = 1, \ldots, r$ である．ここで $\varphi(n)$ の定義を思い出せば，まさに $|F| = \varphi(n)$ になっている！ そして，

$$
\begin{aligned}
&|A_i| = \frac{n}{p_i}, \quad |A_i \cap A_j| = \frac{n}{p_i p_j}, \\
&|A_i \cap A_j \cap A_k| = \frac{n}{p_i p_j p_k}, \quad \ldots, \quad |A_1 \cap A_2 \cap \cdots \cap A_r| = \frac{n}{p_1 \cdot \cdots \cdot p_r}
\end{aligned}
$$

である．したがって，

$$
\begin{aligned}
\varphi(n) &= n - \sum_{i=1}^{r} \frac{n}{p_i} + \sum_{i<j} \frac{n}{p_i p_j} - \sum_{i<j<k} \frac{n}{p_i p_j} + \cdots + (-1)^r \frac{n}{p_1 \cdot \cdots \cdot p_r} \\
&= n \left\{ 1 - \sum_{i=1}^{r} \frac{1}{p_i} + \sum_{i<j} \frac{1}{p_i p_j} - \sum_{i<j<k} \frac{1}{p_i p_j p_k} + \cdots + \frac{(-1)^r}{p_1 \cdot \cdots \cdot p_r} \right\} \\
&= n \left(1 - \frac{1}{p_1}\right)\left(1 - \frac{1}{p_2}\right)\left(1 - \frac{1}{p_3}\right) \cdot \cdots \cdot \left(1 - \frac{1}{p_r}\right) \qquad (20.3)
\end{aligned}
$$

を得る．積公式より先に $\varphi(n)$ を求める公式を得たわけである．

ちなみにこの公式は，江戸時代の和算家，久留島義太（くるしまよしひろ）によってオイラーより先に発見されている．したがって $\varphi(n)$ は，オイラー関数というより，**久留島関数**とよんだほうがよいのかもしれない．

さて，m が n と互いに素なら，m の素因数分解を $m = q_1^{f_1} \cdot \cdots \cdot q_s^{f_r}$ とすれば，mn の素因数分解は，$mn = q_1^{f_1} \cdot \cdots \cdot q_s^{f_r} p_1^{e_1} \cdot \cdots \cdot p_r^{e_r}$ となる．したがって公式 (20.3) から，

$$
\begin{aligned}
\varphi(mn) &= mn\left(1 - \frac{1}{q_1}\right)\left(1 - \frac{1}{q_2}\right) \cdot \cdots \cdot \left(1 - \frac{1}{q_s}\right)\left(1 - \frac{1}{p_1}\right)\left(1 - \frac{1}{p_2}\right) \cdot \cdots \cdot \left(1 - \frac{1}{p_r}\right) \\
&= \varphi(m)\varphi(n)
\end{aligned}
$$

となり，積公式が証明された．　□

さて，包除原理も証明しておこう！

[包除原理の証明]　まず，全体集合 U と U の部分集合全体 $\mathcal{F}$ に対して，**特性関数**とよばれる写像 $\chi\colon U \times \mathcal{F} \to \{0, 1\}$ を

$$
\chi(x, A) = \begin{cases} 1 & (x \in A) \\ 0 & (x \in \bar{A}) \end{cases} \qquad (x \in U,\ A \in \mathcal{F})
$$

で定める．このとき，次の三つが確認できる（各自で行おう！）．

(1) $\chi(x, \bar{A}) = 1 - \chi(x, A)$　　(2) $\chi(x, A \cap B) = \chi(x, A)\chi(x, B)$

(3) $\sum_{x \in U} \chi(x, A) = |A|$

さて，(2) を使ってから (1) を使えば，

$$\begin{aligned}\chi(x, \bar{A}_1 \cap \bar{A}_2 \cap \cdots \cap \bar{A}_r) &= \chi(x, \bar{A}_1)\chi(x, \bar{A}_2) \cdot \cdots \cdot \chi(x, \bar{A}_r) \\ &= (1 - \chi(x, A_1))(1 - \chi(x, A_2)) \cdot \cdots \cdot (1 - \chi(x, \bar{A}_r))\end{aligned}$$

となり，最後の式を展開すれば，

$$\begin{aligned}&= 1 - \sum_{i=1}^{r} \chi(x, A_i) + \sum_{i<j} \chi(x, A_i)\chi(x, A_j) \\ &\quad - \sum_{i<j<k} \chi(x, A_i)\chi(x, A_j)\chi(x, A_k) + \cdots + (-1)^r \chi(x, A_1) \cdot \cdots \cdot \chi(x, A_r)\end{aligned}$$

となる．ここでまた (2) を逆に使えば，

$$\begin{aligned}&= 1 - \sum_{i=1}^{r} \chi(x, A_i) + \sum_{i<j} \chi(x, A_i \cap A_j) \\ &\quad - \sum_{i<j<k} \chi(x, A_i \cap A_j \cap A_k) + \cdots + (-1)^r \chi(x, A_1 \cap \cdots \cap A_r)\end{aligned}$$

となる．ここで両辺の $\sum_{x \in U}$ をとることで，(3) から公式 (20.2) を得る．　□

第21講

原始根をもつ自然数

＊ ＊ ＊

ここでは，定理 17.5 ですでに述べたことを考察する．すなわち，$\bmod n$ で原始根をもつような $n \in \mathbb{N}$ はどんな数かを調べていく．別の言い方をすれば，$\mathbb{Z}_n^\times$ が巡回群となる n はどんな数かということである．

21.1 $\mathbb{Z}_{2^e}^\times$ について

まず，$\mathbb{Z}_2^\times = \{[1]\}$ であり，$\mathbb{Z}_4^\times = \{[1],[3]\} \cong \mathbb{Z}_2$ である．さらに，例 20.6 (3) のように考えて，$\mathbb{Z}_8^\times = \{[1],[3],[5],[7]\} \cong \langle[3]\rangle \times \langle[5]\rangle \cong \mathbb{Z}_2 \times \mathbb{Z}_2$ である．では，

$$\mathbb{Z}_{16}^\times = \{[1],[3],[5],[7],[9],[11]\}$$

はどうだろう？ $\langle[3]\rangle = \{[3],[9],[27]=[11],[81]=[1]\} \cong \mathbb{Z}_4$ であり，$[15]=[-1]$ から $\langle[15]\rangle \cong \mathbb{Z}_2$ である．したがって，

$$\mathbb{Z}_{16}^\times \cong \langle[3]\rangle \times \langle[-1]\rangle \cong \mathbb{Z}_4 \times \mathbb{Z}_2$$

となる．

よって $e \geq 3$ ならば，

$$\mathbb{Z}_{2^e}^\times \cong \langle[3]\rangle \times \langle[-1]\rangle \cong \mathbb{Z}_{2^{e-2}} \times \mathbb{Z}_2$$

と予想したいところである（上の考察より $e=3,4$ では正しい）．実際，これは正しい．証明は問題 21.1 に譲ることにして，ここでは少しだけ証明が楽な

$$\mathbb{Z}_{2^e}^\times \cong \langle[5]\rangle \times \langle[-1]\rangle \cong \mathbb{Z}_{2^{e-2}} \times \mathbb{Z}_2 \quad (e \geq 3) \tag{21.1}$$

を示す．

▶**注意 21.1**　式 (21.1) がいえれば，位数 2^{e-1} の元がないことがわかる．ゆえに，mod 2^e **では原始根が存在しない**こともわかる．

[式 (21.1) の証明]　まず，$e = 3$ なら，$5^2 \equiv (-1)^2 \equiv 1 \bmod 8$ より正しい．そこで，$e > 3$ として議論を進める．5 の位数は $\varphi(2^e) = 2^e - 2^{e-1} = 2^{e-1}$ の約数だから，2 のべき乗の形である．そこで，5^{2^r} がどう書けるか調べたいわけだが，実は，$5^{2^r} = 1 + 2^{r+2} + 2^{r+3}k$（$r, k \in \mathbb{N}$）となることが r に関する帰納法で証明できる．$r = 1$ なら，$5^2 = 1 + 2^3 + 2^4$ よりよい．r のとき正しいとすると，

$$
\begin{aligned}
5^{2^{r+1}} &= (5^{2^r})^2 = (1 + 2^{r+2} + 2^{r+3}k)^2 \\
&= 1 + 2^{2r+4} + 2^{2r+6}k^2 + 2^{r+3} + 2^{r+4}k + 2^{2r+6}k \\
&= 1 + 2^{r+3} + 2^{r+4}(k + 2^r + 2^{r+2}k^2 + 2^{r+2}k) \\
&= 1 + 2^{r+3} + 2^{r+4}\ell \quad (\ell \in \mathbb{N})
\end{aligned}
$$

と書けるから，$r+1$ のときも正しい．ゆえに，$5^{2^r} = 1+2^{r+2}+2^{r+3}k \not\equiv 1 \bmod 2^{r+3}$ となる．

よって，任意の自然数 $1 \leq t \leq e-3$ に対して $5^{2^t} \not\equiv 1 \bmod 2^e$ となるが，$5^{2^{e-2}} = 1 + 2^e + 2^{e+1}k \equiv 1 \bmod 2^e$ となる．したがって，5 の位数は 2^{e-2} となる．あとは，$\langle[5]\rangle \cap \langle[-1]\rangle = \{[1]\}$ を示せば，補題 20.2 を使って証明が終わる．まず，$e > 3$ としているので，$5 \not\equiv 1 \bmod 2^e$ である．もし $5^i \equiv -1 \bmod 2^e$ ならば，$5^i \equiv -1 \bmod 4$ であるが，$5^i \equiv 1^i = 1 \bmod 4$ だから矛盾である．したがって，$\langle[5]\rangle \cap \langle[-1]\rangle = \{[1]\}$ は正しい．□

式 (21.1) における 5 を 3 に変えても，ほとんど同じように証明できる．その場合は，$5^{2^r} = 1+2^{r+2}+2^{r+3}k$ ($r, k \in \mathbb{N}$) ではなく，$r \geq 2$ に対して $3^{2^r} = 1+2^{r+2}+2^{r+3}k$ を示しておけば，同じように証明できる．

定理 21.1　$e \geq 3$ ならば，

$$\mathbb{Z}_{2^e}^{\times} \cong \langle[3]\rangle \times \langle[-1]\rangle \cong \mathbb{Z}_{2^{e-2}} \times \mathbb{Z}_2$$

が成り立つ．

問題 21.1　上のように，$3^{2^r} = 1 + 2^{r+2} + 2^{r+3}k$（$r, k \in \mathbb{N}$, $r \geq 2$）を示すことで，定理 21.1 を証明せよ．

▶ **注意 21.2** 定理 21.1 より，$\mathbb{Z}_{2^e}^{\times}$ の群構造までわかったわけだが，mod 2^e での原始根が存在しないことだけを示すなら，次のようにしてもよい．

原始根が存在すればそれは奇数だから，それを a とする．奇数の 2 乗は 8 で割ると 1 余ることを思い出せば，$a^2 = 1 + 2^3k_1$, $a^4 = 1 + 2^4k_2$, $a^8 = 1 + 2^5k_3, \ldots$ となるから $a^{2^r} = 1 + 2^{r+2}k_r$ となる（$k_i \in \mathbb{Z}$）．したがって，$a^{2^{e-2}} = 1 + 2^e k_{e-2} \equiv 1 \mod 2^e$ となる．これは矛盾である（原始根なら位数は 2^{e-1} でなければならない）．ゆえに，原始根は存在しない（これだけでも，乗法群 $\mathbb{Z}_{2^e}^{\times}$ の任意の元の位数は，2^{e-2} の約数であることがわかる）．

21.2 $\mathbb{Z}_{p^e}^{\times}$ および $\mathbb{Z}_{2p^e}^{\times}$ について

$\mathbb{Z}_p$（p は奇素数）における原始根の存在を使えば，$\mathbb{Z}_{p^e}^{\times}$ および $\mathbb{Z}_{2p^e}^{\times}$ にも原始根が存在することが導ける．まずは次の補題を証明する．

補題 21.1 mod p の原始根 b で，$b^{p-1} \not\equiv 1 \mod p^2$ となるものが存在する．

[証明] mod p の原始根 a に対して，$a^{p-1} \not\equiv 1 \mod p^2$ ならば，b として a をとればよい．そこでもし $a^{p-1} \equiv 1 \mod p^2$ ならば，$b = a + p$ とする．まず，$b \equiv a \mod p$ だから，b も mod p での原始根である．そして，$b^{p-1} = (a+p)^{p-1} \equiv a^{p-1} + {}_{p-1}\mathrm{C}_1\, a^{p-2}p + p^2k$（$k \in \mathbb{N}$）$\equiv a^{p-1} + (p-1)a^{p-2}p \mod p^2$ となる．ここで，$a^{p-1} \equiv 1 \mod p^2$ より $b^{p-1} \equiv 1 + (p-1)a^{p-2}p \equiv 1 - a^{p-2}p \mod p^2$ となる．さらに，a と p は互いに素だから $p \nmid a^{p-2}$ である．ゆえに，$p^2 \nmid a^{p-2}p$ となるから $b^{p-1} \not\equiv 1 \mod p^2$ である． □

補題 21.2 p が奇素数のとき，$b^{p-1} \not\equiv 1 \mod p^2$ を満たす mod p の原始根 b と任意の $0 \leq i \leq r-2$ となる $r \geq 2$ と i に対して，$b^{p^i(p-1)} \not\equiv 1 \mod p^r$ が成り立つ．

[証明] 補題 21.1 より，$r = 2$ のときはよい．よって，$b^{p-1} = 1 + cp$ となる $p \nmid c$ が存在する．この等式の両辺を p 乗すると，$b^{p(p-1)} = 1 + {}_p\mathrm{C}_1\, cp + {}_p\mathrm{C}_2\, c^2p^2 + p^3k$（$k \in \mathbb{N}$）$\equiv 1 + cp^2 \mod p^3$ となる（最後の合同式は，p が奇素数より $p \mid {}_p\mathrm{C}_2$ だからである）．さらに p 乗すると，$b^{p^2(p-1)} \equiv 1 + {}_p\mathrm{C}_1\, cp^2 \equiv 1 + cp^3 \mod p^4$ となる．さらに p 乗を繰り返すと，$b^{p^i(p-1)} \equiv 1 + cp^{i+1} \mod p^{i+2}$ を得る．したがっ

て，任意の $0 \leq i \leq r-2$ に対して，$b^{p^i(p-1)} \equiv 1+cp^{i+1} \not\equiv 1 \mod p^r$ となる．□

上の二つの補題を使うことで，次の定理を得る．

定理 21.2　p が奇素数なら，$\mod p^e$ での原始根が存在する．

[証明]　補題 21.1 と補題 21.2 より，任意の $0 \leq i \leq e-2$ に対して，$b^{p^i(p-1)} \not\equiv 1 \mod p^e$ となる p の原始根 b が存在する．ここで，b の $\mod p^e$ における位数を m とすれば，$b^m \equiv 1 \mod p$ より $p-1 \mid m$ である．また，$\varphi(p^e) = p^{e-1}(p-1)$ より $m \mid p^{e-1}(p-1)$ である．よって $m = p^k(p-1)$ と書けるが，上記の b の条件から $k = e-1$ となる．ゆえに，b は $\mod p^e$ での原始根である．□

▶**注意 21.3**　補題 21.1，21.2，定理 21.2 より，奇素数 p に対して，$\mod p$ での原始根 a が $\mod p^e$ での原始根でなければ，$a+p$ が $\mod p^e$ での原始根となる．

定理 21.3　p が奇素数なら $\mod 2p^e$ での原始根が存在する．

[証明]　定理 21.2 より，a を $\mod p^e$ での原始根とする．もし a が偶数なら，$a+p^e$ も $\mod p^e$ での原始根だから，初めから a は奇数としてよい．そこで，$\gcd(a, 2p^e) = \gcd(a, p^e) = 1$ より m を a の $\mod 2p^e$ での位数とすれば，$m \mid \varphi(2p^e) = \varphi(p^e) = p^{e-1}(p-1)$ となる．ところが，$a^m \equiv 1 \mod p^e$ だから，$m \mid \varphi(p^e) = p^{e-1}(p-1)$ である．ゆえに，$m = p^{e-1}(p-1)$ となり，a は $\mod 2p^e$ での原始根となる．□

21.3　原始根をもつ自然数の決定

次の定理を証明することで，原始根をもつ自然数を決定することができる．

定理 21.4　m と n が 3 以上の自然数のとき，$\gcd(m, n) = 1$ ならば，$\mod mn$ での原始根は存在しない．

[証明]　a を mn と互いに素な自然数とし，a の $\mod mn$ での位数を r とする．a は m とも n とも互いに素だから，$h = \mathrm{lcm}(\varphi(m), \varphi(n))$ とすれば，$a^h \equiv 1 \mod m$ かつ $a^h \equiv 1 \mod n$ である．ここで，$\gcd(m, n) = 1$ より $a^h \equiv 1 \mod mn$ を得

る．ゆえに，$r \mid h$ となる．

ところで，m と n が 3 以上の自然数であることより，$\varphi(m)$ も $\varphi(n)$ も偶数だから，$h = \mathrm{lcm}(\varphi(m), \varphi(n)) < \varphi(m)\varphi(n)$ である．したがって，$r = \varphi(m)\varphi(n)$ となることはない．よって原始根は存在しない． □

上の考察をまとめることで，定理 17.5 と同値な次の定理を得る．

定理 21.5 原始根をもつ自然数は，任意の奇素数 p と任意の $e \in \mathbb{N}$ に対して，

$$\{2, 4, p^e, 2p^e\}$$

に限る．特に，$\mathbb{Z}_{p^e}^\times \cong \mathbb{Z}_{p^e - p^{e-1}} \cong \mathbb{Z}_{2p^e}^\times$ が成り立つ．

第22講

ガウス整数の考察

＊　＊　＊

ガウス整数とは，複素数の集合 $\mathbb{Z}[i] = \{a + bi \mid a, b \in \mathbb{Z}\}$（$i$ は虚数単位）の元のことである（$\mathbb{Z}[i]$ は足し算・掛け算がうまく定義されているので環である．よって，ガウス整数環ともいう）．この講では，ガウス整数も素因数分解ができて，その一意性も成り立つこと，そして 2.4 節で触れたフェルマーの二平方和定理を証明する．

22.1 ガウス整数

ガウス整数の性質

まず，ガウス整数 $\alpha = a+bi$ に対して，写像 $N\colon \mathbb{Z}[i] \to \mathbb{N}\cup\{0\}$ を $N(\alpha) = a^2+b^2$ で定義し，$N(\alpha)$ を α の**ノルム**という．このノルムは単に複素数の絶対値の 2 乗のことであり，α の共役複素数 $\bar{\alpha} = a - bi$ を使えば，$N(\alpha) = \alpha\bar{\alpha} = |\alpha|^2$ となる．ノルムの重要な性質は，任意の $\alpha, \beta \in \mathbb{Z}[i]$ に対して，$N(\alpha\beta) = N(\alpha)N(\beta)$ が成り立つことである．

整数と同じように，ガウス整数の世界でも，**倍数**，**約数**，**公約数**などの言葉を使う．たとえば，2 は，$2 = (1+i)(1-i)$ だから，$1+i$ の倍数である（$1+i$ と $1-i$ は 2 の約数である）．$3+i$ は，$3+i = (1+i)(2-i)$ だから，$1+i$ の倍数である（$1+i$ と $2-i$ は $3+i$ の約数である）．

図 22.1 はガウス平面であり，丸の点はすべて $1+i$ の倍数である．これらは**ガウス偶数**（$1+i$ の倍数）とよばれ，残った四角の点は**ガウス奇数**（$1+i$ の倍数でないガウス整数）とよばれる（問題 22.2 参照）．

ここで「単数」という概念を定義しておくと，今後の説明に役立つ．

20.1 節でも述べたように，一般に，環 A および $a \in A$ に対して $ab = 1$ となる b が存在するとき（a がインバースをもつとき），a を**単数**または**ユニット**という．この定義から，$\mathbb{Z}$ の単数は 1 と -1 だけだとわかる．では，$\mathbb{Z}[i]$ ではどうだろう？

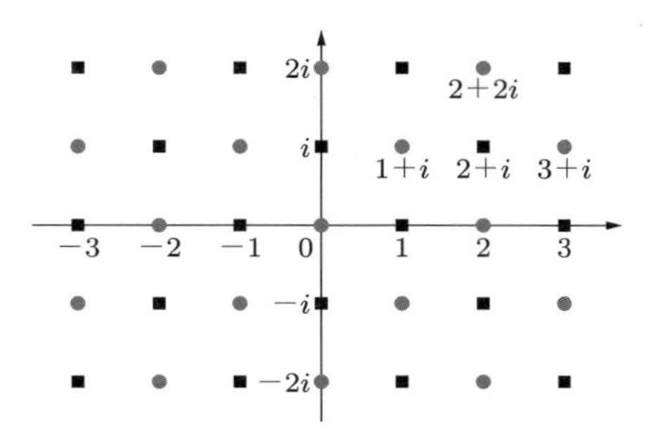

図 22.1 ガウス偶数とガウス奇数

$\alpha\beta = 1$ なら $N(\alpha)N(\beta) = 1$ である．よって $N(\alpha) = 1$ である．ここで $\alpha = a + bi$ とすれば，$a^2 + b^2 = 1$ だから，$(a, b) = (\pm 1, 0), (0, \pm 1)$ を得る．よって，$\alpha = \pm 1, \pm i$ の四つだけとなる．逆に，$N(\alpha) = 1$ なら，$\alpha\bar{\alpha} = 1$ より α は単数である．ゆえに，$\mathbb{Z}[i]$ の単数は $\pm 1, \pm i$ の四つであり，ノルムが 1 であるガウス整数もこれら四つであることがわかる．

▶ **注意 22.1** (1) 上の議論および $N(\alpha) = \alpha\bar{\alpha}$ に着目すれば，$\mathbb{Z}[i]$ における単数の定義は，初めから「$N(\alpha) = 1$ を満たす α」としてもよい．

(2) $N(\alpha) = p$ が奇素数となるガウス整数は，存在すれば八つしかないこと，および，$N(\alpha) = 2$ となるガウス整数は四つしかないことをあとで示す．

定義 22.1 (1) 二つのガウス整数 α, β の**最大公約数** $\gcd(\alpha, \beta)$ は，公約数のうちノルムが最大のものと定義する．実際，$\alpha \in \mathbb{Z}[i]$ の約数 $\gamma \in \mathbb{Z}[i]$ において，$N(\alpha), N(\gamma) \in \mathbb{N}$ であり，$N(\gamma) \leq N(\alpha)$ だから，公約数のノルムの最大値は存在する．ただし，ノルムが最大といっても，ノルムが等しいガウス整数は複数ある．したがって，$\gcd(\alpha, \beta)$ といっても一つに定まらないが，そのうちのどれか（どれでもよい）を意味するということでこの記号を使う（整数の場合は，もっとも大きい公約数がただ一つに定まったので扱いやすかった）．

さらに，$\gcd(\alpha, \beta)$ は単数を除いて一意的であることを次節の定理 22.1 (3) で示す．

(2) 二つのガウス整数が**互いに素**とは，それらの最大公約数が 1（すなわち，公約数が単数だけ，つまり，± 1, $\pm i$ だけ）であることとする．このとき，$\gcd(\alpha, \beta)$ は ± 1, $\pm i$ のどれと思ってもよいが，普通は $\gcd(\alpha, \beta) = 1$ と書く．

(3) ガウス整数 α に単数を掛けたものは，α と**同伴**であるという．

整数においては，整数 a に同伴な数は a と $-a$ だけであるが，ガウス整数においては，ガウス整数 α と同伴な数は α, $-\alpha$, $i\alpha$, $-i\alpha$ の四つである．

問題 22.1　$\mathbb{Z}[i]$ において，2 の約数は，2, $1+i$, 1 およびこれらに同伴なものに限ることを示せ．

問題 22.2　$\alpha = a + bi \in \mathbb{Z}[i]$ において，「α がガウス偶数（すなわち，α が $1+i$ の倍数）$\Leftrightarrow$ a と b の偶奇が一致する」を示せ．

ガウス素数

さて，$\mathbb{Z}[i]$ における素数を次のように定義する．

素数の定義

0 でも単数でもないガウス整数 α に対して，α の約数が，単数かそれ自身と同伴なものに限るとき，α を**ガウス素数**または単に**素数**という．

たとえば，2 はガウス素数ではない．実際，$2 = (1+i)(1-i)$ であり，$1+i$ は単数でもなく，2 と同伴でもない．またたとえば，5 はガウス素数ではない．実際，$5 = (1+2i)(1-2i)$ であり，$1+2i$ は単数でもなく，5 と同伴でもない．

ところで，$1+i$, $1-i$, $1+2i$, $1-2i$ はどれもガウス素数である．より一般に，次の問題を解いておこう！

問題 22.3　$\alpha \in \mathbb{Z}[i]$ に対して，$N(\alpha)$ が $\mathbb{Z}$ における素数なら，α は $\mathbb{Z}[i]$ においても素数であることを示せ．特に，$1+i$, $-1+i$, $-1-i$, $1-i$ は，ノルムが一番小さい（すなわちノルムが 2 である）素数である．

では，3 は $\mathbb{Z}[i]$ で素数だろうか？ もし素数でないなら，$3 = (a+bi)(c+di)$ なる単数でない分解をもつ．両辺のノルムをとると，$9 = (a^2+b^2)(c^2+d^2)$ となるが，どちらの因子も正の整数で，単数ではないから，$a^2+b^2 = 3$ である．ところが，このような $a, b \in \mathbb{Z}$ は存在しない．これは矛盾である．よって，3 は $\mathbb{Z}[i]$ でも素数なのである．したがって，± 3, $\pm 3i$ も素数である．これと同じ論法で次を解いておこう！

問題 22.4 正の素数 $p \in \mathbb{Z}$ が $(4k-1)$ 型（$k \in \mathbb{N}$）なら，$\pm p$, $\pm ip$ は $\mathbb{Z}[i]$ においても素数であることを示せ．

（ヒント）p が $(4k-1)$ 型の素数なら，$a^2+b^2=p$ を満たす $a, b \in \mathbb{Z}$ は，どちらかが奇数でどちらかが偶数である．ところがその場合，左辺は 4 で割って 1 余る自然数だから，p になりえない．

▶ **注意 22.2** $\mathbb{Z}$ での素数と $\mathbb{Z}[i]$ での素数に対して，混乱を招かないように，通常，初等整数論では，$\mathbb{Z}$ を**有理整数**，$\mathbb{Z}$ での素数を**有理素数**，$\mathbb{Z}[i]$ をガウス整数，$\mathbb{Z}[i]$ での素数を単に素数とよぶことが多い（いちいちガウス素数といわないほうが普通である）．

22.2 ガウス素数の決定

$\mathbb{Z}[i]$ における素数を完全に決定したい．ここまででわかっていることは，問題 22.4 より「$(4k-1)$ 型の正の有理素数 p に対して，$\pm p$, $\pm ip$ は素数である」ということと，「$1 \pm i$, $1 \pm 2i$ は素数である」ということだけである．また，問題 22.3 より，$N(\alpha)$ が有理素数なら α は素数であることもわかっている．ただ，素数を完全に決定するには，$\mathbb{Z}[i]$ にも $\mathbb{Z}$ がもつ「素因数分解の存在と一意性」が保証されることが肝要となる．一般の環論においてこの性質は，**一意分解整域**（unique factorization domain, UFD）とよばれる重要な概念である．

■ 素因数分解の存在

まず，ノルムの存在により，素因数分解の存在は簡単に証明できる．実際，自然数の場合（15.3 節の注意 15.5）と同様に，次のように説明できる．

ガウス整数 α がある素数 π_1 で割り切れれば，α/π_1 のノルムは α のノルムより小さい自然数になる．次に，α/π_1 を割り切るような素数 π_2 があれば，$\alpha/\pi_1\pi_2$ のノルムはさらに小さい自然数となっていくので，有限個の素数で割ることでノルムが 1 になる．すなわち，$\alpha/\pi_1\pi_2\cdot\cdots\cdot\pi_r=\delta$ となる単数 δ が存在する．ゆえに，$\alpha=\delta\pi_1\pi_2\cdot\cdots\cdot\pi_r$ となり，素因数分解の存在がわかる．

▶ **注意 22.3** 15.3 節では，自然数についての素因数分解の存在と一意性を説明したわけだが，これは簡単に整数まで拡張できる．すなわち，マイナスの素数を考慮するだけなので，本質的な議論は同じである．

割り算の原理

一意性については，自然数のときと同様，自明とは言い難い．ただ，整数における割り算と同じような次の性質が証明できるので，同様の理論が構築できる．

割り算の原理

任意の $\alpha, \beta \in \mathbb{Z}[i]$（$\beta \neq 0$）に対して，

$$\alpha = \gamma\beta + \delta, \quad N(\delta) < N(\beta)$$

となる $\gamma, \delta \in \mathbb{Z}[i]$ が（一意的ではないが）存在する．

まずはこの「割り算の原理」を証明しよう！

［証明］　ガウス整数は，1辺の長さが1の正方形からなる格子の格子点（図22.2のA〜D）上にあるので，α/β との距離が $\sqrt{2}/2$ 以下（その正方形の対角線の長さが $\sqrt{2}$ だから）となるガウス整数が存在する．すなわち，$|\alpha/\beta - \gamma| \leq \sqrt{2}/2$ となるガウス整数 γ が存在する．ノルムで書けば，$N(\alpha/\beta - \gamma) \leq 1/2$ である．ここで，$\delta := \alpha - \beta\gamma$ とすれば，$N(\delta) = N(\alpha - \beta\gamma) = N(\beta)N(\alpha/\beta - \gamma) \leq N(\beta)/2 < N(\beta)$ となる．

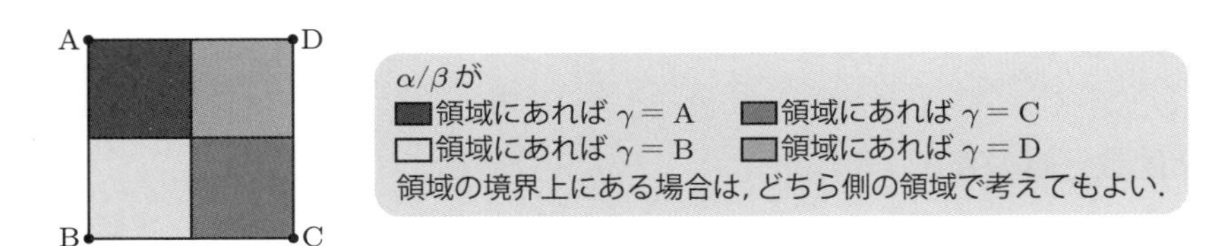

図 22.2　α/β に一番近い格子点

□

この原理を用いて，ユークリッドの互除法およびユークリッドの補題と同等のものが証明できる．

ユークリッドの互除法

まずはユークリッドの互除法だが，余りを小さくしていくところを，ノルムが小さくなっていくことに変えるだけで，次がいえる．

$\alpha, \beta \in \mathbb{Z}[i]$, $\beta \neq 0$ のとき，割り算を繰り返して，次のようになる．

$$
(\sharp)\quad \begin{cases} \alpha = \beta\gamma_1 + \delta_1, \quad 0 \leq N(\delta_1) < N(\beta) \\ \beta = \delta_1\gamma_2 + \delta_2, \quad 0 \leq N(\delta_2) < N(\delta_1) \\ \delta_1 = \delta_2\gamma_3 + \delta_3, \quad 0 \leq N(\delta_3) < N(\delta_2) \\ \vdots \\ \delta_{i-2} = \delta_{i-1}\gamma_i + \delta_i, \quad 0 \leq N(\delta_i) < N(\delta_{i-1}) \qquad (\gamma_k, \delta_k \in \mathbb{Z}[i]) \\ \delta_{i-1} = \delta_i\gamma_{i+1} \qquad (\text{余りは必ずどこかで } 0 \text{ になる!}) \end{cases}
$$

上のように，割り算を繰り返すと，必ずどこかで割り切れる．このとき，割り切れる一歩手前の式に現れた余り δ_i が $\gcd(\alpha, \beta)$ になることが証明できる．この証明は整数のときとほとんど同じだが，次のように定理としてまとめておく．

定理 22.1 (1) $\alpha, \beta, \gamma \in \mathbb{Z}[i]$ において，α と β の公約数全体を A，$\alpha + \beta\gamma$ と β の公約数全体を B とすれば，$A = B$ が成り立つ．特に，$(\alpha, \beta) \neq (0, 0)$ ならば，$A = B$ は有限集合である．

(2) $(\alpha, \beta) \neq (0, 0)$ ならば，ガウス整数 α, β の公約数の集合は，上記 δ_i の約数の集合と同じである．したがって，$\gcd(\alpha, \beta) = \delta_i$ であり，α, β の任意の公約数は δ_i の約数である．

(3) $\gcd(\alpha, \beta)$ は単数を除いて一意的である．

[証明] (1) の前半の主張は，補題 6.1 と同様にして示すことができるので省略する．

後半は，まず，ゼロでないガウス整数 α の約数 β のノルム $N(\beta)$ の集合は，$0 < N(\beta) \leq N(\alpha)$ より有限集合である．さらに，ノルムが $r := N(\beta)$（一定）のガウス整数全体は，複素平面上の 0 を中心とする半径 $\sqrt{r}$ の円上の格子点に対応することを考えると，有限集合であることがわかる．したがって特に，A も B も有限集合である．

(2) は，系 6.1 と同様にして示すことができる．そして，δ_i の約数でノルムが最大となるのは δ_i であるから，$\gcd(\alpha, \beta) = \delta_i$ もよい．

(3) は，δ を $\gcd(\alpha, \beta)$ とすれば，定義 22.1 より $N(\delta) = N(\delta_i)$ である．ここで (2) より，$\delta \mid \delta_i$ だから，δ と δ_i は同伴となる． □

▶ **注意 22.4** 初等整数論においては，割り算の原理が成り立たないような環，たとえば $\mathbb{Z}[\sqrt{-5}]$ なども考える．この場合，最大公約数は，定理 22.1 の (2) の性質を定義とするのが普通である．すなわち，α と β の最大公約数とは，公約数であって，すべての公約数の倍数となるものとする．この定義を採用すれば，たとえば $\mathbb{Z}[\sqrt{-5}]$ において，6 と $2(1+\sqrt{-5})$ は，gcd をもたない（22.4 節の問題 22.11 参照）．ただ，ガウス整数においては，どちらの定義も同値となる．

■ ユークリッドの補題

さて，整数のときと同様，上の式系 (♯) の下から 2 番目の式から始めて順次上の式に代入していくことで，$\gamma\alpha+\delta\beta=\gcd(\alpha,\beta)$ となる $\gamma,\delta\in\mathbb{Z}[i]$ の存在がわかる．さらに，6.2 節の連分数を使った「特殊解発見ルール」もそのまま使える（後述の問題 22.6 参照）．特に次が成り立つので，整数のときと同じように，素因数分解の一意性を示すことができる．

ユークリッドの補題

$\alpha,\beta\in\mathbb{Z}[i]$ が互いに素なら，$\gamma\alpha+\delta\beta=1$ となる $\gamma,\delta\in\mathbb{Z}[i]$ が存在する．

■ 素因数分解の一意性

まずは，ガウス整数 $\mathbb{Z}[i]$ の世界においても，

「$\gcd(\alpha,\beta)=1$ かつ $\alpha\mid\beta\gamma$ ならば，$\alpha\mid\gamma$」

という整数でお馴染みの性質が使えることを確認する．実際，ユークリッドの補題より，$s\alpha+t\beta=1$ となる $s,t\in\mathbb{Z}[i]$ が存在するので，$s\alpha\gamma+t\beta\gamma=\gamma$ となるから，$\alpha\mid\beta\gamma$ ならば $\alpha\mid\gamma$ である．したがって特に，

(♠)「α が素数で $\alpha\mid\beta\gamma$ ならば，$\alpha\mid\beta$ または $\alpha\mid\gamma$」

も成り立つ．さらに帰納法を使って，

(♠♠)「α が素数で $\alpha\mid\beta_1\beta_2\cdot\cdots\cdot\beta_r$ ならば，$\alpha\mid\beta_i$ となる $1\le i\le r$ が存在する」

も成り立つ（整数の場合でも (♠♠) が成り立つが，特に強調しなかった）．

[素因数分解の一意性の証明]　$N(\alpha)>1$ となるガウス整数 α に対して，

$$\alpha=p_1\cdot\cdots\cdot p_r=q_1\cdot\cdots\cdot q_s\quad(p_i,q_i\in\mathbb{Z}[i],\ r\le s)\tag{22.1}$$

を 2 種類の異なる素因数分解とする．

最初に，「一意性」の意味をはっきり述べておく．「$s=r$ であり，必要なら $q_1\cdot\cdots\cdot q_s$ の並びを変えることで，任意の $1\le i\le r$ に対して $p_i\sim q_i$（違いは単数だけ，す

なわち，$p_i = q_i e$ となる単数 e が存在する）が成り立つ」を「素因数分解の一意性」とよぶ（整数の世界なら，$p_i \sim q_i$ は $p_i = \pm q_i$ にほかならない）．

さて，$p_1 \mid q_1 \cdot \cdots \cdot q_s$ だから，(♠♠) より，$p_1 \mid q_i$ となる i が存在する．ここで，$i \neq 1$ なら最初から $q_1 \cdot \cdots \cdot q_s$ の並びを変えておくことで，$p_1 \mid q_1$ としてよい．さらに，p_1 も q_1 も素数だから，$q_1 \sim p_1$ となる．よって，式 (22.1) の両辺を p_1 で割ることで，$p_2 \cdot \cdots \cdot p_r \sim q_2 \cdot \cdots \cdot q_s$ となる．次に，p_2 に同様の考察をすることで，$p_3 \cdot \cdots \cdot p_r \sim q_3 \cdot \cdots \cdot q_s$ となる．この操作を繰り返すことで，任意の $1 \leq i \leq r$ に対して $p_i \sim q_i$ となる．さらに繰り返すと，最後は $1 \sim q_{r+1} \cdot \cdots \cdot q_s$ となるので，$s = r$ でなければならない（素数の積が単数になることはないから）． □

▶ **注意 22.5**　整数や自然数の場合も (♠♠) を使って同様に証明できるが，15.3 節では少し違うアプローチで証明した（本質的には同じである）．

問題 22.5　$\alpha = 3 + i$ を素因数分解せよ．

問題 22.6　$\alpha = 35 + 29i$ と $\beta = 12 + 7i$ の gcd を求めよ．また，$s\alpha + t\beta = 2$ となる $s, t \in \mathbb{Z}[i]$ を求めよ．

素数の分類

素数の分類を始めよう．$\alpha \in \mathbb{Z}[i]$ を素数とし，$N(\alpha) = a$ とすれば，$a \in \mathbb{N}$ だから，通常の素因数分解（有理素因数分解）により $a = p_1^{e_1} \cdot \cdots \cdot p_r^{e_r}$ としてよい．ここで，（$N(\alpha) = \alpha\bar{\alpha}$ を思い出せば）$\alpha \mid a$ だから，性質 (♠♠) より $\alpha \mid p_i$ となる．簡略化のため，$p = p_i$ とすれば，$N(\alpha) \mid N(p) = p^2$ となるから，結局 $N(\alpha) = p$ または p^2 となる．

もし $N(\alpha) = p^2$ ならば，性質 (♠) から $\alpha \mid p$ となるから，$p = \alpha\beta$ と書ける．よって $p^2 = N(\alpha)N(\beta) = p^2 N(\beta)$ となるから，$N(\beta) = 1$ となる．ゆえに β は単数であり，p は α と同伴である．すなわち，$\alpha = \pm p, \pm ip$ である．

残った $N(\alpha) = p$ の場合は，$\alpha = a + bi$ に対して，$a^2 + b^2 = p$ を満たす a, b を見つけることにほかならない．まず $p = 2$ ならば，$(a, b) = (\pm 1, \pm 1)$ の四つだけである．すなわち，$\alpha = \pm 1 \pm i$ の四つ（どれも $1 + i$ に同伴）は素数である．問題 22.4 で考察したように，p が $(4k - 1)$ 型なら，このような a, b は存在しない．すなわちこの場合は，$N(\alpha) = p^2$ であり，α は p と同伴である．したがってあとは，p が $(4k + 1)$ 型のとき，このような a, b が存在するかどうかを調べればよい．

ここで問題を整理する．$N(\alpha) = p$ となる α が存在すれば，α は素数であることは確認済みである．したがって残った問題は，p が $(4k+1)$ 型のとき，$a^2+b^2=p$ を満たす a, b が常に存在するか，そして存在するなら何個あるか，ということである．このあとの議論は，そのような素数 α が存在するかどうかわからないとした議論であることに注意しよう．

この問題には平方剰余の定理が役立つ．すなわち，p が $(4k+1)$ 型なら $\left(\dfrac{-1}{p}\right) = (-1)^{(p-1)/2} = 1$ である．よって $x^2 \equiv -1 \bmod p$ に解がある．したがって，$p \mid x^2+1$ となる．ここで，$x^2+1 = (x+i)(x-i)$ と分解できるから，$p \mid (x+i)(x-i)$ となる．もし p が素数なら，性質 (♠) から $p \mid x+i$ または $p \mid x-i$ となるが，これらはどちらも起こりえない．なぜなら，もし $p \mid x+i$ なら，$x+i = p(c+di) = pc = pdi$ となり，$pd = 1$ となるが，p が素数で d は整数だから不可能である．同様に，$p \mid x-i$ も不可能である．よって性質 (♠) の対偶から，p は素数ではない！ すなわち，$p = \gamma\delta$ となるどちらの因子も単数でない分解をもつ（このようなガウス整数 γ, δ が存在する！）が，$p^2 = N(p) = N(\gamma)N(\delta)$ および $N(\gamma) > 1$ かつ $N(\delta) > 1$ より，$N(\gamma) = N(\delta) = p$ である．したがって，γ も δ も素数である．とりあえずここまでで，$\gamma = a + bi$ とすることで，$a^2 + b^2 = p$ を満たす a, b が常に存在することはわかったわけである．特に，$\pm\gamma$, $\pm i\gamma$ の四つは素数である．あとは，ノルムが p である素数がほかにどれだけあるかという問題であるが，同様の議論からもちろん，$\pm\delta$, $\pm i\delta$ の四つも素数である．

これで素数は全部，すなわち 8 個としてよいだろうか？ あるいは，これらの中に同じものがあって，8 個より少なくならないだろうか？

答えはちょうど 8 個である．まず，γ も δ も素数だから，ここで素因数分解の一意性を使えば，8 個以下だとわかる．次に，$N(\gamma) = \gamma\bar{\gamma}$ であることを思い出せば，$\gamma\bar{\gamma} = \gamma\delta$ となっている．したがって，なんのことはない，$\delta = \bar{\gamma}$ なのである．つまり p の分解 $\gamma\delta$ は，共役なものどうしの分解になっているのである．8 個であることを示すには，γ と $\bar{\gamma}$ が同伴ではないことをいえばよい．

もし $\gamma = a + bi$ と $\bar{\gamma} = a - bi$ が同伴なら，$a - bi = -\gamma = -a - bi$ または $a - bi = \pm i\gamma = \pm ai \mp b$ となるが，前者は $a = 0$ となるから $b^2 = N(\gamma) = p$ となり矛盾である．後者なら，$a = \mp b$, $b = \mp a$ となる．いずれにしても，$a^2 + a^2 = 2a^2 = N(\gamma) = p$ となり矛盾である．

したがって，γ と $\bar{\gamma}$ は同伴ではないので，ノルムが $(4k+1)$ 型の有理素数となるガウス整数は，互いに共役なガウス整数とそれらに同伴なのもの，合わせてちょうど 8 個ということが示された．

まとめると，以下のようになる．

ガウス素数の分類結果

ガウス素数は，$\pm 1 \pm i$ の 4 個，任意の $(4k-1)$ 型の有理素数 p に対する $\pm p$, $\pm ip$ の 4 個，そして任意の $(4k+1)$ 型の有理素数 p に対する $N(\alpha) = p$ となるガウス整数 α（必ず存在する！）について，$\pm\alpha$, $\pm i\alpha$, $\pm\bar{\alpha}$, $\pm i\bar{\alpha}$ の 8 個である（図 22.3）．

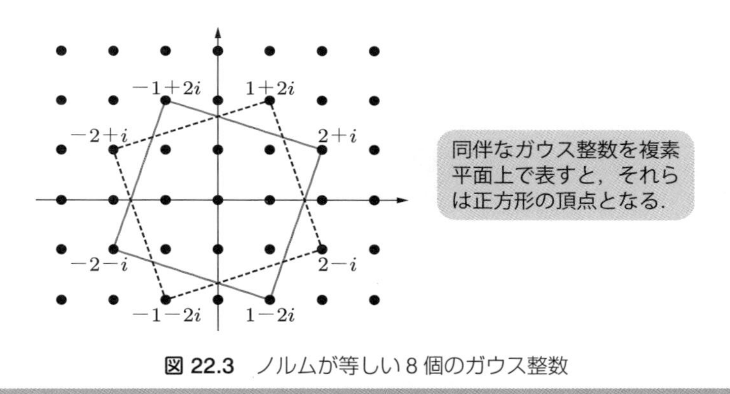

図 22.3 ノルムが等しい 8 個のガウス整数

▶ **注意 22.6** この結果より，任意の $(4k+1)$ 型の有理素数 p に対して，8 個のガウス整数 $\pm\alpha$, $\pm i\alpha$, $\pm\bar{\alpha}$, $\pm i\bar{\alpha}$ のどのノルムも p になるが，$\alpha = a + bi$ とおけば，どの 8 個に対しても $p = a^2 + b^2 = b^2 + a^2$ となる．

素因数分解の存在と一意性を示したので，約数などに関する性質や，素因数分解を使って gcd を求める方法などを，ガウス整数でも整数のときのように無意識に使ってよい．特に，素因数分解とガウス素数の分類結果を使えば，gcd に関する次の命題を示すことができる．

命題 22.1 $a, b \in \mathbb{Z}$，$(a, b) \neq (0, 0)$ に対して，ガウス整数としての gcd を自然数にとることができ，それは整数としての gcd に一致する．

[証明] まず，ガウス整数としての gcd を自然数 d にとることができれば，d は整数としての gcd であることを示す．実際，もしそうでなければ，整数としての gcd を e とすれば，e は d より大きいことになる．すると，$N(d) = d^2 < e^2 = N(e)$ だか

ら，d が最大のノルムをもつことに矛盾する．よって，d は整数としての gcd である．

したがってあとは，$\gcd(a,b) \in \mathbb{N}$ を示せばよい．まず，$\gcd(a,b)$ が単数なら $\gcd(a,b)=1$ とすればよい．次に，$\gcd(a,b)$ の素因数に $1+i$ に同伴なものが奇数個あるとする．それを $(2k+1)$ 個とすれば，a も b も 2^k で割れる．そこで，$a=2^k a'$，$b=2^k b'$ とすれば，a' も b' も $1+i$ で割れる．すると，a'^2 も b'^2 も 2 で割れるから，a' および b' も 2 で割り切れる．これは，$\gcd(a,b)$ の素因数に $1+i$ に同伴なものが $(2k+2)$ 個あることになり矛盾である．よって，$\gcd(a,b)$ の素因数で $1+i$ に同伴なものは，あれば偶数個である．それを $2k$ 個とすれば，$(1+i)^{2k} \sim 2^k \in \mathbb{N}$ である．

次に，もし $\gcd(a,b)$ の素因数 α のノルムが $(4k+1)$ 型の素数なら，a^2 および b^2 は，正の有理素数 $N(\alpha)$ で割り切れるから，a および b も $N(\alpha)=\alpha\bar{\alpha}$ で割り切れる．よって，$\gcd(a,b)$ の素因数に $\bar{\alpha}$ もなくてはならない．

ここまでで，$\gcd(a,b)$ の素因数のノルムが $(4k-1)$ 型素数でなければ，それらをすべて掛けたものは自然数で書けることがわかった．ところが，ノルムが $(4k-1)$ 型の素数となるようなガウス素数は存在しないので，残りの素因数はすべて有理素数（それらはすべて $(4k-1)$ 型の素数）である．したがって，$\gcd(a,b) \in \mathbb{N}$ としてよい．　□

問題 22.7　$a,b \in \mathbb{Z}$ について次を示せ．
$\gcd(a,b)=1 \quad \Leftrightarrow \quad \gcd(a+bi, a-bi)=1$ または $1+i$

22.3　フェルマーの二平方和定理

ガウス素数の分類の副産物として，**素数に関するフェルマーの二平方和定理**が証明できる．

定理 22.2　p を奇素数とするとき，「p が二つの平方数の和で書ける $\Leftrightarrow$ p は $(4k+1)$ 型の素数」が成り立つ．さらに，和の表し方は 1 通りである．

［証明］　(⇐) に関しては，ガウス素数の分類において証明された（注意 22.6 参照）．したがって (⇒) を示せばよいが，こちらもほとんどガウス素数の分類における考察で示されている．念のため，繰り返しを恐れず証明しておく．もし $p=a^2+b^2$ と書けていたら，$p=(a+bi)(a-bi)$ となる．ここで，$\alpha=a+bi$ とおけば，$N(\alpha)=p$ であり，ガウス素数の分類により p は $(4k+1)$ 型の素数である．ノルム

が p となるガウス整数は $\pm\alpha$, $\pm i\alpha$, $\pm\bar{\alpha}$, $\pm i\bar{\alpha}$ の 8 個のガウス素数に限るから，和の表し方は 1 通りである（注意 22.6 参照）． □

▶**注意 22.7** 2 は $(4k+1)$ 型ではないが，もちろん二平方和である（$2 = 1^2 + 1^2$）．また，表し方が 1 通りとは，順番は無視して 1 通りという意味である．たとえば，$5 = 1^2 + 2^2 = 2^2 + 1^2$ を 2 通りとは数えない．

●**例 22.1** 7 以上の素数について順番に確かめると，7, 11, $13 = 2^2 + 3^2$, $17 = 1^2+4^2$, 19, 23, $29 = 2^2+5^2$, 31, $37 = 1^2+6^2$, $41 = 4^2+5^2$, 43, 47, $53 = 2^2+7^2$, ... etc. ●

▶**注意 22.8** 素数でない場合についても，いつ二平方和で書けるか，もう少し考えればわかる．またその場合，何通りあるか考えることもおもしろい．たとえば 65 なら，$65 = 1^2 + 8^2 = 4^2 + 7^2$ のように 2 通りある．130 も，$130 = 3^2 + 11^2 = 7^2 + 9^2$ のように 2 通りある．ここではこれ以上深入りしないことにするが，

$$65 = 5 \cdot 13 = (1+2i)(1-2i)(2+3i)(2-3i)$$
$$130 = 2 \cdot 5 \cdot 13 = (1+i)(1-i)(1+2i)(1-2i)(2+3i)(2-3i)$$

から，2 通り出てくる理由を各自考えるとよい．

22.4 ガウス整数の合同

ガウス整数でも「合同」なる概念が，整数のときと同様に定義できる．

> $\alpha, \beta \in \mathbb{Z}[i]$ および $\mu \in \mathbb{Z}[i]$ に対して，$\alpha - \beta$ が μ の倍数のとき，$\alpha \equiv \beta \mod \mu$ と書き，α と β は μ **を法として合同**であるという．

μ の倍数全体を複素平面上に図示すると，0 と μ と $i\mu$ からなる正方形で構成される格子点全体となる（図 22.4 参照）．実際，$(x+yi)\mu = x\mu + yi\mu$ （$x, y \in \mathbb{Z}$）だからである．

ここで，「集合の合同」なる概念（5.2 節）を思い出そう．この概念を使うと，20.1 節で定義した $\mathbb{Z}_m$ などは，集合として $\mathbb{Z} \equiv A \mod m$ となる集合 A のことだと思ってよい．

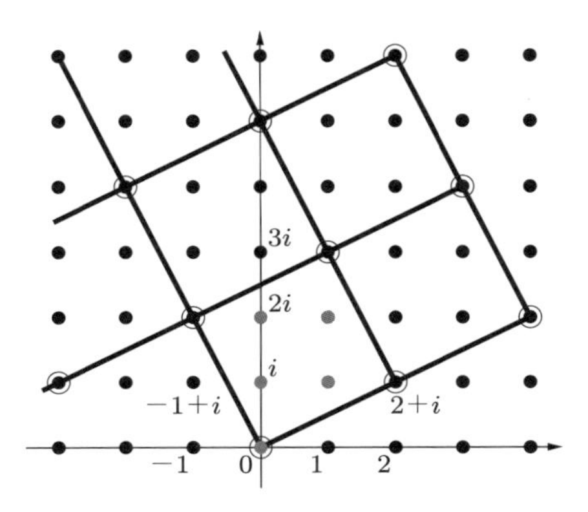

図 22.4　$2+i$ の倍数

定義 22.2　$\mathbb{Z}[i] \equiv A \mod \mu$ となる集合 A を，$\mathbb{Z}[i]_\mu$ または $\mathbb{Z}[i]/(\mu)$ で表すことにする．

集合 $\mathbb{Z}_m$ の元の個数は m であったが，$\mathbb{Z}[i]/(\mu)$ の元の個数はどうだろう？

命題 22.2　$\mathbb{Z}[i]/(\mu)$ の元の個数は $N(\mu)$ に等しい．

たとえば図 22.4 において，$2+i$ の倍数は，丸が付いたところである．また，$N(2+i)=5$ であり，$\mathbb{Z}[i]/(2+i)=\{0, i, 1+i, 2i, 1+2i\}$ は図のグレーの格子点で代表される．すなわち，0, $2+i$, $-1+2i$ が作る正方形の内部の格子点および 0 である．

[命題 22.2 の証明]　まず，$\mathrm{mod}\ \mu$ で $\mathbb{Z}[i]$ と合同な集合 $\mathbb{Z}[i]/(\mu)$ は，0, μ, $i\mu$ からなる正方形（これを**基礎となる正方形**とよぼう）の頂点を除いた 2 辺上の格子点，その内部にある格子点，および 0 から構成されているとしてよい．実際，複素平面 $\mathbb{C}$ は，この「基礎となる正方形」と合同な正方形で敷き詰められる．さらに，格子点が「基礎となる正方形」の内部あるいは辺上にある格子点と同じ位置にあるなら，それらは μ を法として合同であり，各正方形の頂点はみな，0 と合同だからである．また，「基礎となる正方形」の面積は，三平方の定理より $N(\mu)$ である．

さて，ピックの定理

「1 辺の長さが 1 の格子上に，格子点を頂点にもつ穴のない多角形があれば，(その多角形の面積) = (内部の格子点の数) + (辺上の格子点の数) ÷ 2 − 1 が成り立つ」

（証明は，たとえば [8] を参照）を使えば，この命題の証明は簡単である．

実際，上の考察より，$\left|\mathbb{Z}[i]/(\mu)\right|$ は，「基礎となる正方形」の (内部の格子点の数) + (各頂点を除いた 2 辺上の格子点の数) + 1 に等しい．ここで，(各頂点を除いた 2 辺上の格子点の数) + 2 = (辺上の格子点の数) ÷ 2 だから，ピックの定理より，

$$
\begin{aligned}
N(\mu) &= (\text{基礎となる正方形の面積}) \\
&= (\text{内部の格子点の数}) + (\text{辺上の格子点の数}) \div 2 - 1 \\
&= (\text{内部の格子点の数}) + (\text{各頂点を除いた 2 辺上の格子点の数}) + 2 - 1 \\
&= \left|\mathbb{Z}[i]/(\mu)\right|
\end{aligned}
$$

となる． □

ピックの定理を使わない命題 22.2 の証明　その 1

高木貞治 [5], 149 ページ問題 1 の解答で，ピックの定理を使わず命題 22.2 を証明しているので，ここでそれも述べておく．ただ，後半は少しだけ線形代数学的思考を要するので，興味のない方はスキップしよう．

まず，$\mu = m+ni\,(m, n \in \mathbb{Z})$ として，$\gcd(m, n) = g$ なら，0 から μ までの線分上に 0 を除いて g 個の格子点がある．したがって，$m' = m/g$, $n' = n/g$, $\mu' = \mu/g = m'+n'i$ とおけば，$0, \mu, i\mu$ からなる正方形 (基礎となる正方形) は，$0, \mu', i\mu'$ からなる小さな正方形 g^2 個によって覆われている．また，$N(\mu) = N(g)N(\mu') = g^2N(\mu')$ だから，$\left|\mathbb{Z}[i]/(\mu)\right| = g^2\left|\mathbb{Z}[i]/(\mu')\right|$ および $\left|\mathbb{Z}[i]/(\mu')\right| = N(\mu')$ をいえばよい．

まずは $\left|\mathbb{Z}[i]/(\mu)\right| = g^2\left|\mathbb{Z}[i]/(\mu')\right|$ を示す（$g = 3$ の図 22.5 を参考に読んでいただきたい）．

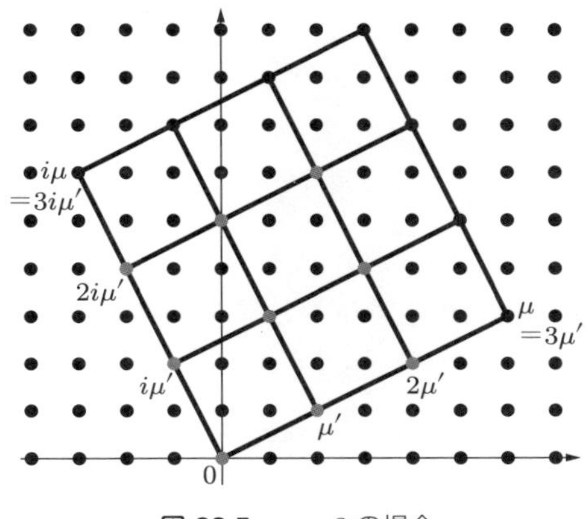

図 22.5　$g = 3$ の場合

初めに，0 から $\mu' = m' + n'i$ までの線分上では，$\gcd(m', n') = 1$ より，0 と μ' 以外に格子点はない．よって，$0, \mu', i\mu'$ からなる小さな正方形の辺上には，頂点以外の格子点がないので，小さな正方形の内部の格子点の総数と格子点 0 を加えた数が $\left|\mathbb{Z}[i]/(\mu')\right|$ に等しい．したがって，小さな正方形と合同な正方形 g^2 個で覆われている $\mathbb{Z}[i]/(\mu)$ の元の個数は，$g^2\left|\mathbb{Z}[i]/(\mu')\right|$ となる．

次に，$\left|\mathbb{Z}[i]/(\mu')\right| = N(\mu')$ を示す．上の考察から，(小さな正方形の内部の格子点の数) $+ 1 = N(\mu')$ をいえばよい（$\mu = 6 + 4i$, $\mu' = 3 + 2i$, $g = 2$ の図 22.6 を参考に読んでいただきたい)．

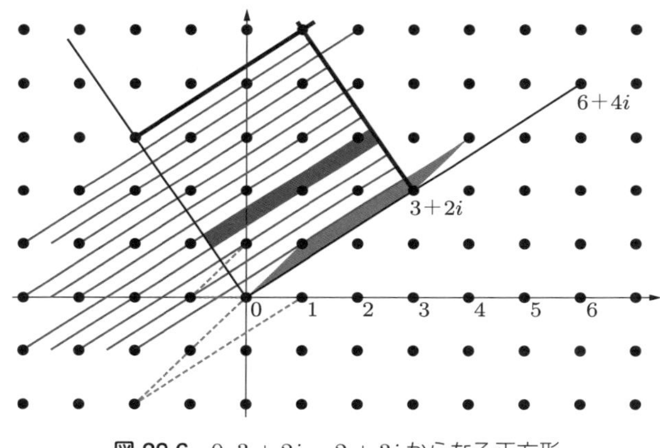

図 22.6　$0, 3 + 2i, -2 + 3i$ からなる正方形

$0, \mu', i\mu'$ からなる正方形の内部の各点を 0 から μ' までの線分と平行な線分で分割（図ではグレーの長方形）すれば，これらの長方形はみな合同である（相似の性質を使えばよい)．

また, 内部の点の個数を r とすれば, 長方形は $(r+1)$ 個ある．そして $\mathbb{Z}[i]/(\mu')$ は, r 個の内点と 0 からなるから, $\left|\mathbb{Z}[i]/(\mu')\right| = r+1$ である．よって, **各長方形の面積が 1 であることを示せば**, 小さな正方形の面積は $r+1$ となり, $\left|\mathbb{Z}[i]/(\mu')\right| = r+1 = N(\mu')$ となる．

[各長方形（グレーの長方形）の面積が 1 である理由]　まず，線分 $0\mu'$ に一番近い内点を $\nu = s + ti$ とする．長方形の底辺と高さを変えずに平行四辺形に変形しても面積は同じということから，μ' を 1 辺とするグレーの長方形と，$\mu' = m' + n'i$ と ν からできる平行四辺形（図では $\mu' = 3 + 2i$, $\nu = 1 + i$ からできるグレーの平行四辺形）の面積は同じである．内積と面積の関係から，その面積は $|m't - sn'|$（図

では $|3-2|=1$）である．

次に，二つのベクトル μ' と ν の線形結合によりすべての格子点を網羅できることを示す．言い方を変えると，二つの基本ベクトル 1 と i を μ' と n' に写す線形変換が全射であることを示す．実際，もし全射でなければ，μ' と ν からできる平行四辺形の内部に格子点があることになって，ν のとり方に矛盾する．よって全射である（具体的に μ' と ν が与えられれば，1 と i が μ' と ν の線形結合で表せることを示すだけで全射といってよい）．ゆえに，この変換は逆変換をもつ（μ' と ν は線形独立だから単射はいえている）．したがって $m't-sn'=\pm 1$ と結論付けてよいが，この理由についても高木貞治による説明を付けておこう．

まず，$\Delta = m't-n's$ とおくと，線形変換 $\begin{cases} x' = m'x+sy \\ y' = n'x+ty \end{cases}$ の逆変換は，$\begin{cases} x = (tx'-sy')/\Delta \\ y = (-n'x'+m'y')/\Delta \end{cases}$ となる．ここで $(x',y')=(1,0)$ とすれば，$x=t/\Delta$ および $y=-n'/\Delta$ は整数である．また，$(x',y')=(0,1)$ とすれば，$x=-s/\Delta$ および $y=m'/\Delta$ は整数である．よって，$\dfrac{m'}{\Delta}\dfrac{t}{\Delta}-\dfrac{n'}{\Delta}\dfrac{s}{\Delta}=\dfrac{1}{\Delta}$ は整数だから，$\Delta=\pm 1$ を得る． □

○**例題 22.1**　次の加法群の同型を示せ．

(1) $\mathbb{Z}[i]/(2+i) \cong \mathbb{Z}_5$　　(2) $\mathbb{Z}[i]/(2) \cong \mathbb{Z}_2 \times \mathbb{Z}_2$ ○

[解]　(1) $1+i$ に $1+i$ を足していくと，$1+i,\ 2+2i \equiv i,\ 1+2i,\ 2+3i \equiv 2i,\ 1+3i=(2+i)(1+i) \equiv 0 \mod 2+i$ となるから，$1+i$ の位数は 5 である．また，$|\mathbb{Z}[i]/(2+i)| = N(2+i) = 5$ だから，$\mathbb{Z}[i]/(2+i)$ は位数 5 の巡回群である．すなわち，$\mathbb{Z}[i]/(2+i) = \langle 1+i \rangle \cong \mathbb{Z}_5$ となる．

(2) $1,\ 1+1=2 \equiv 0 \mod 2$ より，$\langle 1 \rangle$ は $\mathbb{Z}[i]/(2)$ の位数 2 の部分群である．また，$1+i,\ 2+2i \equiv 0 \mod 2$ より，$\langle 1+i \rangle$ も $\mathbb{Z}[i]/(2)$ の位数 2 の部分群である．さらに，$\langle 1 \rangle \cap \langle 1+i \rangle = \{0\}$ および $|\mathbb{Z}[i]/(2)| = N(2) = 4$ だから，補題 20.2 より，$\mathbb{Z}[i]/(2) \cong \langle 1 \rangle \times \langle 1+i \rangle \cong \mathbb{Z}_2 \times \mathbb{Z}_2$ となる．

問題 22.8　次の加法群の同型を示せ．

(1) $\mathbb{Z}[i]/(3) \cong \mathbb{Z}_9$　　(2) $\mathbb{Z}[i]/(5) \cong \mathbb{Z}_5 \times \mathbb{Z}_5$

さて，乗法群 $\mathbb{Z}_m^\times$ と同様，$\bigl(\mathbb{Z}[i]/(\mu)\bigr)^\times = \{\alpha \in \mathbb{Z}[i]/(\mu) \mid \gcd(\alpha,\mu)=1\}$ も乗法群である．

問題 22.9 $A = \{\alpha \in \mathbb{Z}[i]/(\mu) \mid \alpha^{-1}$ が存在する $\}$, $B = \{\alpha \in \mathbb{Z}[i]/(\mu) \mid \alpha$ は位数をもつ $\}$ とするとき，$\big(\mathbb{Z}[i]/(\mu)\big)^{\times} = A = B$ を示せ．

○ **例題 22.2**　次の同型を示せ．

(1) $\big(\mathbb{Z}[i]/(2+i)\big)^{\times} \cong \mathbb{Z}_4$　　(2) $\big(\mathbb{Z}[i]/(2)\big)^{\times} \cong \mathbb{Z}_2$ ○

［解］ (1) $\big(\mathbb{Z}[i]/(2+i)\big)^{\times}$ は，$\mathbb{Z}[i]/(2+i)$ から 0 を除いた集合に含まれる，すなわち $\big(\mathbb{Z}[i]/(2+i)\big)^{\times} \subset \{i, 1+i, 1+2i, 2i\}$ だが，

$$i^2 = -1 \equiv 1+i, \quad i^3 = -i \equiv 2 \equiv 2 + i(2+i) = 1+2i,$$
$$i^4 = 1 \equiv 1 + (-1+2i) = 2i \mod 2+i$$

となるから，$\langle i \rangle$ は $\big(\mathbb{Z}[i]/(2+i)\big)^{\times}$ の位数 4 の巡回群である．よって，$\big(\mathbb{Z}[i]/(2+i)\big)^{\times} = \langle i \rangle \cong \mathbb{Z}_4$ となる．

(2) $\big(\mathbb{Z}[i]/(2)\big)^{\times} \subset \{1, i, 1+i\}$ だが，$(1+i)^2 = 2i \equiv 0 \mod 2$ だから，$\big(\mathbb{Z}[i]/(2)\big)^{\times} = \{1, i\} = \langle i \rangle \cong \mathbb{Z}_2$ となる．

問題 22.10　次の乗法群はどんな加法群に同型か？

(1) $\big(\mathbb{Z}[i]/(3)\big)^{\times}$　　(2) $\big(\mathbb{Z}[i]/(5)\big)^{\times}$

ピックの定理を使わない命題 22.2 の証明　その 2

命題 22.2 の証明として，二つの幾何学的な証明を行ったわけだが，代数的な証明が知りたい読者もいると思い，少し長くなるが，ここで解説することにする．

目標を整理する．まず，設定は上と同じで，$\mu = m + ni$ $(m, n \in \mathbb{Z})$ および $\gcd(m, n) = g$ とし，$\mu = g\mu' = g(m' + n'i)$ とする．このとき，$\big|\mathbb{Z}[i]/(\mu)\big| = N(\mu) = N(g\mu') = g^2 N(\mu')$ を示せばよいわけである．このあと，何度も $N(\mu')$ を使うので，$a := N(\mu') = m'^2 + n'^2$ とおくことにする．

補題 22.1　$\mathbb{Z} \cap (\mu) = \mathbb{Z}ga$ が成り立つ．

［証明］　まず，$\mu = g(m' + n'i)$ より，$\mu(m' - n'i) = ga \in \mathbb{Z} \cap (\mu)$ である．よって $\mathbb{Z} \cap (\mu) \supset \mathbb{Z}ga$ である．

次に，$\mathbb{Z} \cap (\mu) \subset \mathbb{Z}ga$ を示す．まず，$(m+ni)(x+iy) \in \mathbb{Z}$ となる $x + yi \in \mathbb{Z}[i]$ は，$nx + my = 0$ を満たす．この解は，$(x, y) = k(m', -n')$ $(k \in \mathbb{Z})$ である．よっ

て，$(m+ni)(x+iy) = k(m+ni)(m'-in') = kg(m'+n'i)(m'-in') = kga$ となるから，$\mathbb{Z} \cap (\mu) \subset \mathbb{Z}ga$ である． □

ここで，m' と n' は互いに素だから，ユークリッドの補題から，$s, t \in \mathbb{Z}$ を $sm' + tn' = 1$ となるようにとる．

補題 22.2 $v := tm' - sn'$ とするとき，$(\mu) = \mathbb{Z}ga + \mathbb{Z}g(v+i)$ と書ける．
また，$\{ga, g(v+i)\}$ は線形独立である．

[証明] $t\mu, is\mu \in (\mu)$ から，$tm+tni, smi-sn \in (\mu)$ であり，これら二つを加えた $tm-sn+(sm+tn)i = g(v+i)$ も (μ) の元である．よって，$(\mu) \supset \mathbb{Z}ga+\mathbb{Z}g(v+i)$ はよい．次に，$x+yi \in (\mu)$ とすると，実部も虚部も g で割り切れるから，特に $y = gy'$ と書ける．よって，$x+yi = x-yv+y(v+i) = x-yv+y'g(v+i)$ となる．ここで，$x-yv \in \mathbb{Z}$ であり，$x-yv = (x+yi)-y'g(v+i) \in (\mu)$ だから，補題 22.1 より $x-yv \in \mathbb{Z}ga$ である．ゆえに，$x+yi \in \mathbb{Z}ga+\mathbb{Z}g(v+i)$ だから，$(\mu) \subset \mathbb{Z}ga+\mathbb{Z}g(v+i)$ もいえた．

また，$kga+\ell g(v+i) = 0$ ならば，$ka+\ell(v+i) = 0$ である．よって $k = \ell = 0$ となるから，$\{ga, g(v+i)\}$ は線形独立である． □

次の定理を証明することで，命題 22.2 の証明も完成する．

定理 22.3 加法群として $\mathbb{Z}[i]/(\mu) \cong \mathbb{Z}/(ag) \times \mathbb{Z}/(g)$ が成り立つ．
特に，$\left|\mathbb{Z}[i]/(\mu)\right| = ag^2 = N(\mu)$ である．

[証明] 任意の $\alpha = x+yi \in \mathbb{Z}[i]$ に対して，$\alpha = x-yv+y(v+i)$ より，$\varphi(\alpha) = ([x-yv],[y]) \in \mathbb{Z}/(ag) \times \mathbb{Z}/(g)$ と定めることで，$\{1, v+i\}$ は線形独立だから，写像 $\varphi\colon \mathbb{Z}[i] \longrightarrow \mathbb{Z}/(ag) \times \mathbb{Z}/(g)$ は well-defined であり，明らかに φ は全射である．

ここで，φ が加法群として準同型写像であることを示す．これは，任意の $\alpha = x+yi$，$\beta = c+di \in \mathbb{Z}[i]$ に対して，

$$\begin{aligned}\varphi(\alpha+\beta) &= \varphi(x+c+(y+d)i) = \varphi(x+c-(y+d)v+(y+d)(v+i)) \\ &= ([x+c-(y+d)v],[y+d]) = ([x-yv],[y]) + ([c-dv],[d])\end{aligned}$$

$$= \varphi(\alpha) + \varphi(+\beta)$$

となるからよい．

次に $\ker\varphi = (\mu)$ を示す．まず，補題 22.1 より，$\ker\varphi \supset (\mu)$ はよい．次に，$\varphi(\alpha) = ([x-yv],[y]) = ([0],[0]) \in \mathbb{Z}/(ag)\times\mathbb{Z}/(g)$ ならば，$x - yv = kag \in (\mu)$ および $y = y'g$ と書ける．よって，$y(v+i) = yg(v+i) \in (\mu)$ である．ゆえに，$\alpha = x + yi = x - yv + y(v+i) \in (\mu)$ となり，$\ker\varphi = (\mu)$ を得る．

以上のことから，準同型定理により，加法群として $\mathbb{Z}[i]/(\mu) \cong \mathbb{Z}/(ag)\times\mathbb{Z}/(g)$ が成り立つ．特に，$\left|\mathbb{Z}[i]/(\mu)\right| = \left|\mathbb{Z}/(ag)\right|\left|\mathbb{Z}/(g)\right| = ag^2 = N(\mu)$ を得る． □

次の問題は，ガウス整数を一般化した理論の入り口となるような問題である．興味のある人は考えてみよう．

問題 22.11 $\mathbb{Z}[\sqrt{-5}] = \{a + b\sqrt{-5} \mid a, b \in \mathbb{Z}\}$ において，約数，倍数，素数などはガウス整数と同様に定義できる．また，ノルム $N(a+b\sqrt{-5}) = a^2 + 5b^2$ について $N(\alpha\beta) = N(\alpha)N(\beta)$ が成り立つので，ガウス整数と同様の議論ができる．次の問いに答えよ．

(1) 念のため，$\alpha, \beta \in \mathbb{Z}[\sqrt{-5}]$ に対して，$N(\alpha\beta) = N(\alpha)N(\beta)$ を示せ．また，$\alpha \mid \beta$ ならば $N(\alpha) \mid N(\beta)$ を示せ．

(2) $\gcd(6, 2(1+\sqrt{-5}))$ を，6 と $2(1+\sqrt{-5})$ の公約数の中で最大のノルムをもつものと定義したときの $\gcd(6, 2(1+\sqrt{-5}))$ を求めよ．

(3) $\gcd(6, 2(1+\sqrt{-5}))$ を，6 と $2(1+\sqrt{-5})$ の公約数ですべての公約数の倍数であるものと定義したとき，$\gcd(6, 2(1+\sqrt{-5}))$ は存在しないことを示せ（注意 22.4 で述べたように，gcd の定義はこちらを採用するので，$\mathbb{Z}[\sqrt{-5}]$ は gcd をもたない環として有名である）．

(4) $\mathbb{Z}[\sqrt{-5}]$ における単数は ±1 であることを示せ．

(5) 2, 3, $1+\sqrt{-5}$, $1-\sqrt{-5}$ はどれも $\mathbb{Z}[\sqrt{-5}]$ において素数であることを示せ．

(6) (5) で示した素数を使って，$\mathbb{Z}[\sqrt{-5}]$ においては素因数分解の一意性が成り立たないことを示せ．

22.5 $(4k+1)$ 型の素数

ガウス素数の分類やフェルマーの二平方和定理において，$(4k+1)$ 型の素数に注目することが多かった．そこで，$(4k+1)$ 型の素数について少し考察してみよう．

まずは次の補題を証明する．

補題 22.3　x^2+1 で表せる自然数の素因子は，2 または $(4k+1)$ 型の素数である．

[証明]　もし正の奇素数 p が x^2+1 を割るなら，$x^2 \equiv -1 \mod p$ となる．よって $x^4 \equiv 1 \mod p$ である．さらに，$p \neq 2$ より x の位数は 4 である．ところで，x は p の倍数ではないから，フェルマーの小定理より，$x^{p-1} \equiv 1 \mod p$ である．ゆえに，位数の性質を思い出せば，$p-1$ は 4 の倍数である．よって，p は $(4k+1)$ 型の素数である．□

●**例 22.2**　x^2+1 で表せる自然数について順番に確かめると，$1^2+1=2$, $2^2+1=5$, $3^2+1=2\cdot5$, $4^2+1=17$, $5^2+1=2\cdot13$, $6^2+1=37$, $7^2+1=2\cdot5^2$, $8^2+1=5\cdot13$, $9^2+1=2\cdot41$, $10^2+1=101$（26 番目の素数），$11^2+1=2\cdot61$, $12^2+1=5\cdot29$, $\ldots$, etc. ●

素数が無数に存在するからといって，$(4k+1)$ 型の素数も無数に存在するかどうかはすぐにはわからない．

定理 22.4　$(4k+1)$ 型の素数は無数に存在する．

[証明]　p を $(4k+1)$ 型の素数とし，2 と p 以下の $(4k+1)$ 型の素数すべてを掛けたものを 2 乗して，1 を足したものを a とする．すなわち，$a=(2\cdot5\cdot13\cdot\cdots\cdot p)^2+1$ とする．

もし a が素数なら，$(4k+1)$ 型の素数であり，p より大きい．

もし a が素数でないなら，a は奇数だから，a の素因数 q も奇数である．ここで，a は (x^2+1) 型自然数だから，補題 22.3 が使えて，q は $(4k+1)$ 型の素数となる．ここで，a は 5, 13, $\ldots$, p で割り切れないから，$q>p$ となる．

いずれにしても，p より大きい $(4k+1)$ 型の素数が存在することになる．ゆえに，$(4k+1)$ 型の素数は無数に存在する．□

ところで（11.3 節でも少し述べたが），

「初項と公差が互いに素である等差数列には，素数が無数に現れる」

という，より一般的な定理がある．定理 22.4 はこの主張の特別な場合にすぎない．この主張は，1837 年，ディリクレ（Dirichlet）によってようやく証明されたもので

(長い間，予想であった)，いまではディリクレの定理とよばれている．証明も非常に難解で，代数学だけでは手に負えず，解析学の助けが必要となる．解析的整数論という分野が登場したきっかけともいえる．ただ，ディリクレの定理も初等整数論で扱うべき主張なので，初等整数論を「簡単な整数論」と位置付けてはいけない．

次の問題もディリクレの定理の特別な場合だが，定理 22.4 と同様の方法で証明できるのでやってみよう！

問題 22.12　$(4k-1)$ 型の素数は無数に存在することを示せ．

第23講

ピタゴラス数の考察

＊ ＊ ＊

話題はだいぶ変わるが，初等整数論の入門書によく登場するピタゴラス数について解説する．その後，他の本ではあまり見かけないジェスノマビッチ予想について述べる．

23.1 ピタゴラス数

$a^2+b^2=c^2$ を満たす自然数の組 (a,b,c) はどれくらいあるだろうか？ たとえば，

$$(3,4,5),(5,12,13),(7,24,25)$$

などは，直角三角形の 3 辺の長さとして，高校入試や大学入試の問題でよく利用される．$(3,4,5)$ を 2 倍，3 倍，... してできる組 $(6,8,10)$, $(9,12,15)$, ... なども $a^2+b^2=c^2$ を満たすので，このような組は無数にある．

では，a, b, c の最大公約数が 1 であるものに制限しても，無数にあるだろうか？

定義 23.1 $a^2+b^2=c^2$ を満たす自然数の組 (a,b,c) で，$\gcd(a,b,c)=1$ を満たすものを**ピタゴラス数**という．

すぐにわかることとして，$a^2+b^2=c^2$ なる関係式があるので，$\gcd(a,b)=1 \Leftrightarrow \gcd(a,b,c)=1$ が成り立つ．また，(a,b,c) をピタゴラス数として，もし c が偶数なら，$c^2=a^2+b^2$ が 4 の倍数になるが，こうなるのは a, b ともに偶数のときだけだから，$\gcd(a,b)=1$ に反する．よって c^2 は奇数であり，c も奇数である．したがって，a, b は奇数と偶数の組でなければならない．

念のため上のことを問題にするので，自分の言葉できちっと証明してみよう！

問題 23.1 (a,b,c) をピタゴラス数とするとき，次を示せ．

(1) a, b, c のどの二つも互いに素である．

(2) a と b の偶奇は一致しない．　　　　(3) c は奇数である．

ピタゴラス数が無数にあるかどうかを定義から判定するのは難しい．さらに，どのようにすればピタゴラス数が見つかるかについても興味深い．次の定理はその疑問に答える．定理では便宜上，ピタゴラス数 (a, b, c) といえば，**a を奇数，b を偶数とすることにする**（このような組によってできるピタゴラス数に対して，a と b を入れ替えたものもピタゴラス数である）．

定理 23.1　(a, b, c) がピタゴラス数（**a は奇数**）$\Leftrightarrow$ $m > n$, $\gcd(m, n) = 1$, $m \not\equiv n \bmod 2$ を満たす $m, n \in \mathbb{N}$ があって，$a = m^2 - n^2$, $b = 2mn$, $c = m^2 + n^2$ と書ける．

●**例 23.1**　証明の前に，この定理を使って，ピタゴラス数をいくつか列挙してみよう．

$$(m, n) = (2, 1) \Rightarrow (a, b, c) = (3, 4, 5), \qquad (m, n) = (3, 2) \Rightarrow (5, 12, 13),$$
$$(m, n) = (4, 1) \Rightarrow (15, 8, 17), \quad (m, n) = (4, 3) \Rightarrow (7, 24, 25),$$
$$(m, n) = (5, 2) \Rightarrow (21, 20, 29), \quad (m, n) = (5, 4) \Rightarrow (9, 40, 41),$$
$$(m, n) = (6, 1) \Rightarrow (35, 12, 37), \quad (m, n) = (6, 3) \Rightarrow (27, 36, 45),$$
$$(m, n) = (6, 5) \Rightarrow (11, 60, 61), \quad (m, n) = (7, 2) \Rightarrow (45, 28, 53),$$
$$(m, n) = (7, 4) \Rightarrow (33, 56, 65), \ldots$$

ピタゴラス数は無数にある！　●

▶**注意 23.1**　m も n も奇数なら，三つ組を 2 で割ることで，a が偶数のピタゴラス数となる．たとえば，

$$(m, n) = (3, 1) \Rightarrow (8, 6, 10) \sim (4, 3, 5),$$
$$(m, n) = (5, 1) \Rightarrow (24, 10, 26) \sim (12, 5, 13),$$
$$(m, n) = (5, 3) \Rightarrow (16, 30, 34) \sim (8, 15, 17), \text{ etc.}$$

ただし，$\sim$ は gcd で割った三つ組に変えるときに使う．

[定理 23.1 の証明]　$(\Leftarrow)$ のほうはそれほど面倒ではない．$a^2 + b^2 = (m^2 - n^2)^2 + (2mn)^2 = m^4 - 2m^2n^2 + n^4 + 4m^2n^2 = m^4 + 2m^2n^2 + n^4 = (m^2 + n^2)^2 = c^2$ であるから，あとは $\gcd(a, b, c) = 1$ であることを示せばよいが，それには $\gcd(a, b) = 1$

を示せば十分である．まず，$b = 2mn$ は偶数であり，条件「m と n の偶奇は一致しない」より，a は奇数である．もし $\gcd(a, b) > 1$ ならば，a と b の公約数である**奇素数** p が存在する．さらに $b = 2mn$ だから，$p \mid m$ か $p \mid n$ が成り立つ．もし $p \mid m$ ならば，$n^2 = m^2 - a$ から $p \mid m$ となって，m と n が互いに素でなくなる．もし $p \mid n$ ならば，$m^2 = a - n^2$ から $p \mid n$ となって，m と n が互いに素でなくなる．したがって $\gcd(a, b) = 1$ が示された．ゆえに，定理にある m と n の条件を満たせば，$a = m^2 - n^2$, $b = 2mn$, $c = m^2 + n^2$ はピタゴラス数となる．

さて，($\Rightarrow$) のほうの証明はどうすればよいだろう？ 整数がもつ性質

$$(*) \quad \text{「}\gcd(a, b) = 1 \text{ で } c^2 = ab \text{ ならば，} a \text{ も } b \text{ も平方数である」}$$

（素因数分解の一意性があるので，理由は明らか）を使って証明するのが普通である．

問題 23.1 より，b は偶数であり，c は奇数である．そして，a, c が奇数だから，$c+a$ と $c-a$ はともに偶数である．そこで，$s = (c+a)/2$, $t = (c-a)/2$ とおけば，$s > t$ であり，s と t は互いに素な自然数である（もし s と t が互いに素でなければ，$s + t = a$ と $s - t = c$ も互いに素でなくなり矛盾なので）．

さらに，$b^2 = c^2 - a^2 = (c+a)(c-a) = 4st$ から $4st$ は平方数であり，したがって st も平方数である．ここで $(*)$ より，s と t も平方数でなければならない！

よって $s = m^2$, $t = n^2$ と書け，$m > n$ であり，m と n は互いに素な自然数となる．そして $b = \sqrt{4st} = 2mn$ となる．また，$c = s + t$, $a = s - t$ だから，$c = m^2 + n^2$, $a = m^2 - n^2$ となる．

あとは m と n の偶奇が一致しないことをいえばよいが，もし一致するなら，c も a も偶数になり，矛盾である．ゆえに，($\Rightarrow$) が証明された．□

問題 23.2 (1) 定理 23.1 の (m, n) について，自然数 $m^2 - n^2$ を与える (m, n) は一意的か？ 言い方を変えれば，$m^2 - n^2 = u^2 - v^2$ となる $(u, v) \neq (m, n)$ は存在するか？

(2) 定理 23.1 の (m, n) で定めたピタゴラス数 (a, b, c) において，同じピタゴラス数が現れることがあるか？ 言い方を変えれば，$(u, v) \neq (m, n)$ なる二つの組が同じピタゴラス数 (a, b, c) を表すことがあるか？

問題 23.3 (a, b, c) をピタゴラス数とすれば，abc は 60 で割り切れることを示せ．

▶ **注意 23.2** ガウス整数 $\mathbb{Z}[i]$ が **UFD** であるという事実は，定理 23.1 の ($\Rightarrow$) の別証も可能にする．というのは，ガウス整数 $\mathbb{Z}[i]$ にも素因数分解の一意性があるので，性質 $(*)$ は $\mathbb{Z}[i]$ でもそのまま使えるからである！

［(⇒) の別証］まず $c^2 = (a+bi)(a-bi)$ と因数分解する．ここで，$\gcd(a,b)=1$ だから，問題 22.7 より，$\gcd(a+bi, a-bi) = 1$ または $1+i$ となる．もし $1+i$ なら $(1+i)^2 = 2i$ から $2 \mid c$ となるが，c は偶数になりえなかったから，結局，$\gcd(a+bi, a-bi) = 1$ である，すなわち，$a+bi$ と $a-bi$ は $\mathbb{Z}[i]$ において互いに素となる．ゆえに，$a+bi$（および $a-bi$）は**ガウス平方数**（$\mathbb{Z}[i]$ における平方数）となり，

$$a + bi = \epsilon(m+ni)^2 = \epsilon(m^2 - n^2 + 2mni) \quad (m, n \in \mathbb{Z})$$

と書ける．ただし，$\epsilon = \pm 1, \pm i$（$\mathbb{Z}[i]$ の単数）のどれかであるが，$a, b > 0$ と a が奇数であることを考慮すれば，$\epsilon = 1$, $m, n \in \mathbb{N}$ としてよく，$m > n$, $a = m^2 - n^2$, $b = 2mn$, $c = m^2 + n^2$ を得る．また，m, n に関する他の条件は，$\gcd(a,b) = 1$ を満たすために必要である．□

○例題 23.1　$a^2 + b^2 = 2c^2$ を満たす自然数の組 (a, b, c) を決定せよ．ただし，$\gcd(a,b,c) = 1$ とする．○

［解］　まず，$\gcd(a,b) = d$ とすれば，$\gcd(a,b,c) = 1$ より，$d \mid 2$ である．もし $d = 2$ なら，c も偶数になり矛盾．よって $d = 1$，すなわち，$\gcd(a,b) = 1$ である．

さて，ガウス整数を使って調べていくと，$2c^2 = (a+bi)(a-bi)$ に対して，素数 $1+i$ は 2 の約数だから，$1+i \mid a+bi$ または $1+i \mid a-bi$ である．ところが，$1+i$ とその共役複素数 $1-i$ は，$(1-i)i = 1+i$ より同伴である．よって，$1+i \mid a+bi$ かつ $1+i \mid a-bi$ となる．ここで，$\gcd(a,b)=1$ および問題 22.7 から，$\gcd(a+bi, a-bi) = 1+i$ となる．ゆえに，

$$\begin{aligned} a + bi &= \epsilon(1+i)(m+ni)^2 = \epsilon(1+i)(m^2 - n^2 + 2mni) \\ &= \epsilon\{(m^2 - n^2 - 2mn) + (m^2 - n^2 + 2mn)i\} \quad (m, n \in \mathbb{Z}) \end{aligned}$$

と書ける．ただし，$\epsilon = \pm 1, \pm i$（$\mathbb{Z}[i]$ の単数）のどれかであるが，$\epsilon = 1$, $m > n \geq 0$ とすることで，

$$a = |m^2 - n^2 - 2mn|, \quad b = m^2 - n^2 + 2mn, \quad c = m^2 + n^2 \qquad (23.1)$$

となる．また，$\gcd(a,b) = 1$ を満たすために，$\gcd(m,n) = 1$ および $m \not\equiv n \bmod 2$ という条件が付く（詳細は問題 23.4 で考えよう）．

問題 23.4 (1) $(m,n) = (1,0)$, $(0,1)$, $(1,1)$, $(2,1)$, $(1,2)$, $(3,2)$, $(2,3)$, $(4,1)$, $(1,4)$, $(4,3)$, $(3,4)$, $(5,1)$ のそれぞれに対して，m^2-n^2-2mn および m^2-n^2+2mn を求めよ．

(2) 例題 23.1 において，$\gcd(a,b)=1$ とすれば，式 (23.1) のように，「$\epsilon=1$, $m>n\geq 0$, $a=|m^2-n^2-2mn|$, $b=m^2-n^2+2mn$, $\gcd(m,n)=1$, $m\not\equiv n \mod 2$」としてよいことを示せ．またこのとき，$a\leq b$ であることも示せ．

問題 23.5 (1) 円 $x^2+y^2=1$ 上に有理点（x 座標も y 座標も有理数である点）は無数にあることを示せ．

(2) 円 $x^2+y^2=2$ 上に有理点は無数にあることを示せ．

(3) 円 $x^2+y^2=3$ 上に有理点は存在しないことを示せ．

23.2 $\sqrt{3}$-ピタゴラス数

ピタゴラス数の類似バージョンとして，

$$a^2+3b^2=c^2 \tag{23.2}$$

を満たす自然数の組 (a,b,c) を調べてみよう（図 23.1）！ ただし，ここでも $\gcd(a,b,c)=d$ なら，a, b, c をすべて d で割っても等式 (23.2) を満たすから，最初から $\gcd(a,b,c)=1$ を仮定して調べればよい．本書ではこの三つ組を **$\sqrt{3}$-ピタゴラス数**とよぶことにしよう．

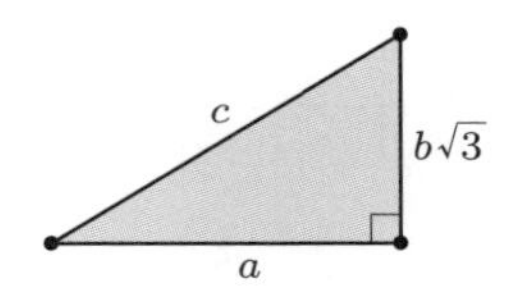

図 23.1 $\sqrt{3}$-ピタゴラス数

まず，ピタゴラス数と同様の議論で，a, b, c のどの二つも互いに素となる．さらに，a が偶数だと，$-b^2\equiv c^2 \mod 4$ となるが，b, c は奇数だからこれは矛盾である．よって，**a は奇数である**．また，a が 3 の倍数なら c も 3 の倍数となってしまうので，**a は 3 の倍数でない**．

ここで，式 (23.2) を変形した等式

$$3b^2=c^2-a^2=(c-a)(c+a) \tag{23.3}$$

を考察する．a は奇数だから，「① c が奇数の場合」と「② c が偶数の場合」とに

分けることで，$c-a$ と $c+a$ の gcd がわかる．実際，$d=\gcd(c-a,c+a)$ とすれば，$d \mid 2a$ および $d \mid 2c$ となり，$1=\gcd(a,c)$ だから，① なら，$d=2$ である．② なら，d は奇数だから，$d=1$ となる．

したがって，① なら，$(c-a)/2$ と $(c+a)/2$ は互いに素だから，$\begin{cases}(c-a)/2=3m^2\\(c+a)/2=n^2\end{cases}$ または $\begin{cases}(c-a)/2=m^2\\(c+a)/2=3n^2\end{cases}$ と書ける．ただし，$m,n\in\mathbb{N}$ で，前者は $\gcd(3m,n)=1$，後者は $\gcd(m,3n)=1$ を満たす．

そして前者は $\begin{cases}a=n^2-3m^2>0\\c=n^2+3m^2\end{cases}$，後者は $\begin{cases}a=3n^2-m^2>0\\c=3n^2+m^2\end{cases}$ となり，いずれの場合も，$3b^2=4\cdot 3m^2n^2$ から $b=2mn$ となる．さらに a は奇数だから，m と n の偶奇は一致しない．

② なら，$c-a$ と $c+a$ が互いに素だから，$\begin{cases}c-a=3m^2\\c+a=n^2\end{cases}$ または $\begin{cases}c-a=m^2\\c+a=3n^2\end{cases}$ と書ける．ただし，$m,n\in\mathbb{N}$ で，前者は $\gcd(3m,n)=1$，後者は $\gcd(m,3n)=1$ を満たす．

そして前者は $\begin{cases}a=(n^2-3m^2)/2>0\\c=(n^2+3m^2)/2\end{cases}$，後者は $\begin{cases}a=(3n^2-m^2)/2>0\\c=(3n^2+m^2)/2\end{cases}$ となり，いずれの場合も，$3b^2=3m^2n^2$ から $b=mn$ となる．さらに，m と n はともに奇数である．このとき，$n^2-3m^2\equiv n^2+m^2\equiv 2\not\equiv 0 \mod 4$ および $3n^2-m^2\equiv -n^2-m^2\equiv 2\not\equiv 0 \mod 4$ だから，a が偶数になることはない．

したがって，次の定理をほぼ証明したことになる．

定理 23.2（$\sqrt{3}$-ピタゴラス数）　$a,b,c\in\mathbb{N}$ について，

$$a^2+3b^2=c^2,\quad \gcd(a,b,c)=1 \ \Leftrightarrow$$

$$①\begin{cases}a=|m^2-3n^2|\\b=2mn\\c=m^2+3n^2\end{cases}\quad \text{または}\quad ②\begin{cases}a=\dfrac{|m^2-3n^2|}{2}\\b=mn\\c=\dfrac{m^2+3n^2}{2}\end{cases}\qquad (m,n\in\mathbb{N})$$

が成り立つ．ただし，$\gcd(m,3n)=1$ を満たし，① では m,n の偶奇が異なり，② では m,n ともに奇数である．

[証明] 上の考察における「前者」と「後者」は絶対値を使って一つにまとめることができるので，(⇒) の証明は終わっている．よって，(⇐) を示せばよい．

まず，① も ② も $a^2 + 3b^2 = c^2$ を満たすことは，次のように直接計算すればわかる．

① $a^2 + 3b^2 = |m^2 - 3n^2|^2 + 3(2mn)^2 = m^4 - 6n^2m^2 + 9n^4 + 12m^2n^2 = (m^2 + 3n^2)^2 = c^2$

② $a^2 + 3b^2 = |m^2 - 3n^2|^2/4 + 3(mn)^2 = (m^4 - 6n^2m^2 + 9n^4 + 12m^2n^2)/4 = \{(m^2 + 3n^2)/2\}^2 = c^2$

あとは，$\gcd(a, c) = 1$ をいえばよい．そこで $\gcd(a, c) = d$ とする．

① なら，$d \mid 6n^2$ および $d \mid 2m^2$ となるが，$\gcd(m, 3n) = 1$ より $d \mid 2$ である．ここで「m, n の偶奇は異なる」という仮定から，a も c も奇数である（図 23.2）．よって $d = 1$ となる．

② なら，まず，「m, n がともに奇数」だから，a と c は自然数であり，上の考察で確認したように a は奇数である．さらに，$d \mid 3n^2$ および $d \mid m^2$ となるが，$\gcd(m, 3n) = 1$ より $d = 1$ となる．

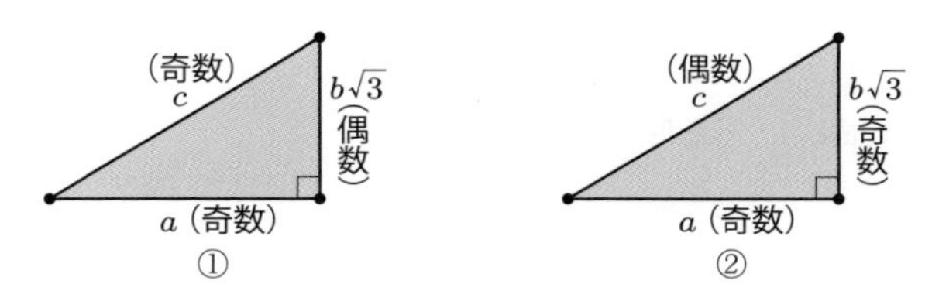

図 23.2 辺の偶奇

□

● **例 23.2** 定理 23.2 の①，②の例をあげる．

① $(m, n) = (1, 2) \Rightarrow (a, b, c) = (11, 4, 13)$,　$(2, 1) \Rightarrow (a, b, c) = (1, 4, 7)$,
$(3, 2) \Rightarrow (a, b, c) = (3, 12, 21) \sim (1, 4, 7)$,　$(2, 3) \Rightarrow (a, b, c) = (23, 12, 31)$

② $(m, n) = (1, 1) \Rightarrow (a, b, c) = (1, 1, 2)$,　$(1, 3) \Rightarrow (a, b, c) = (13, 3, 14)$,
$(3, 1) \Rightarrow (a, b, c) = (3, 3, 6) \sim (1, 1, 2)$,　$(1, 5) \Rightarrow (a, b, c) = (37, 5, 38)$,
$(5, 1) \Rightarrow (a, b, c) = (11, 5, 14)$,　$(5, 3) \Rightarrow (a, b, c) = (1, 15, 26)$,
$(3, 7) \Rightarrow (a, b, c) = (69, 21, 78) \sim (23, 7, 26)$,　$(7, 3) \Rightarrow (a, b, c) = (11, 21, 38)$ ●

問題 23.6 $a^2 + 2b^2 = c^2$ を満たす $a, b, c \in \mathbb{N}$（図 23.3）を決定せよ．ただし，$\gcd(a, b, c) = 1$ とする（定理 23.2 と類似の定理を述べ，それを証明せよということ．このような三つ

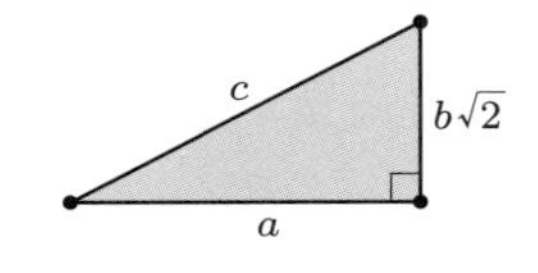

図 23.3 $\sqrt{2}$-ピタゴラス数

組を $\sqrt{2}$-ピタゴラス数という）．また，このような (a, b, c) を 5 組求めよ．

23.3 ジェスノマビッチ予想

ジェスノマビッチ予想とは，**「ピタゴラス数** (a, b, c) **に対して，** $a^x + b^y = c^z$ **を満たす** $x, y, z \in \mathbb{N}$ **は，** $x = y = z = 2$ **に限る」**という主張である．

1956 年，ポーランドの数学者シェルピンスキーが $(a, b, c) = (3, 4, 5)$ に対してこれを証明し，同年，その弟子であるジェスノマビッチが $(a, b, c) = (3, 4, 5), (5, 12, 13), (7, 24, 25), (9, 40, 41), (11, 60, 61)$ に対してこれを証明した．他のピタゴラス数に対しても同じ結果であるとジェスノマビッチが予想したが，それは現代においても未解決問題である．

ここでは，シェルピンスキーの定理「$3^x + 4^y = 5^z$ を満たす $x, y, z \in \mathbb{N}$ は，$x = y = z = 2$ に限る」を証明してみよう．

[証明] $1^y \equiv 2^z \mod 3$ から $1 \equiv (-1)^z \mod 3$ となるから，z は偶数である．さらに，$(-1)^x \equiv 1^z \equiv 1 \mod 4$ から，x も偶数である．よって，$z = 2m, x = 2n$ $(m, n \in \mathbb{N})$ とおいてよいから，$4^y = 5^{2m} - 3^{2n} = (5^m + 3^n)(5^m - 3^n)$ となる．ゆえに $5^m + 3^n = 2^k$, $5^m - 3^n = 2^\ell$, $k \geq \ell \geq 0$ としてよい．そこでこの 2 式を足すと，$2 \cdot 5^m = 2^k + 2^\ell$ となるが，もし $\ell = 0$ ならば，左辺が偶数なのに，右辺が奇数となって矛盾．よって，$\ell \geq 1$ である．そこで，両辺を 2 で割って $5^m = 2^{k-1} + 2^{\ell-1}$ となるが，左辺は奇数だから，$\ell = 1$ を得る．

さて，$2^{2y} = 4^y = 2^{k+\ell}$ から，$k + \ell = k + 1$ は偶数である．よって，k は奇数であり，$k - 1$ は偶数である．したがって，$s = (k-1)/2$ とすると，$5^m = 4^s + 1$ となるが，$(-1)^m \equiv 1^s + 1 \equiv 2 \mod 3$ より m は奇数である．そこで $m = 2t + 1$ とおけば，$4^s = 5^m - 1 = 5^{2t+1} - 1 = (5-1)(5^{2t} + \cdots + 1)$ となるが，$5^{2t} + \cdots + 1$ は奇数であり（奇数を $(2t+1)$ 個足しているから），左辺は 4 のべきだから，$t = 0$ しかない．よって，$m = 1$ および $s = 1$ を得る．さらに，$k = 2s + 1 = 3$ となる．

今度は，$5^m+3^n=2^k$ から $5^m-3^n=2^\ell$ を引けば，$2\cdot 3^n=2^k-2^\ell=8-2=6$ から $n=1$ を得る．ゆえに $x=z=2$ を得たから，与式に戻って $y=2$ を得る．□

ジェスノマビッチ予想をまねて，$a^2+3b^2=c^2$ を満たす自然数の三つ組 (a,b,c) にも同じことがいえるだろうか？ ただし，$\gcd(a,b,c)=1$ とする．

定理 23.2 で示したように，このような三つ組も無数にあり，ピタゴラス数のように $m,n\in\mathbb{N}$ を用いて完全に記述できる．たとえば，$11^2+3\cdot 4^2=13^2$ である．したがって，このバージョンのジェスノマビッチ予想についても興味をもってしまうが，この問題が解決済みかどうかは定かでない．

問題 23.7　$13^x=11^y+3\cdot 4^z$ を満たす $x,y,z\in\mathbb{N}$ は，$x=y=z=2$ に限ることを証明せよ．

23.4　$x^4+y^4=z^4$ について

フェルマーは，$x^n+y^n=z^n$ $(n\geq 3)$ に自然数解がないことを証明したと述べたが，その証明は遺されなかった（3.5 節参照）．その後，オイラーが $n=3$ や $n=4$ の場合を証明した．ここでは，$n=4$ の場合，すなわち「$x^4+y^4=z^4$ に自然数解がない」ことの証明を解説する．$n=4$ の場合は，ピタゴラス数に関する定理 23.1 が使えるので，$n=3$ の場合の証明よりは易しい．

[証明]　まず，もし自然数解 (x,y,z) が存在すれば，$\gcd(x,y,z)=1$ を満たす解も存在するから，最初から $\gcd(x,y,z)=1$ を仮定しておく．このとき，ピタゴラス数のときのように，$\gcd(x,y)=1$ も成り立っている．

このあと，$x>\alpha$, $y>\beta$ となる $\alpha,\beta\in\mathbb{N}$ が存在して，「$\alpha^4+\beta^4$ も平方数である」（4 乗数も平方数である）ことを示す．これを示せば，主張が証明されたことになる．なぜなら，自然数を小さくしていけば，いつかそれより小さい自然数はなくなるので矛盾となるからである．この手法は，フェルマーの**無限降下法**とよばれている．

さて，$a=x^2$, $b=y^2$, $c=z^2$ とおけば，$a^2+b^2=c^2$ だから，ピタゴラス数を記述した定理 23.1 により，a^2 のほうを奇数としても一般性を失わない．よって，$a=m^2-n^2$（奇数），$b=2mn$ と書ける（$c=m^2+n^2$ だがこれは使わない）．ただし，$\gcd(m,n)=1$ である．このとき，$a=x^2$ と $a=m^2-n^2$ から $x^2+n^2=m^2$ であり，$x^2=a$ は奇数だから，もう一度定理 23.1 を使って，① $x=u^2-v^2$ $(u>v)$,

② $n=2uv$，③ $m=u^2+v^2$ と書ける．ただし，$\gcd(u,v)=1$ である．

そこで，②，③ を $b=2mn$ に代入すると，

$$b=2(u^2+v^2)(2uv)=4uv(u^2+v^2)$$

となる．ここで，$b=y^2$ から，$4uv(u^2+v^2)$ は平方数である．さらに，$\gcd(u,v)=1$ だから，u, v, u^2+v^2 のどの二つも互いに素である．よって，これら三つはどれも平方数である．したがって，$u=\alpha^2$, $v=\beta^2$ とおけば，$\gcd(\alpha,\beta)=1$ であり，$u^2+v^2=\alpha^4+\beta^4$ も平方数となる．

あとは，$x>\alpha$ と $y>\beta$ を示せば証明が完了する．① より，$x=u^2-v^2=(u+v)(u-v)\geq u+v>u=\alpha^2\geq\alpha$ だから，$x>\alpha$ である．また，$y^2=b=4uv(u^2+v^2)>v^2\geq v=\beta^2$ より，$y^2>\beta^2$ である．よって，$y>\beta$ となる．□

▶ **注意 23.3** (1) 上の証明を見れば，「$x^4+y^4=z^2$ に自然数解がない」こともわかる．実際，$a=x^2$, $b=y^2$ とおけば，$a^2+b^2=z^2$ だから，あとは上と同じように示せばよい．

(2) ガウス整数を使った証明もあるが，上のように整数の範囲で証明したほうが楽である．

問題 23.8　$x^8+y^8=z^8$ に自然数解がないことを証明せよ．より一般に，任意の $n\in\mathbb{N}$ に対して，$x^{4n}+y^{4n}=z^{4n}$ に自然数解がないことを証明せよ．

問題 23.9　3 辺の長さが自然数である直角三角形の面積は，決して平方数（自然数の平方）にならないことを証明せよ．

問題 23.10　次を示せ．

(1) $x^4-y^4=z^2$ の整数解は，$y\neq 0$ なら，$(x,y,z)=(\pm m,\pm m,0)$（$m\in\mathbb{Z}$）だけである．

(2) $x^4-2y^2=-1$ の整数解は，$(x,y)=(\pm 1,\pm 1)$ だけである．

第24講

アイゼンシュタイン三角数

* * *

ピタゴラスの定理より，ピタゴラス数 (a,b,c) は，斜辺が c の直角三角形の辺の三つ組である．同様に，余弦定理より，$a^2+ab+b^2=c^2$ を満たす (a,b,c) は，斜辺 c の対角が 120° の鈍角三角形の辺の三つ組である．特に a, b, c が自然数で，$\gcd(a,b,c)=1$ のものを，120° 三角数またはアイゼンシュタイン三角数とよぶ（[1] 参照）．たとえば，$(3,5,7)$ や $(8,7,13)$ などは 120° 三角数である．

この講では，120° 三角数および 60° 三角数を考察する．

24.1 120° 三角数

ピタゴラス数のときのように，120° 三角数も完全に記述できる．特に，120° 三角数も無数にあることがわかる．まずは次の問題を解いておこう．

問題 24.1 (a,b,c) を 120° 三角数とするとき，次を示せ．

(1) a, b, c のどの二つも互いに素である．　(2) a と b のどちらかは奇数である．

(3) c は奇数である．

(4) a, b, $a+b$ のうち，どれか一つだけが偶数であり，その偶数は 8 の倍数である．

次の定理により 120° 三角数が決定される．

定理 24.1 (a,b,c) が 120° 三角数 $\Leftrightarrow$ $\gcd(m,n)=1$ および $m\not\equiv n \mod 3$ を満たす $m>n\in\mathbb{N}$ が存在して，$a=m^2-n^2$, $b=2mn+n^2$, $c=m^2+mn+n^2$ と書ける．

● **例 24.1** 証明の前に，定理を使って 120° 三角数をいくつか列挙してみよう．

$$(m,n)=(2,1)\Rightarrow(a,b,c)=(3,5,7),\quad (3,1)\Rightarrow(8,7,13),$$

$$(3,2)\Rightarrow(5,16,19),\quad (4,3)\Rightarrow(7,33,37),\quad (5,1)\Rightarrow(24,11,31),$$

$$(5,3) \Rightarrow (16,39,49), \quad (5,4) \Rightarrow (9,56,61), \quad (6,1) \Rightarrow (35,13,43),$$
$$(6,5) \Rightarrow (11,85,91), \quad (7,2) \Rightarrow (45,32,67)$$

（注）たとえば，$(4,1) \Rightarrow (15,9,21)$ は 3 で割って $(5,3,7)$ となり，$(2,1)$ の場合と同じである． ●

問題 24.2 (1) 定理 24.1 の (m,n) について，$m^2 - n^2 \in \mathbb{N}$ を与える (m,n) は一意的か？ 言い方を変えれば，$m^2 - n^2 = u^2 - v^2$ となる $(u,v) \neq (m,n)$ は存在するか？
(2) 定理 24.1 の (m,n) で定めた 120° 三角数 (a,b,c) において，同じ 120° 三角数が現れることがあるか？

[定理 24.1 の証明] $(\Leftarrow)$ m, n によって与えられた (a,b,c) が $a^2+ab+b^2=c^2$ を満たすことは簡単にチェックできる．残りの示すべきことは，$\gcd(m,n)=1$ および $m \not\equiv n \mod 3$ を満たせば，$\gcd(a,b,c)=1$ となることである．

そこで，もし $\gcd(a,b,c)=p$ が素数ならば，$2mn+n^2$ および $2m^2+2mn+2n^2$ が p の倍数だから，$2m^2+n^2$ も p の倍数である．さらに，m^2-n^2 も p の倍数だから，$3m^2$ も p の倍数である．よって，$p=3$ または $p \mid m$ である．後者の場合は，$p \mid n$ がいえてしまうので，$\gcd(m,n)=1$ に反する．よって前者となるが，この場合，$m^2-n^2=(m+n)(m-n)$ が 3 の倍数だから，$m+n$ が p の倍数か $m-n$ が 3 の倍数となる．ところが，後者は仮定に反するから前者となる．前者は，$m \equiv -n \mod 3$ のことだから，$0 \equiv 2mn+n^2 \equiv -n^2 \mod 3$ より，n が 3 の倍数となる．よって m も 3 の倍数となってしまい，これまた $\gcd(m,n)=1$ に反する．ゆえに，$\gcd(a,b,c)=p$ となる素数 p は存在しない．よって $\gcd(a,b,c)=1$ である．

$(\Rightarrow)$ まず，$a^2+ab+b^2=c^2$ に対して，仮定より $\gcd(a,b)=1$ である．両辺を 4 倍した $4a^2+4ab+4b^2=4c^2$ の左辺を変形すれば

$$3(a+b)^2+(a-b)^2=4c^2 \tag{24.1}$$

となる．ここで，$s=a+b$, $t=a-b$ とおけば，$3s^2+t^2=4c^2$ から，

$$3s^2=4c^2-t^2=(2c+t)(2c-t) \tag{24.2}$$

となる．

ステップ 1

$$\gcd(2c+t, 2c-t) = \begin{cases} 1 & (t \text{ が奇数}) \\ 4 & (t \text{ が偶数}) \end{cases} \tag{24.3}$$

を示す．まず，t は3の倍数でないことを示す．もし $t = a - b$ が3の倍数なら，式(24.1)より，$4c^2$ は3の倍数である．よって c が3の倍数となるから，c^2 は9の倍数である．これより，$3ab = (a^2 + ab + b^2) - (a - b)^2 = c^2 - t^2$ も9の倍数だから，ab は3の倍数となる．したがって，a もしくは b が3の倍数になるが，どちらにしても，$t = a - b$ も3の倍数だから，両方3の倍数となって，a と b が互いに素であることに矛盾する．ゆえに，$t = a - b$ は3の倍数ではない．

さて，$d = \gcd(2c+t, 2c-t)$ とする．このとき，和や差も d の倍数だから，$d \mid 4c$ および $d \mid 2t$ が成り立つ．

(i) もし t が奇数なら，$2c + t$ も $2c - t$ も奇数だから，d も奇数である．よって $d \mid c$ および $d \mid t$ が成り立つ．さらに，t は3の倍数でないから，d も3の倍数でない．加えて，d は3より大きい任意の素数 p の倍数でもない．実際，もし $p \mid d$ なら，式(24.2)より，$p \mid s^2$ である．よって $p \mid s$ となり，$s + t = 2a$ も $s - t = 2b$ も p の倍数となり，a も b も p の倍数となる．これは a と b が互いに素であることに反する．ゆえに，$d = 1$ である．

(ii) もし t が偶数なら，$2c + t$ も $2c - t$ も偶数だから，d も偶数である．また，$t = a - b$ が偶数ということは，a も b も奇数である．このとき，問題24.1より $s = a + b$ は8の倍数となるから，式(24.2)の左辺は64の倍数となる．一方，$2c + t + 2c - t = 4c$ は奇数の4倍だから，d は8の倍数ではない．よって，$d = 2$ または4である．しかし，もし $d = 2 = \gcd(2c + t, 2c - t)$ なら，$2c + t$ も $2c - d$ も奇数の2倍ということになり，$(2c + t)(2c - d)$ が64の倍数になることはない．したがって，$d = 4$ である．

ステップ2　$d = 1$ または $d = 4$ がわかったので，それぞれについて考察するが，その前にもう一つ確認することがあるので，$2c + t = du$, $2c - t = dv$ とおく．このとき，$\gcd(u, v) = 1$ だから，式(24.2)より $\begin{cases} u = (2c+t)/d = k^2 \\ v = (2c-t)/d = 3\ell^2 \end{cases}$ または $\begin{cases} u = (2c+t)/d = 3\ell^2 \\ v = (2c-t)/d = k^2 \end{cases}$ $(k, \ell \in \mathbb{N})$ となる．ここで前者の場合，a と b を入れ替えれば $t = -t$ となるから，最初から後者の場合としてよい．このとき，$k > \ell$ が成り立つ．実際，もし $t < 0$ なら，$k^2 = (2c + t)/d > (2c - t)/d = 3\ell^2$ だから，$k > \ell$ である．もし $t > 0$ なら，$0 < t = a - b < \max\{a, b\} < c$ だから，$3k^2 - 3\ell^2 = 3(2c - t)/d - (2c + t)/d = 4(c - t)/d > 0$ となり，$k^2 > \ell^2$ を得る．よって $k > \ell$ となる．

したがって，$\begin{cases} u = (2c+t)/d = 3\ell^2 \\ v = (2c-t)/d = k^2 \end{cases}$ $(k > \ell)$ において，$d = 1$ および $d = 4$ を考察すればよい．

(i) $d = \gcd(2c+t, 2c-t) = 1$ の場合は，$\begin{cases} 2c+t = 3\ell^2 \\ 2c-t = k^2 \end{cases}$ であり，これは $t = a-b$ が奇数の場合だったから，k も ℓ も奇数である．$n = (k-\ell)/2$ とおけば，n は自然数である．また，$t = (3\ell^2 - k^2)/2$ である．

式 (24.2) より，$3s^2 = 3\ell^2k^2$ だから $s = \ell k$ であり，$s = a+b$ だったから，

$$a = \frac{s+t}{2} = \frac{\ell k + t}{2} = \frac{2\ell k + 3\ell^2 - k^2}{4} = \ell^2 + \frac{2\ell k - \ell^2 - k^2}{4} = \ell^2 - n^2$$

となる．さらに，

$$b = \frac{s-t}{2} = \frac{\ell k - t}{2} = \frac{2\ell k - 3\ell^2 + k^2}{4} = \frac{k^2 - 2k\ell + \ell^2 + 4k\ell - 4\ell^2}{4} = n^2 + 2\ell n$$

であり，$k = 2n + \ell$ より，

$$2c = k^2 + t = k^2 + \frac{3\ell^2 - k^2}{2} = \frac{3\ell^2 + k^2}{2} = \frac{3\ell^2 + (2n+\ell)^2}{2} = \frac{4n^2 + 4n\ell + 4\ell^2}{2}$$

となる．よって，$c = n^2 + n\ell + \ell^2$ となる．まとめると，$\begin{cases} a = \ell^2 - n^2 \\ b = 2\ell n + n^2 \\ c = \ell^2 + \ell n + n^2 \end{cases}$ となる．ただし，ℓ は奇数である．

(ii) $d = \gcd(2c+t, 2c-t) = 4$ の場合は，$\begin{cases} 2c+t = 12\ell^2 \\ 2c-t = 4k^2 \end{cases}$ である．$m = 2\ell$，$n = k - \ell$ とおけば，式 (24.2) より，$3s^2 = 3 \cdot 4^2\ell^2k^2$ だから $s = 4\ell k$ であり，$t = 6\ell^2 - 2k^2$ だから，

$$a = \frac{s+t}{2} = \frac{4\ell k + 6\ell^2 - 2k^2}{2} = 2\ell k + 3\ell^2 - k^2 = 2\ell k + 4\ell^2 - \ell^2 - k^2 = m^2 - n^2$$

となる．

さらに，

$$b = \frac{s-t}{2} = \frac{4\ell k - 6\ell^2 + 2k^2}{2} = 2\ell k - 3\ell^2 + k^2 = 4\ell k - 2\ell k - 4\ell^2 + \ell^2 + k^2$$
$$= n^2 + 2mn$$

であり，$k = n + \ell$ より，$2c = 4k^2 + t = 4k^2 + 6\ell^2 - 2k^2 = 2k^2 + 6\ell^2 = 2n^2 + 4n\ell + 8\ell^2 = 2n^2 + 2mn + 2m^2$ となる．よって，$c = n^2 + mn + m^2$ とな

る．まとめると，$\begin{cases} a = m^2 - n^2 \\ b = 2mn + n^2 \\ c = m^2 + mn + n^2 \end{cases}$ となる．ただし m は偶数である．

ここで，(i) における奇数 ℓ を m とおけば，(i) と (ii) の m, n は同じ表現であり，m は偶数でも奇数でもよいことになる．すなわち，$\begin{cases} a = m^2 - n^2 \\ b = 2mn + n^2 \\ c = m^2 + mn + n^2 \end{cases}$ であり，m, n は自然数である．

ステップ 3　$\gcd(m, n) = 1$ および $m \not\equiv n \mod 3$ を示す．まず，$\gcd(m, n) \neq 1$ ならば $\gcd(a, b, c) \neq 1$ となり矛盾するから，$\gcd(m, n) = 1$ はよい．もし，$m \equiv n \mod 3$ ならば，$a = m^2 - n^2 \equiv 0 \mod 3$, $b = 2mn + n^2 \equiv 3m^2 \equiv 0 \mod 3$, $c = m^2 + mn + n^2 \equiv 3m^2 \equiv 0 \mod 3$ となるから，$\gcd(a, b, c) = 1$ に反する．よって，$m \not\equiv n \mod 3$ である．□

24.2　60° 三角数

120° 三角数 (a, b, c) に対して，$a' := a + b$ または $b' := a + b$ とおくと，

$$a'^2 - a'b + b^2 = a^2 - ab' + b'^2 = c^2$$

となり，余弦定理から，a, b', c を 3 辺とする三角形は，c の対角が 60° の三角形となる．このような自然数の組 (a', b, c) や (a, b', c) を 60° **三角数**または**タレス三角数**とよぶ（タレスは古代ギリシャの哲学者で，「半円に内接する角は直角である」という定理を証明した）．また，(a', b, c) や (a, b', c) は，120° 三角数 (a, b, c) の**共役三角数**とよばれる．図 24.1 に現れる 120° 三角数とその共役三角数は，**名古屋**（758）の**質屋さん** (783) で**七五三**（753）などと覚える人もいる．

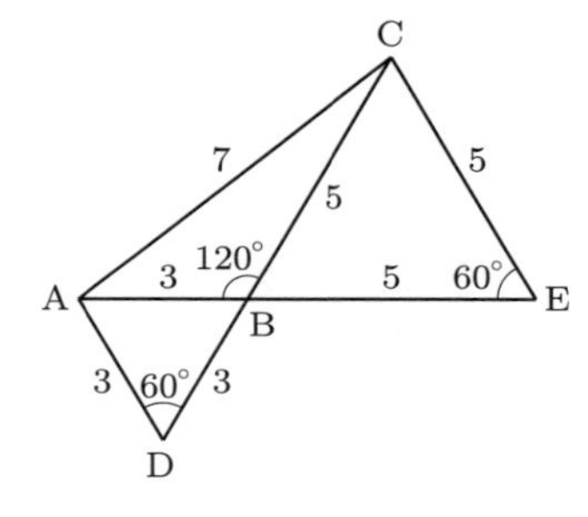

図 24.1　120° 三角数とその共役三角数

▶ **注意 24.1**　ピタゴラス数の考察にガウス整数 $\mathbb{Z}[i]$ が使えたように，120° 三角数や 60° 三角数には**アイゼンシュタイン整数**（Eisenstein integers）を使うと，比較的楽な証明が得られる．ここで，アイゼンシュタイン整数とは，$\mathbb{Z}[\omega] = \{a + b\omega \mid a, b \in \mathbb{Z}\}$，ただし，$\omega = (-1 + \sqrt{-3})/2$（1 の 3 乗根）のことである．$\mathbb{Z}[\omega]$ も UFD なので，$\mathbb{Z}$ や $\mathbb{Z}[i]$ と似たものどうしである．念のため，次のことを注意しておこう．

$\mathbb{N}$（自然数全体），$\mathbb{Z}$（整数全体），$\mathbb{Q}$（有理数全体），$\mathbb{R}$（実数全体），$\mathbb{C}$（複素数全体）に対して，

$$\mathbb{N} \subset \mathbb{Z} \subset \mathbb{Q} \subset \mathbb{R} \subset \mathbb{C}, \quad \mathbb{Z} \subset \mathbb{Z}[i] \subset \mathbb{C}, \quad \mathbb{Z} \subset \mathbb{Z}[\omega] \subset \mathbb{C}$$

なる包含関係がある．

余談だが，**ハミルトンの 4 元数体** $\mathbb{H} = \mathbb{R}[i, j]$（$i^2 = j^2 = -1,\ ij = -ji$）の部分環 $\mathbb{Z}[\omega, j]$ にもおもしろい性質がある．この非可換環は，ガウス整数 $\mathbb{Z}[j]$ とアイゼンシュタイン整数 $\mathbb{Z}[\omega]$ を合体させた環なので，**ガウゼンシュタイン整数**と命名された．興味のある方は私の論文 Y. Yoshii, "Gausenstein integers", Toyama math. J., vol.39, pp. 9–18 (2017) を読んでほしい．

60° 三角数についての記述は，120° 三角数の記述を利用することで比較的簡単にまとめられる．まずは次の問題を解いておこう．

問題 24.3　次の等式を確認せよ．

(1) $a^2 + ab + b^2 = (a + b)^2 - (a + b)b + b^2 = a^2 - a(a + b) + (a + b)^2$

(2) $a^2 - ab + b^2 = (a - b)^2 + (a - b)b + b^2 = a^2 + a(b - a) + (b - a)^2$

次の系が，60° 三角数を決定する定理である．

系 24.1　$a, b, c \in \mathbb{N}$ とするとき，

$$\gcd(a, b, c) = 1 \text{ かつ } c^2 = a^2 - ab + b^2$$

$$\Leftrightarrow \begin{cases} ① \ a = m^2 + 2mn,\ b = 2mn + n^2 & (m, n \in \mathbb{N}) \\ ② \ a = m^2 + 2mn,\ b = m^2 - n^2 & (m > n \geq 0) \end{cases}$$

$$\text{および } c = m^2 + mn + n^2$$

が成り立つ．ただし，$\gcd(m, n) = 1$ および $m \not\equiv n \mod 3$ とする．式①，②は a と b を入れ替えてもよい．

[証明]　二つの集合 $A = \{(a, b, c) \mid (a, b, c)$ は 60° 三角数で $a \neq b\}$ と

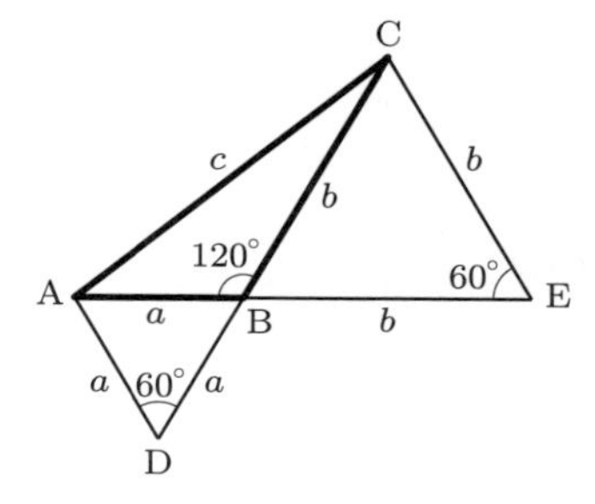

図 24.2　集合 B は $\triangle$CAE，$\triangle$ADC の辺の三つ組

$$B = \left\{(a+b, b, c),\ (a, a+b, c) \mid (a,b,c) \text{ は } 120^\circ \text{ 三角数}\right\}$$

を考える（図 24.2）．このとき，問題 24.3 (1) より，$A \supset B$ である．また，A の元に対して，問題 24.3 (2) より，$a > b$ ならば $(a-b, b, c)$ が，$a < b$ ならば $(a, b-a, c)$ が 120° 三角数となるから，$A \subset B$ となる．よって，$A = B$ である．

さて，定理 24.1 より，(a,b,c) が 120° 三角数なら，$a = m^2 - n^2, b = 2mn + n^2, c = m^2 + mn + n^2$ （$\gcd(m,n) = 1,\ m \not\equiv n \mod 3,\ m > n \in \mathbb{N}$）だから，$(a+b, b) = (m^2+2mn, 2mn+n^2)$ であり，$(a, a+b) = (m^2-n^2, m^2+2mn)$ となる．よって，集合 $A = B$ は主張の ① と，② の $n \neq 0$ を満たす集合と等しいことになる．そして，② における $n = 0$ の場合は $m = 1$ だけであり，$(a,b,c) = (1,1,1)$ となる．また，$a = b$ なら $a = b = 1$ となるから，$a = b \Leftrightarrow n = 0$ がいえる．ゆえに，60° 三角数全体と，主張 ① ② が定める集合は一致する．□

●例 24.2　120° 三角数 (a,b,c) を ⓪ とし，二つの 60° 三角数 $(a+b,b,c)$（主張①を満たす組）と $(a+b,a,c)$（主張②を満たす組）のいくつかを表 24.1 に示した．

表 24.1　120° 三角数と 60° 三角数の対応

(m,n)	$(2,1)$	$(3,1)$	$(3,2)$	$(4,3)$	$(5,1)$	$(5,3)$
⓪ (a,b,c)	$(3,5,7)$	$(8,7,13)$	$(5,16,19)$	$(7,33,37)$	$(24,11,31)$	$(16,39,49)$
① $(a+b,b,c)$	$(8,5,7)$	$(15,7,13)$	$(21,16,19)$	$(40,33,37)$	$(35,11,31)$	$(55,39,49)$
② $(a+b,a,c)$	$(8,3,7)$	$(15,8,13)$	$(21,5,19)$	$(40,7,37)$	$(35,24,31)$	$(55,16,49)$

$(5,4)$	$(6,1)$	$(6,5)$	$(7,2)$	$(7,3)$	$(7,4)$
$(9,56,61)$	$(35,13,43)$	$(11,85,91)$	$(45,32,67)$	$(40,51,79)$	$(33,72,93)$
$(65,56,61)$	$(48,13,43)$	$(96,85,91)$	$(77,32,67)$	$(91,51,79)$	$(105,72,93)$
$(65,9,61)$	$(48,35,43)$	$(96,11,91)$	$(77,45,67)$	$(91,40,79)$	$(105,33,93)$

●

▶**注意 24.2**　(1) $m \equiv n \mod 3$ の場合，たとえば，$(m,n)=(4,1)$ ならば，⓪は $(15,9,21) \sim (5,3,7)$, ①は $(24,9,21) \sim (8,3,7)$（②に所属）, ②は $(24,15,21) \sim (8,5,7)$（①に所属）となる．

(2) ①と②が一致することはない．実際，もし $b = m^2 - n^2 = 2mn + n^2$ ならば，$m^2 - 2mn - 2n^2 = 0$ から $m = n \pm \sqrt{3}n$ となるからである．

例 24.2 の組 (a,b) に着目すると，同じ組は現れていない．これは偶然だろうか？（これは数学教育協議会委員長の伊藤潤一先生の疑問であり，偶然ではないと予想された．）

定理 24.1 と定理 23.1 を使うことで，偶然でないことが証明できた．すなわち，$60°$ 三角数かつ $120°$ 三角数となる (a,b) はない．別の言い方をすれば，次の定理が成り立つ．

定理 24.2　$a,b \in \mathbb{N}$ に対して，a^2-ab+b^2 と a^2+ab+b^2 がともに平方数となることはない．

[証明]　もしともに平方数なら，$(a^2-ab+b^2)(a^2+ab+b^2) = a^4+a^2b^2+b^4$ も平方数であるとしてよい．すると定理 24.1 より，$m,n \in \mathbb{N}$（$m>n$）を使って，$a^2 = m^2-n^2$, $b^2 = 2mn+n^2$ と書ける．ただし，$\gcd(m,n)=1$ で，$m \not\equiv n \mod 3$ である．さらに，$\gcd(m,n)=1$ かつ $a^2+n^2=m^2$ から，定理 23.1 より，① $n=2uv$, $m=u^2+v^2$ または，② $n=u^2-v^2$ が奇数で $m=u^2+v^2$，と書ける．ただし，$\gcd(u,v)=1$ で，$u \not\equiv v \mod 2$ である．

まず，②の場合，$b^2=2mn+n^2$ から b も奇数である．よって，$2mn=b^2-n^2$ は 8 の倍数である．したがって m は 4 の倍数となるが，4 の倍数 m が $m=u^2+v^2$ となるには，u, v どちらも偶数でなければならない．ゆえに，②は起こりえない．

そこで①の場合だが，$b^2=2mn+n^2$ が平方数だから，$b^2 = 4(u^2+v^2)uv + (2uv)^2 = 4uv(u^2+uv+v^2)$ となる．ここで，$\gcd(u,v)=1$ より，$\gcd(u,u^2+uv+v^2) = \gcd(v,u^2+uv+v^2) = 1$ である．よって，$u=s^2$, $v=t^2$, $u^2+uv+v^2=w^2$（$s,t,w \in \mathbb{N}$）と書ける．したがって，$s^4+s^2t^2+t^4$ は平方数である．

このとき，$b = 2stw > t$ であり，$a = \sqrt{m^2-n^2} \geq \sqrt{m+n} > \sqrt{m} > u \geq s$ である．ゆえに，無限降下法より，矛盾となる．よって，題意のような (a,b) は存在しない．　□

▶**注意 24.3**　120° 三角数と，前に考察した $\sqrt{3}$-ピタゴラス数（定理 23.2）との関係を，簡単に説明しておく．

$c^2 = a^2 + ab + b^2 = (a + b/2)^2 + 3b^2/4$ に注意すると，b が偶数なら，$b' = b/2$, $a' = a + b'$ とおくことで，$a', b', c \in \mathbb{N}$ は $c^2 = a'^2 + 3b'^2$ を満たす．よって，(a', b', c) は $\sqrt{3}$-ピタゴラス数（定理 23.2 の ① に対応）である（図 24.3 (a)）．もちろん a が偶数の場合も，$a' = a/2$, $b' = a' + b$ とおくことで，$c^2 = 3a'^2 + b'^2$ となり，(b', a', c) は $\sqrt{3}$-ピタゴラス数（この場合も a' が偶数だから定理 23.2 の ① に対応）である．

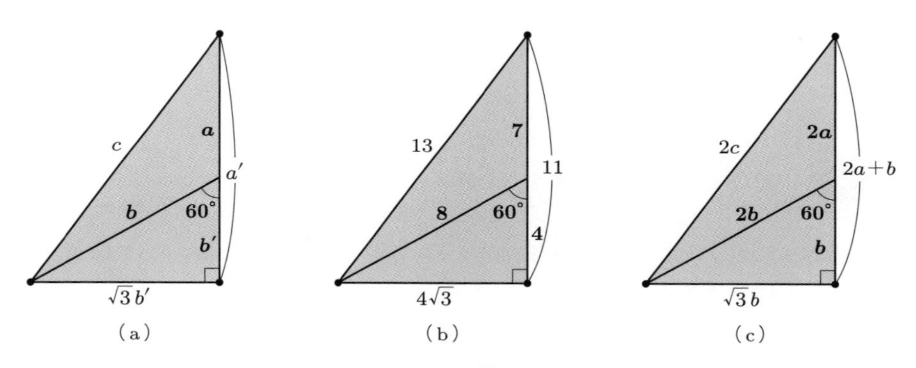

図 24.3　120° 三角数と $\sqrt{3}$-ピタゴラス数との対応

たとえば，120° 三角数 $(8, 7, 13)$ から，$\sqrt{3}$-ピタゴラス数 $(11, 4, 13)$ が作れる（図 (b)）．また，もし 120° 三角数 (a, b, c) がすべて奇数なら，$(2a, 2b, 2c)$ に対して，$(2a + b, b, 2c)$ が $\sqrt{3}$-ピタゴラス数（定理 23.2 の ② に対応）となる（図 (c)）．

逆に，定理 23.2 の ① から，1 辺が偶数の 120° 三角数ができ，定理 23.2 の ② から，すべての辺が偶数の 120° 三角形（120° 三角数ではない）ができて，各辺を 2 で割れば 120° 三角数ができる．

ところで，$\omega = (-1 + \sqrt{-3})/2$ は $x^2 + x + 1 = 0$ の解であり，もう一つの解は $(-1 - \sqrt{-3})/2 = \bar{\omega} = \omega^2$ である．特に，$N(a + b\omega) = a^2 - ab + b^2$, $N(a - b\omega) = a^2 + ab + b^2$, $N(a + b\sqrt{-3}) = a^2 + 3b^2$ となる（N はガウス整数のときに定義したノルム）から，60° 三角数，120° 三角数，$\sqrt{3}$-ピタゴラス数はどれもアイゼンシュタイン整数 $\mathbb{Z}[\omega]$ に関連している．ちなみに，$\mathbb{Z}[\sqrt{-3}] \subset \mathbb{Z}[\omega]$ で，アイゼンシュタイン整数の世界では，$\sqrt{-3}$ は素数であり，3 は素数ではない．アイゼンシュタイン整数の世界での単数は，± 1, $\pm\omega$, $\pm\omega^2$ の 6 個（1 の 6 乗根）である．

第 25 講

カプレカ数

＊　＊　＊

第 10 講で解説した「平方カプレカ数」とは別に，「カプレカ数」というものがある．

25.1 カプレカ数の定義

3 桁の数字について，その各桁の数を大きい順に並べたものから小さい順に並べたものを引く操作を繰り返すと，どうなるだろう？ たとえば，751 でこの操作を繰り返すと，

$$751 - 157 = 594 \qquad 954 - 459 = 495 \qquad 954 - 459 = 495$$

となるから，これ以上繰り返してもずっと 495 のままである．またたとえば，562 でこの操作を繰り返すと，

$$652 - 256 = 396 \qquad 963 - 369 = 594 \qquad 954 - 459 = 495$$

となるから，これ以上繰り返してもずっと 495 のままである．

ほかの 3 桁の数でも同じことをやってみよう！ 4 桁の数でもやってみよう！

インドの数学者 D. R. カプレカル（第 10 講参照）は，平方カプレカ数とは異なるこのようなおもしろい自然数を “On Kaprekar numbers”, Journal of Recreational Mathematics 13, pp.81–82 (1980) で紹介していた．

定義 25.1 自然数の各桁の数を並べ替えて，最大にしたものと最小にしたものとの差をとる．この操作を**カプレカ操作**（Kaprekar process）とよぶ．カプレカ操作を施しても変わらない数を**カプレカ数**（Kaprekar number）とよぶ．

桁数を固定したとき，ぞろ目（すべての位で同じ数字）以外のどんな数に対し

ても，カプレカ操作を繰り返すことである一つの自然数に収束するとき，その自然数を**カプレカ定数**（Kaprekar constant）とよぶ．ただし，カプレカ操作である桁が0になった場合，小さい順に並べた数は0を先頭の位にして（桁数を下げて），大きい順に並べた数は1の位を0にする（たとえば，121は$211-112=99$となるが，次は$990-99=891$となる）．

まずは，知られていることを述べる．

3桁における唯一のカプレカ数は，495である．4桁における唯一のカプレカ数は，6174である．カプレカ数を小さい順に並べると，495, 6174, 549945, 631764, 63317664, 97508421, 554999445, 864197532, 6333176664, ... となる．カプレカ数は無数にある．

25.2 カプレカ数の分類

カプレカ数は，岩手大学の川田浩一教授により完全に決定された．これを記述するのに，$3^{(a)}$のような表記を使う．これは3をa個並べた数字のことで，$6^{(a)}$は6をa個並べた数字ということにする．このとき，任意のaに対して（aは0以上の整数），$63^{(a)}176^{(a)}4$はカプレカ数である．川田教授によるカプレカ数の分類結果は五つの系列に分かれ，これはその一つである．その五つのリストは以下のとおりである（川田教授の未発表論文集より）．

川田リスト

(1) $5^{(a)}49^{(a+1)}4^{(a)}5$

(2) $63^{(a)}176^{(a)}4$

(3) $9^{(a+1)}8^{(b)}7^{(c+1)}6^{(b)}5^{(c+1)}4^{(b)}3^{(d)}2^{(b)}1^{(c)}09^{(b)}8^{(c+1)}7^{(b)}6^{(d)}5^{(b)}4^{(c+1)}3^{(b)}2^{(c+1)}1^{(b)}0^{(a)}1$

(4) $8^{(a+1)}6^{(a+1)}4^{(a+1)}3^{(b)}2^{(a)}19^{(a+1)}7^{(a+1)}6^{(b)}5^{(a+1)}3^{(a+1)}1^{(a)}2$

(5) $8^{(a+1)}7^{(2b)}6^{(a+1)}5^{(b)}4^{(a+b+1)}3^{(b)}2^{(a+b)}19^{(a+2b+1)}7^{(a+b+1)}6^{(b)}5^{(a+b+1)}4^{(b)}3^{(a+1)}2^{(2b)}1^{(a)}2$

ただし，a, b, c, dは，0以上の整数である．

では，カプレカ定数はどれだけあるだろう？

●**例 25.1**　2005からスタートしてカプレカ操作を繰り返すと

$$5200-0025=5175 \qquad 7551-1557=5994 \qquad 9954-4599=5355$$
$$5553-3555=1998 \qquad 9981-1899=8082 \qquad 8820-0288=8532$$
$$8532-2358=6174 \qquad 7641-1467=6174$$

となり，このあとは6174が繰り返される. ●

Excelなどの計算ソフトを使うことで，どのようなぞろ目でない4桁の数も，最終的に6174になることが確かめられる．すなわち，6174はカプレカ定数である．同様に，495もカプレカ定数であることが確認できる．では，5桁以上ではどうだろう？

川田リストをよく見れば，そもそも5桁のカプレカ数は存在しないから，もちろん5桁のカプレカ定数は存在しない．6桁のカプレカ数は二つあり，それらは549945と631764である．したがって，6桁のカプレカ定数も存在しない．さらにたとえば，123456はどちらにも収束しない．収束しなければ必ずループを作る．実際，次のように，123456は最終的に，851742から始まる長さ7のループに入ってしまう．

$$123456 \to \cdots$$
$$\cdots \to 851742 \to 750843 \to 840852 \to 860832 \to 862632 \to 642654 \to 420876$$
（420876から851742へ戻る矢印）

桁を固定した自然数は有限個であるから，カプレカ操作を繰り返すと，最終的に必ず**ループ**になる．ループの周期が1の場合がカプレカ数である．

興味が湧いた人は，このあといくつか問題を解くことで，より理解を深めよう．

問題 25.1　2桁のカプレカ数は存在しないことを示せ．

問題 25.2　(1) 495がカプレカ定数であることを示せ．

(2) 3桁の数にカプレカ操作を施して99となるのは，「111の倍数から1を足し引きした数，または10を足し引きした数，または100を足し引きした数」であることを示せ．

問題 25.3　$5^{(a)}49^{(a+1)}4^{(a)}5$ および $63^{(a)}176^{(a)}4$ がカプレカ数であることを示せ．

問題 25.4　どんな桁数の数も，カプレカ操作を施せば9の倍数となることを示せ．

問題 25.5　(1) 4桁の数にカプレカ操作を施して999となるのは，「1111の倍数から1を足し引きした数，または10を足し引きした数，または100を足し引きした数，または1000を足し引きした数」であることを示せ．

(2) ぞろ目でないn桁の数にカプレカ操作を施して桁が下がってしまう数は，$11\cdots1$（n桁）

の倍数に 10^k（$0 \leq k \leq n-1$）を足すか引くかした数に限ることを示せ．したがって，ぞろ目でない n 桁の数にカプレカ操作を施して桁が下がるなら，その下がった数は $(n-1)$ 桁の $99\cdots9$ である．

ここで, 6174 がカプレカ定数であることを, Excel を使って証明しておく (図 25.1).

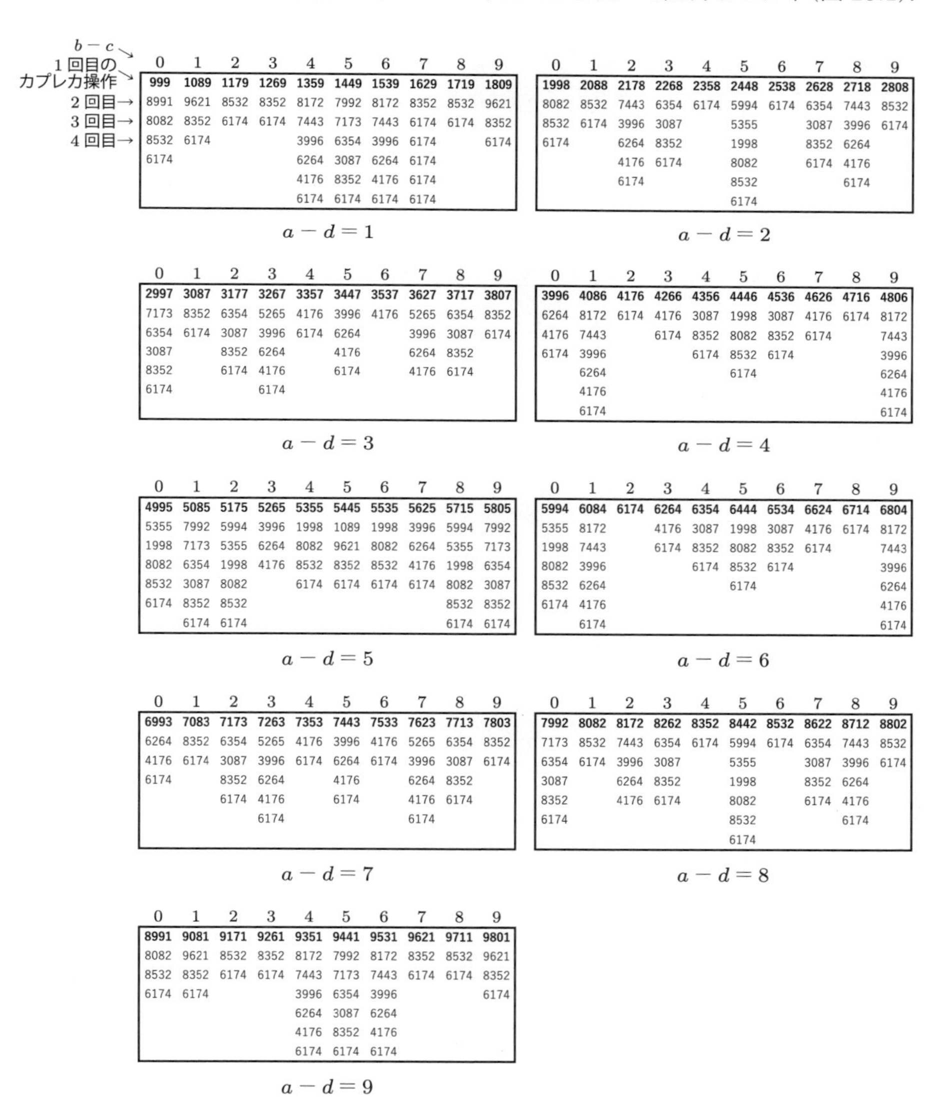

$b-c$	0	1	2	3	4	5	6	7	8	9
1回目のカプレカ操作	**999**	**1089**	**1179**	**1269**	**1359**	**1449**	**1539**	**1629**	**1719**	**1809**
2回目	8991	9621	8532	8352	8172	7992	8172	8352	8532	9621
3回目	8082	8352	6174	6174	7443	7173	7443	6174	6174	8352
4回目	8532	6174			3996	6354	3996	6174		6174
	6174				6264	3087	6264	6174		
					4176	8352	4176	6174		
					6174	6174	6174	6174		

$a-d=1$

0	1	2	3	4	5	6	7	8	9
1998	**2088**	**2178**	**2268**	**2358**	**2448**	**2538**	**2628**	**2718**	**2808**
8082	8532	7443	6354	6174	5994	6174	6354	7443	8532
8532	6174	3996	3087		5355		3087	3996	6174
6174		6264	8352		1998		8352	6264	
		4176	6174		8082		6174	4176	
		6174			8532			6174	
					6174				

$a-d=2$

0	1	2	3	4	5	6	7	8	9
2997	**3087**	**3177**	**3267**	**3357**	**3447**	**3537**	**3627**	**3717**	**3807**
7173	8352	6354	5265	4176	3996	4176	5265	6354	8352
6354	6174	3087	3996	6174	6264		3996	3087	6174
3087		8352	6264		4176		6264	8352	
8352		6174	4176		6174		4176	6174	
6174			6174						

$a-d=3$

0	1	2	3	4	5	6	7	8	9
3996	**4086**	**4176**	**4266**	**4356**	**4446**	**4536**	**4626**	**4716**	**4806**
6264	8172	6174	4176	3087	1998	3087	4176	6174	8172
4176	7443		6174	8352	8082	8352	6174		7443
6174	3996			6174	8532	6174			3996
	6264				6174				6264
	4176								4176
	6174								6174

$a-d=4$

0	1	2	3	4	5	6	7	8	9
4995	**5085**	**5175**	**5265**	**5355**	**5445**	**5535**	**5625**	**5715**	**5805**
5355	7992	5994	3996	1998	1089	1998	3996	5994	7992
1998	7173	5355	6264	8082	9621	8082	6264	5355	7173
8082	6354	1998	4176	8532	8352	8532	4176	1998	6354
8532	3087	8082		6174	6174	6174	6174	8082	3087
6174	8352	8532						8532	8352
	6174	6174						6174	6174

$a-d=5$

0	1	2	3	4	5	6	7	8	9
5994	**6084**	**6174**	**6264**	**6354**	**6444**	**6534**	**6624**	**6714**	**6804**
5355	8172		4176	3087	1998	3087	4176	6174	8172
1998	7443		6174	8352	8082	8352	6174		7443
8082	3996			6174	8532	6174			3996
8532	6264				6174				6264
6174	4176								4176
	6174								6174

$a-d=6$

0	1	2	3	4	5	6	7	8	9
6993	**7083**	**7173**	**7263**	**7353**	**7443**	**7533**	**7623**	**7713**	**7803**
6264	8352	6354	5265	4176	3996	4176	5265	6354	8352
4176	6174	3087	3996	6174	6264	6174	3996	3087	6174
6174		8352	6264		4176		6264	8352	
		6174	4176		6174		4176	6174	
			6174				6174		

$a-d=7$

0	1	2	3	4	5	6	7	8	9
7992	**8082**	**8172**	**8262**	**8352**	**8442**	**8532**	**8622**	**8712**	**8802**
7173	8532	7443	6354	6174	5994	6174	6354	7443	8532
6354	6174	3996	3087		5355		3087	3996	6174
3087		6264	8352		1998		8352	6264	
8352		4176	6174		8082		6174	4176	
6174					8532			6174	
					6174				

$a-d=8$

0	1	2	3	4	5	6	7	8	9
8991	**9081**	**9171**	**9261**	**9351**	**9441**	**9531**	**9621**	**9711**	**9801**
8082	9621	8532	8352	8172	7992	8172	8352	8532	9621
8532	8352	6174	6174	7443	7173	7443	6174	6174	8352
6174	6174			3996	6354	3996			6174
				6264	3087	6264			
				4176	8352	4176			
				6174	6174	6174			

$a-d=9$

図 25.1 4 桁のカプレカ定数

まず，4 桁のぞろ目でない数を大きい数字順に並べたものは，$1000a+100b+10c+d$（$a,b,c,d \in \mathbb{Z},\ 9 \geq a \geq b \geq c \geq d \geq 0,\ a > d$）と書けるから，これにカプレカ操作を施すことで，$1000a+100b+10c+d-(1000d+100c+10b+a) = 999(a-d)+90(b-c)$ となる．ここで，$a-d$ は 1 から 9 まで，$b-c$ は 0 から 9 までの数であるから，全部で $9 \cdot 10 = 90$ 個の数を調べればよい．これにより，4 桁の数がぞろ目でない限り，7 回以下のカプレカ操作で必ず 6174 になることがわかる．

「カプレカ定数は 495 と 6174 に限る」ことも川田教授によって示された．次の問題を解くことでこの事実を確認しよう！

問題 25.6 (1) 川田リストを見て，カプレカ数が一つだけしかないのは何桁の数か判定せよ．

(2) カプレカ定数は 495 と 6174 だけであることを示せ．

第 26 講 abc 予想

＊　＊　＊

abc 予想も整数論の問題なので，少しだけ扱うことにする．この問題は，主張は単純だが，数学者をも悩ます難問なので，ここで深い考察をするつもりはない．単に，どのような問題かを知ってもらおうというのがこの講の目的である．

26.1 abc 予想に異例の賞金

abc 予想を述べる前に，この予想が数学界に旋風を巻き起こしていることに触れておく．abc 予想は，京都大学の望月新一教授によって証明されたことになっている．ただ，世界的にはその証明を認めていない数学者も多い．簡単にその経緯を述べる．

2021 年春，望月教授の論文が 7 年半の検証を経て国際専門誌に載ったが，その証明に使われた理論は当初，奇抜さと難解さから多くの数学者が大意さえつかめなかった．出版前から異例の勉強会が開かれ，解説論文も次々出たが，習得の壁は高く理解者は増えなかった．あるアメリカの数学者は「数学者が理解できる形での書き換えが待たれているもっとも悪名高いのが abc 予想の証明だ」と，数学界の空気感を学術誌のコラムで指摘した．著名な数学者が「修正不能な飛躍がある」と疑問を投げかけたことも追い打ちをかけた．「abc 予想は京都では定理だが，それ以外では予想である」と皮肉をいう数学者もいた．

そんな中，2023 年，ドワンゴ創業者で実業家の川上量生氏が，「間違いの証明」に 100 万ドルの賞金をかけると発表した．数学史上，極めて異例の賞金である．望月教授の理論の間違いを指摘した論文が査読付きの専門誌（過去 10 年に数論幾何の論文が 10 本以上掲載されている専門誌）に掲載されれば，賞金が獲得できる．審査は非公開で，川上氏が数学者の意見をもとに独自に判断し，賞金は川上氏がポケットマネーから出すという．数学の賞金としては，「リーマン予想」など未解決の 7 問に 1 問 100 万ドルがかけられた「ミレニアム問題」があるが，一度認められた証明に対して，多額の賞金がかけられるのは過去に例がない．

26.2 abc予想とは

abc予想を述べるために，自然数の根基というものを定義しよう．

定義 26.1 $n \in \mathbb{N}$ を素因数分解したときの異なる素因数をすべて掛けたものを，n の**根基**（radical）といい，$\mathrm{rad}\, n$ で表す．

たとえば，$\mathrm{rad}\, 5400$ は，$5400 = 2^3 \cdot 3^3 \cdot 5^2$ だから，$\mathrm{rad}\, 5400 = 2 \cdot 3 \cdot 5 = 30$ である．

$a, b \in \mathbb{N}$ に対して，$c = a + b$ とする．このとき，c と $\mathrm{rad}(abc)$ はどちらが大きいか，簡単な例で比較してみよう．

(1) $a = 5,\ b = 10$ ならば，$c = 15,\ \mathrm{rad}(abc) = \mathrm{rad}\, 750 = 2 \cdot 3 \cdot 5 = 30$ より $c < \mathrm{rad}(abc)$ である．

(2) $a = 5,\ b = 11$ ならば，$c = 16,\ \mathrm{rad}(abc) = \mathrm{rad}\, 880 = 2 \cdot 5 \cdot 11 = 110$ より $c < \mathrm{rad}(abc)$ である

(3) $a = 3,\ b = 9$ ならば，$c = 12,\ \mathrm{rad}(abc) = \mathrm{rad}\, 324 = 2 \cdot 3 = 6$ より $c > \mathrm{rad}(abc)$ である．

どちらが大きいかはなんともいえない．

さて，abc予想とは，c と $\mathrm{rad}(abc)$ との大小に関する主張である．

abc予想

互いに素な自然数 $a,\ b$ に対して，$c = a + b$ とする．このとき，任意の実数 $\varepsilon > 1$ に対して，

$$c > \mathrm{rad}(abc)^{\varepsilon}$$

を満たす組 (a, b) は有限個しかない．

まず，a と b が互いに素でなければ，abc予想は成り立たないことが，次の例からわかる．

●**例 26.1** p を奇素数，$a = b = p^2$ とすれば，$c = a + b = 2p^2$ である．このと

き，$abc = 2p^6$ となり，$\mathrm{rad}(abc) = 2p$ である．ここで $\varepsilon = 3/2 > 1$ とすれば，$\mathrm{rad}(abc)^\varepsilon = (2p)^{3/2}$ となる．よって，$p > \sqrt{2p}$ より，

$$c = 2p^2 = 2p \cdot p > 2p(2p)^{1/2} = \mathrm{rad}(abc)^\varepsilon$$

となる．すなわち，この $\varepsilon > 1$ に対して，$c > \mathrm{rad}(abc)^\varepsilon$ となる組 $(a, b) = (p^2, p^2)$ は無数に存在する． ●

定義 26.2 互いに素な自然数 $a < b$ に対して，$c = a + b$ とする．このとき，$c > \mathrm{rad}(abc)$ となる (a, b, c) を abc **ヒット**（abc-hit）という．

たとえば，$(1, 8, 9)$ は abc ヒットである．実際，$abc = 8 \cdot 9 = 2^3 \cdot 3^2$ より，$\mathrm{rad}(abc) = 6 < c = 9$ だからである．

●例 26.2 $a = 1$, $b = 2^n - 1$ ならば，$c = 2^n$, $\mathrm{rad}(abc) = \mathrm{rad}(2^n(2^n - 1)) = 2\,\mathrm{rad}(2^n - 1) \leq 2(2^n - 1)$ である†．$n = 1$ なら，$(a, b, c) = (1, 1, 2)$ で，$c = 2 = \mathrm{rad}(abc)$ より，$(1, 1, 2)$ は abc ヒットではない．同様に，以下のとおり，$n = 5$ まで，abc ヒットではない．

- $n = 2$ なら $c = 4$, $\mathrm{rad}(abc) = 6$ より $c < \mathrm{rad}(abc)$
- $n = 3$ なら $c = 8$, $\mathrm{rad}(abc) = 14$ より $c < \mathrm{rad}(abc)$
- $n = 4$ なら $c = 16$, $\mathrm{rad}(abc) = 30$ より $c < \mathrm{rad}(abc)$
- $n = 5$ なら $c = 32$, $\mathrm{rad}(abc) = 2\,\mathrm{rad}\,31 = 62$ より $c < \mathrm{rad}(abc)$
- $n = 6$ は abc ヒットとなる．実際，$c = 64$, $\mathrm{rad}(abc) = 2\,\mathrm{rad}\,63 = 2\,\mathrm{rad}(3^2 \cdot 7) = 2 \cdot 3 \cdot 21 = 42$ より $c > \mathrm{rad}(abc)$
- $n = 7$ から $n = 11$ まで, abc ヒットではないが, $n = 12$ は abc ヒットとなる．実際, $c = 4096$, $\mathrm{rad}(abc) = 2\,\mathrm{rad}\,4095 = 2\,\mathrm{rad}(3^2 \cdot 5 \cdot 7 \cdot 13) = 3 \cdot 5 \cdot 7 \cdot 13 = 1365$ より $c > \mathrm{rad}(abc)$

一般に，$M_n := 2^n - 1$ に平方因子がなければ，$c < \mathrm{rad}(abc)$ である．よって $c > \mathrm{rad}(abc)$ となるには，M_n が平方因子をもつ必要がある．ただし，M_n に平方因子があるからといって，$c > \mathrm{rad}(abc)$ となるかどうかはわからない．そもそも，平方因子をもつ M_n が有限個かどうかはわかっていない．ちなみに，p が素数のとき，平方因子をもつメルセンヌ数 M_p が存在するかどうかは未解決問題である． ●

† $2^n - 1$ は，第 2 講で紹介したメルセンヌ数 M_n：1, 3, 7, 15, 31, 63, 127, 255, 511, 1023, 2047, 4095, 8191, ... である．

●**例 26.3**　$a = 1,\ b = 3^n - 1$ ならば，$c = 3^n$, $\mathrm{rad}(abc) = \mathrm{rad}(3^n(3^n - 1)) \leq 3(3^n - 1)$ である．

- $n = 1$ なら $c = 3$, $\mathrm{rad}(abc) = 6$ より $c < \mathrm{rad}(abc)$
- $n = 2$ なら $c = 9$, $\mathrm{rad}(abc) = \mathrm{rad}(9 \cdot 8) = 6$ より $c > \mathrm{rad}(abc)$
- $n = 3$ なら $c = 27$, $\mathrm{rad}(abc) = \mathrm{rad}(27 \cdot 26) = 3 \cdot 2 \cdot 13 = 78$ より $c < \mathrm{rad}(abc)$
- $n = 4$ なら $c = 81$, $\mathrm{rad}(abc) = \mathrm{rad}(81 \cdot 80) = 3 \cdot 2 \cdot 5 = 30$ より $c > \mathrm{rad}(abc)$
- $n = 5$ なら $c = 243$, $\mathrm{rad}(abc) = \mathrm{rad}(243 \cdot 242) = 3 \cdot 2 \cdot 11 = 66$ より $c > \mathrm{rad}(abc)$
- $n = 6$ なら $c = 729$, $\mathrm{rad}(abc) = \mathrm{rad}(729 \cdot 728) = 3 \cdot 2 \cdot 7 \cdot 13 = 546$ より $c > \mathrm{rad}(abc)$
- $n = 7$ なら $c = 2187$, $\mathrm{rad}(abc) = \mathrm{rad}(2187 \cdot 2186) = 2 \cdot 3 \cdot 1093 = 6558$ より $c < \mathrm{rad}(abc)$
- $n = 8$ なら $c = 6561$, $\mathrm{rad}(abc) = \mathrm{rad}(6561 \cdot 6560) = 2 \cdot 3 \cdot 5 \cdot 41 = 1230$ より $c > \mathrm{rad}(abc)$

以上より，n が偶数なら $c > \mathrm{rad}(abc)$ がいえそうである．実際，それは正しい．以下に命題として示す．●

命題 26.1　任意の $m \in \mathbb{N}$ に対して，$a = 1,\ b = 3^{2m} - 1,\ c = a + b$ とすれば，$c > \mathrm{rad}(abc)$ である．よって，abc ヒットは無数に存在する．

[証明]　$abc = 3^{2m}(3^{2m} - 1) = 3^{2m}(3^m + 1)(3^m - 1)$ であり，$3^m + 1$ も $3^m - 1$ も偶数だから abc は 4 で割れる．さらに，m が偶数なら，$3^m - 1 \equiv (-1)^m - 1 = 0 \mod 4$ より $3^m - 1$ は 4 で割れ，m が奇数なら，$3^m + 1 \equiv (-1)^m + 1 = 0 \mod 4$ より $3^m + 1$ が 4 で割れる．ゆえに，abc は 8 で割れる．よって，$\mathrm{rad}(abc) \leq 3 \cdot 2 \cdot 3^{2m}(3^{2m} - 1)/(3^{2m} \cdot 8) = 3(3^{2m} - 1)/4$ となる．したがって，

$$c - \mathrm{rad}(abc) \geq 3^{2m} - \frac{3}{4}(3^{2m} - 1) = \frac{1}{4} \cdot 3^{2m} + \frac{3}{4} > 0$$

より，$c > \mathrm{rad}(abc)$ である．よりわかりやすい大きさの比較として比をとれば，

$$\frac{c}{\mathrm{rad}(abc)} \geq \frac{3^{2m}}{\dfrac{3}{4}(3^{2m} - 1)} > \frac{3^{2m}}{\dfrac{3}{4} \cdot 3^{2m}} = \frac{1}{\dfrac{3}{4}} = \frac{4}{3}$$

だから，$3c/4 > \mathrm{rad}(abc)$ である．□

命題 26.1 により，**abc 予想は $\varepsilon = 1$ まで拡張できない**ことがわかったが，$\varepsilon > 1$ に対しては何もわからない．たとえば $\varepsilon = 1.001$ に対して，c と $(3c/4)^{\varepsilon}$ との大小を計算機を使って調べると，$2m = 262$ のとき $c/(3c/4)^{\varepsilon} = 3^{262}/(3^{263}/4)^{1.001} = 1.00013\cdots$ となり，$2m = 264$ のとき $c/(3c/4)^{\varepsilon} = 3^{264}/(3^{265}/4)^{1.001} = 0.997938\cdots$ となる．したがって，$2m = 262$ までは c のほうが大きいが，$2m = 264$ 以降はずっと，$(3c/4)^{\varepsilon}$ のほうが大きくなることがわかる．ところが，$\mathrm{rad}(abc)^{\varepsilon}$ は $(3c/4)^{\varepsilon}$ より小さいので，$\mathrm{rad}(abc)^{\varepsilon}$ が，m を増やしていくとき，あるところから先，ずっとでなくても，とにかく有限個を除いた m に対して $c \leq \mathrm{rad}(abc)^{\varepsilon}$ になるのかどうか，さらなる考察が必要である．ただ，もしそうならなかったら，abc 予想は正しくないことになるので，$c > \mathrm{rad}(abc)^{\varepsilon}$ となる (a, b) は有限個のはずである（こんな身近なものが反例になっているなら，とっくに専門家によって指摘されているはず，ということ）．

問題 26.1 任意の $n \in \mathbb{N}$ に対して，$a = 1, b = 3^{2^n} - 1, c = a + b$ とすれば，$3c/2^{n+1} > \mathrm{rad}(abc)$ であることを示せ．これより特に，任意の $n \in \mathbb{N}$ に対して，$(1, 3^{2^n} - 1, 3^{2^n})$ は abc ヒットである（2^n は偶数だから命題 26.1 より，abc ヒットであることはすでにわかっているわけだが）．

参考文献

[1] 「整数とあそぼう」，一松 信，日本評論社，2006.
[2] 「大学数学の基礎」，酒井 文雄，共立出版，2011.
[3] 「初等整数論」，遠山 啓，日本評論社，1972.
[4] 「素数と 2 次体の整数論」，青木 昇，共立出版，2012.
[5] 「初等整数論講義 第 2 版」，高木 貞治，共立出版，1971.
[6] 「数論序説」，小野 孝，裳華房，1987.
[7] 「環論，これはおもしろい」，飯高 茂，共立出版，2013.
[8] 「整数と平面格子の数学」，桑田 孝泰・前原 濶，共立出版，2015.

索　引

著者略歴
吉井洋二（よしい・ようじ）
1982 年　学習院大学理学部数学科卒業
1985 年　筑波大学大学院　教育学修士（数学）
1985～1991 年　筑波大学附属駒場中・高等学校　教官（数学）
1993 年　アルバータ大学大学院（カナダ）　数学修士
1999 年　オタワ大学大学院（カナダ）　Ph.D（数学）
2000～2002 年　フィールズ研究所，アルバータ大学，ウィスコンシン大学にてポストドクター
2003～2004 年　サスカチュワン大学（カナダ）　助教授
2004～2006 年　ノースダコタ州立大学（アメリカ）　助教授
2007～2013 年　秋田工業高等専門学校自然科学系　准教授，教授
2013～2024 年　岩手大学教育学部　教授
2024 年　定年退職，　岩手大学　名誉教授
現在に至る

解いてわかる　初等整数論
合同式で楽しむ数学の世界

2025 年 3 月 27 日　第 1 版第 1 刷発行

著者　　吉井洋二

編集担当　上村紗帆（森北出版）
編集責任　福島崇史（森北出版）
組版　　プレイン
印刷　　丸井工文社
製本　　　同

発行者　森北博巳
発行所　森北出版株式会社
〒102-0071　東京都千代田区富士見 1-4-11
03-3265-8342（営業・宣伝マネジメント部）
https://www.morikita.co.jp/

ISBN978-4-627-08431-5